U0184588

THE PLANET FACTORY

EXOPLANETS AND
THE SEARCH FOR
A SECOND EARTH

寻找第二个地球

系外星球和行星工厂

Elizabeth Tasker

[英] 伊丽莎白·塔斯克　著

严晨风　译

重庆大学出版社

献给我的父母，我从 8 岁开始就
对他们充满愤恨，因为他们竟然没有留
意到给我取的名字的首字母缩写会是
"E.T."。

　　……好吧，我承认这很灵验。

目录

Contents

序　　言 /002

引　　言：盲目的行星搜寻者 /004

第一部分：工厂地板 /020

第一章　工厂地板 /021

第二章　创纪录的组装工程 /033

第三章　气体的问题 /048

第四章　空气和海洋 /060

第二部分：危险的行星 /080

第五章　不可能的行星 /081

第六章　我们不正常 /098

第七章　水、钻石还是岩浆？不为人知的行星菜谱 /123

第八章　死亡恒星周围的世界 /149

第九章　双日世界 /172

第十章　行星犯罪现场 /201

第十一章　流浪行星 /223

第三部分：宜居世界 *238*

第十二章　宜居带定义 */239*
第十三章　寻找另一个地球 */252*
第十四章　异星世界 */267*
第十五章　超越宜居带 */291*
第十六章　卫星工厂 */308*
第十七章　寻找生命 */320*

后记：TRAPPIST-1 行星系统 *330*

术语表 */350*

拓展阅读 */354*

致谢 */370*

序言
Introduction

0.4 au　0.7 au　1 au　1.5 au　　　5.2 au　　　9.5 au　　　19 au　　　30 au

太阳

（距离地球最近的恒星）

水星　金星　地球　火星　小行星带　　　木星　　　土星　　　天王星　　　海王星　　　柯伊伯带

类地行星　　　　　　气态巨行星

图 1：我们的太阳系。天文单位（AU）被用于度量行
星之间的巨大空间距离。1AU 相当于地球到太阳的平
均距离。（由于气态巨行星和类地行星之间巨大的尺寸
差异，本图并非按照实际比例）

在 20 世纪 90 年代初，我们知道 8 颗行星[1]：

水星（Mercury）

金星（Venus）

地球 (Earth)

火星（Mars）

木星（Jupiter）

土星（Saturn）

天王星（Uranus）

海王星（Neptune）

另外还有矮行星（dwarf planet），比如谷神星（Ceres，位于小行星带内），以及冥王星 [Pluto，位于柯伊伯带（Kuiper belt）]。

最前面的四颗行星是类地行星，它们拥有岩石表面以及稀薄的大气。后面的四颗则是气态巨行星，质量要比类地行星大上 15~300 倍，并且拥有厚度达到数千公里的大气层。

可是天上的世界远不止这些。

---

1. 原文如此，20 世纪 90 年代应该仍然是九大行星的说法，因为冥王星是在 2006 年在布拉格召开的国际天文学联合会（IAU）第 26 届会议上被重新归类为矮行星的。——译注（除特别说明外，均为原注）

盲目的行星搜寻者

印度古有六君子

研习学问不倦怠

相约出门去观象

（奈何其人皆目盲）

各自观察各自猜

人人各自有答案

《盲人与象》（*The Blind Men and the Elephant*），[英] 约翰·戈弗雷·萨克斯（John Godfrey Saxe），基于古代印度寓言改写

　　有一则印度寓言，说的是六个盲人摸象的故事。他们每个人都伸手触摸到这头未曾见过的动物身上的不同部分。其中一个人摸到大象平滑的大耳朵，一个人摸到弯曲的象牙，而第三个人则握住了细细的象尾巴；接下来，第四个人摸到的是象鼻子，第五个人则环抱住大象的一条腿；剩下最后那个人则把自己的手掌贴在了大象宽阔的身体一侧。于是，一场关于大象究竟长什么样的争论便爆发了，他们谁也无法说服谁，因为他们每个人都只发现了部分的真相。

　　"什么情况下你会把我的书从窗口扔出去？"

　　冬日的阳光透过玻璃窗，洒在地板上。这里是华盛顿大学物理系的三楼。窗外，阴湿的西雅图的天际线令人印象深刻，但此刻我脑海里所能想到的，却是一堆我的书被丢弃在水坑里的场景。

　　坐在我对面椅子上的，是汤姆·奎因（Tom Quinn），一位留着浓密大胡子的天体物理学家，他在过去的数十年间一直致力于行星形成模型的研究。在刚刚过去的 10 分钟里，我一直在滔滔不绝地跟他讲述我的这本"杰作"将要达成的那些改变世界的伟大目标。现在，我们到了一个临界点：在什么样的情况下，会让一位声望卓著的行星科学专家将一本讲述外星世界的书认定为垃圾？我期待奎因伸出手指头，逐个列举出那些必不可少的话题。在他开列的单子上，排名第一位的当然是关于"热木星"的重要性，这是人类最早在其他恒星周围发现的行星类型，它的发现将我们原有的行星形成理论砸得粉碎；接下来可能会轮到神秘的"超级地球"，这类行星的大小和太阳系中任何行星都不太匹配得上。它们究竟是拥有令人窒息大气层的微缩版气态星球，抑或是特大号的岩石行星？

或许奎因会提到围绕两颗恒星运行的行星，就像《星球大战》电影中卢克·天行者（Luke Skywalker）的家乡那样；或者他会提到另一个极端：有的行星根本就不围绕任何恒星运行。除此之外，有的行星围绕恒星公转的轨道极其"扁长"，它上面的季节就是在烈焰燃烧和冰天雪地之间来回切换；有的行星，太阳永不落下；有的行星则是完全的海洋水世界，也有的行星地表全部都是熔化的岩浆。

但也有可能——奎因会说——下一个重大的发现，将会是找到一颗和地球相似的行星，那里也有曲折的海岸线，孕育着各种稀奇古怪的生命形式。

但奎因并没有开列什么清单，相反，他坦率地说出了自己的想法。

"我们对于行星形成的知识并不完全了解，"他说，"我们只看到了一小部分的情况。如果你将我们当前所知道的当成实际存在的完整图景，以偏概全，那样的话，我就会把你的书从窗口扔出去。"

奎因的观点是，关于行星的谜团，有点像是盲人摸象的故事。宇宙中存在的那无数个世界，它就像那种我们未曾见过的生物，而现在的我们正试图透过少量已知的信息，去了解它的完整模样。

恒星速射炮

1968 年，米歇尔·迈耶（Michel Mayor）掉进了一个冰窟窿里，几乎错失了发现第一颗围绕另一颗太阳运行的行星的机会。

迈耶是一位探索者，1942 年出生于瑞士日内瓦湖畔的小城卢塞恩，在一个热爱户外活动的家庭长大。这种成长环境让他对高山滑雪和攀岩这样的危险运动充满激情，但也正是因为这样的爱好，让他在 26 年之后被挂在一处冰雪覆盖的悬崖边，生死一线。这种对高处的热爱，让迈耶对天体的运动着了迷。

在日内瓦大学攻读博士学位时，迈耶的课题是搜寻由于银河系旋臂产生的引力效应，对恒星的运动造成的轻微偏离。这项研究要求以极高的精度记录恒星的运行速度。迈耶致力于改进相关技术以提升测量精度，慢慢地，对恒星运动的监测精度变得越来越高了。终于，即便是恒星发生的轻微"晃动"也能够被观测到了——这种晃动来自隐藏在恒星近旁无法被观察到、质量比恒星小得多的行星对恒星所施加的引力效应。

搜寻行星存在的最大问题在于恒星太大太亮。即便是太阳系中最大的行星木星，大约也只能反射太阳发出光线的十亿分之一。这就让搜寻围绕其他恒星运行的行星变得极为棘手，要知道即便是恒星自身，在夜空中也不过是一个针尖大小的光点而已。但是迈耶参与开发的这项技术，并不需要让天文学家们直接看到行星，而是去观测恒星在周边隐藏行星的引力作用下产生的"晃动"效应。

当我们谈到轨道时，我们一般设想的往往是一颗质量较小的天体围绕一颗静止状态的，质量更大的天体转动，比如说地球围绕太阳公转，或者月球围绕地球公转。但事实上，这样的两颗天体会相互施加引力影响，因而都会发生运动，围绕它们之间的共同质心转动。质心就是质量中心，也就是两颗天体的引力作用的势均力敌之处。

这有点像是你把两块橡皮粘在一支铅笔的两端，然后尝试平放在你的一根手指上，使其保持平衡。如果两块橡皮的质量相同，那么它们的平衡点就应该是这支铅笔的中间点位置。在由两颗相似质量的恒星组成的双星系统中，情况正是如此：这两颗势均力敌的恒星伙伴将会围绕位于它们之间的一个平衡点相互绕转。相反，如果你用的两块橡皮质量不一样，那么平衡点就会朝着质量更大的那块橡皮的方向移动。冥王星最大的卫星卡戎（也就是冥卫一）的质量几乎相当于冥王星的 12%。这一系统的质心位于冥王星地表上方大约 1 000 公里处，此处距离卡戎的地表近 1.7 万公里。如此一来，冥王星和卡戎实际上都在围绕着这个平衡点转动，只是卡戎绕转一个较大的圆圈，而冥王星转的圆圈更小一些而已。相比之下，月球的质量还不到地球的 1%，地月系的质心位于地球地表之下 1 700 多公里深处。因此地球实际上是在围绕着这个位于自己内部的点转动，只是由于幅度非常小，因此说它是在"晃动"更加合适。

而当我们谈论的是一颗恒星和一颗行星时，这两者的质量差距将变得极其巨大，因此双方的质量中心将极为接近恒星自身的物理中心点，而行星基本上就是在围绕恒星中心点公转，只是恒星会产生一种极为轻微的晃动。

1994 年底，迈耶的一位研究生迪迪埃·奎罗兹（Didier Queloz）正独自在望远镜旁工作。然后，他观察到了这种晃动。这个微小的晃动信号源自距离地球 51 光年之外，位于飞马座的一颗恒星。这是系外行星（exoplanet）存在的信号——是的，一颗"系外行星"：太阳系之外的行星。

观测到这种轻微晃动信号背后的原理可以用我们平常听到救护车的鸣笛声来进行类比：当救护车朝向你驶来时，救护车喇叭与你之间的距离缩短了。这样一来，它发出的声波波长将会被压缩，从而造成声波频率升高；而当救护车离你而去时，声波波长会被拉伸，频率会相应下降。这种现象被称作"多普勒效应"。

恒星发出的星光也会出现同样的现象。恒星和行星相互绕转，如果恒星在其轨道上稍稍朝向地球方向运动，它发出的光波长将被

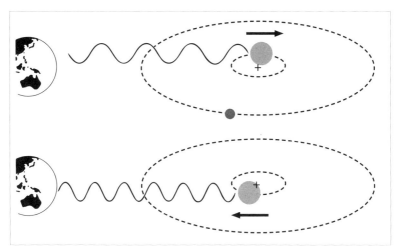

图 2：使用视向速度法寻找行星。恒星与行星相互之间施加的引力影响使双方都围绕一个共同的质心转动（图中用 + 表示）。当恒星做远离地球方向的运动（上图所示）时，它发出的光波的波长将被拉伸，其光谱将向红端移动；而当恒星做朝向地球方向的运动（下图所示）时，它发出的光波的波长将被压缩，其光谱将向蓝端移动。恒星运行速度所表现出来的这种变化暗示了系外行星的存在。

压缩，变得更"蓝"；而相应的，当恒星稍稍做远离地球方向的运动时，它发出的光的波长将被拉伸，变得更"红"，这种交替变化规律与恒星的"晃动"周期相互对应。

　　思考这一问题的另一种方式是考虑光的粒子。恒星就像一个人，它正在以一种固定的速率向你投掷光子。当恒星朝向你运动时，你们之间的距离减小，你就可以更快地接收到光子。于是光的波长就减小了，从而导致光变得更"蓝"，频率更高；而当恒星远离你运动时，你们之间的距离增加，光子抵达你就要更久，于是光的波长被拉伸，变得更"红"。

　　通过对这种波长变化的观测，我们便可以追踪恒星的运动状况：

由于自身晃动，恒星会出现周期性地朝向地球或者远离地球的运动。从我们的视线角度观察，看到的恒星运动状况就被称作"视向速度"，因此，搜寻系外行星的这种方法被称作"视向速度法"，或者有时候被称作"多普勒晃动法"。

通过恒星来回晃动的时间，迈耶和奎罗兹可以推算出其周围行星的公转周期，而通过这一点，又进而可以推算出这颗行星距离恒星有多远。与此同时，恒星晃动的幅度大小可以被用来大致估算这颗行星的质量大小：恒星晃动的幅度越大，就说明引力平衡点离它越远，因此也就说明它周围的行星质量越大。

实际上，通过视向速度法估算得到的行星质量值几乎总是其质量的最低估算值。这是因为只有直接沿着我们视线方向发生的朝向或远离运动才能产生对光波的压缩或拉伸效应，因此，恒星不在我们视线方向发生的晃动效应我们都是探测不到的。

这种情况有点像通过观察地面上的影子来追踪天空中热气球的运动情况：影子的运动情况只能反映热气球在平行于地面方向的运动分量，但是却无法反映出热气球在垂直地面方向的上升或下降运动。如果你仅凭着地面上影子的移动情况来估算热气球烧掉了多少燃料，那么你的估算值几乎总会低于实际情况，因为热气球用来做上升运动时烧掉的燃料没有被计算在内。相似的，如果恒星和行星相互绕转的轨道与地球的实现方向之间存在倾角，那么恒星所发生的晃动将只有一部分面向我们方向的分量能够被我们检测到。这就导致了行星的质量会被低估，使得到的数值低于真实数值。

迈耶和奎罗兹当时正在位于法国南部的上普罗旺斯天文台（Observatoire de Haute-Provence），使用那里的望远镜开展工作。到 1994 年底，这两位科学家已经对恒星飞马座 51 进行了 12 次视向速度测量，他们意识到自己已经取得了一项重大发现。但是紧接着他们犹豫了。在此之前，所有针对行星这种"微小"天体的搜寻尝试已经给行星搜寻工作留下了污名。过去的 50 年里，时不时出现误报行星发现的事件，这类发现经不起更加细致的检验，最终都只能被撤回。

那么这一次呢，这真的是一颗行星吗？有没有可能他们所看到的只不过是那颗恒星的大气层伴随其自转而出现的某种变化。

还有另一个问题。当他们计算得到这颗行星的最小可能质量，以及公转一周的时间时，发现这些数据毫无意义。

计算显示，这颗可能的行星的质量至少是木星的一半，这也就意味着它的质量是地球的 150 多倍。这种巨大的质量意味着它应该是一颗气态巨行星，就像太阳系中的木星、土星、天王星和海王星那样。这些星球的核心可能存在固体内核，但其主体则是包裹在其外部厚达数千公里的大气层。在太阳系中，所有的气态巨行星都分布在相对靠外侧的区域。这种排布方式是现有行星形成理论模型所要求的，并被认为是具有普遍意义的。其原因显而易见：要想形成一颗气态巨行星，你需要用到大量的物质。但在如此接近恒星的地方，根本不会有那么多的物质，因为那里的高温会将一切都蒸发殆尽。因此气态巨行星必须保持在远离恒星的位置上。但是此次新发现的这颗行星却并非如此。事实上，它到飞马座 51 星的距离，比太阳系中水星到太阳的距离还要近。在这个崭新的世界，一年只有 4 天。很显然，这应该是一个错误的发现吧？

于是迈耶和奎罗兹决定继续等待，并对飞马座 51 星进行更多的观测。在 1995 年 7 月，他们又得到了 8 条新的测量数据。在仔细审视所有数据之后，他们终于变得确信起来：尽管可能性低，但那是一颗真正的行星。

那一年的 10 月 6 日，迈耶出席了一场在意大利佛罗伦萨举行的研讨会。因为他报名参加会议晚了，因此被邀请参加圆桌讨论会，在那里他可以做一场大约 5 分钟的报告。在会议开始之前，对于迈耶究竟会讲些什么内容，已经有了各种各样的猜测和流言。于是主办方将留给迈耶的报告时间延长到了 45 分钟。

迈耶站起来，并向大家宣布：通过观测恒星的晃动效应，第一颗围绕一个类太阳恒星运行的系外行星已经被发现。随着他的话音落下，一扇通向许许多多全新世界的大门被打开了。

迈耶所发现的那颗高温炙烤下的外星世界很快获得了一个编号：飞马座 51b，这个命名方法是根据它围绕的恒星的名字，即飞马座 51 星，再加上一个小写英文字母。约定俗成的规则是将小写字母"a"保留出来用于恒星本身，而将其周围发现的第一颗行星体以"b"开始编号。之后发现的更多的行星体则依次编号为"c""d""e"等，以此类推。而如果是一个双星系统，则用大写字母"A"和"B"来分别指代两颗成员星。

关于恒星的名字，来源就很多了，有些方式甚至看上去会显得有些笨拙。比如飞马座 51 星的意思就是飞马座里面第 51 颗被编号的恒星。也有很多恒星是用星表里的编号来命名的。比如说 Gliese 1214 就是 Gliese 星表中第 1214 颗被编号的恒星，而 BD +20594 则取自 BD 星表。而正如我们后面将会看到的那样，很多被发现周围存在行星的恒星都是用发现那些行星的设备或巡天计划的名字来命名的。

尽管从未有人真正怀疑过在其他恒星周围存在系外行星应当是非常普遍的现象，但是飞马座 51b 的发现标志着我们开始有能力确凿无疑地找到这些外星世界。紧接着，在 1999 年，又一颗系外行星被发现，这还只是一个开始，系外行星被大批量发现的时代即将到来。

金星的轮廓

有一种说法认为，牛津大学天体物理学系的大楼是这座历史悠久的小镇里最难看的建筑。但是 2004 年 6 月 8 日这一天，聚集在楼顶上的人群却完全忽略了脚下这座混凝土建筑。他们的注意力完全被一座临时搭建的屏幕吸引了：此时屏幕上投射的是由针孔摄像机拍摄的太阳表面。当时钟刚刚走过正午时分，一个小小的小圆黑点出现了，它缓慢移动，穿越日面。这是金星，这是它自 1882 年以来首次发生凌日现象。

"凌"（transit）是指一个天体从某个较大型天体与地球（或者其他观测位置）的连线之间穿过，从而遮挡住这个较大型天体的一小部分的现象。一个最极端的案例就是日全食，在那段短暂的时间里，月球会完全遮挡所有的太阳光。尽管金星的直径几乎是月球直径的 3.5 倍，但由于距离更远，金星大约只能遮挡 0.1% 的太阳光。正是因为遮挡效应如此微弱，当金星从太阳前方经过时，除非是那些使用特殊观测设备的人，一般人都毫无察觉。一直到公元 1636 年之前，人类都还从未对这一现象进行过观测。

约翰尼斯·开普勒（Johannes Kepler）是一位德国天文学家，在他去世 6 年之后，一次金星凌日现象上演了，但是他生前未能预测到它的发生。他最广为人知的成就是发现了行星公转的轨道是一个椭圆，而不是以前以为的圆形，并且总结出了三条描述行星运行的规律。这种对太阳系内行星运行情况进行的煞费苦心的精准观测，产生了对金星何时会从太阳面前经过的最初估算。

要想产生金星凌日现象，太阳、金星和地球三者必须排成一条直线，这样的时机极为罕见。金星凌日的机会是成对出现的，但之后就要间隔超过一个世纪才能再次上演。开普勒的计算显示，在 1836 年，金星将会擦着太阳圆面的边缘通过，不会发生凌日现象。这些数据后来由英国天文学家杰雷米亚·霍罗克斯（Jeremiah Horrocks）进行了更新。霍罗克斯不但正确地预见到那一年将会上演金星凌日，更和他的朋友威廉·克拉布特里（William Crabtree）成功地对这一天象进行了有记录以来的首次观测。霍罗克斯使用了望远镜观测，这套设备要比 168 年之后架设在牛津大学天体物理学系大楼屋顶上的更加复杂。

金星只有在极为罕见的机会下才会发生凌日，然而，当你在夜晚仰望星空，那里无数的凌日现象正在发生。但要想观测它们，就意味着你必须要能够检测出一颗行星从针尖大小的恒星光芒前方通过时产生的极为微小的亮度变化。

澳大利亚行星科学家史蒂芬·凯恩（Stephen Kane）后来在跟我一起喝啤酒的时候告诉我，系外行星的历史可以被分为两个部分：HD 209458b 被发现之前，以及它被发现之后。

HD 209458b 也是一颗木星大小的系外行星，同样距离它绕转的恒星非常近，公转一周只需要 3.5 天。这颗行星拗口的名字事实上是典型的天文学上的命名方法：HD 是"Henry Draper"星表的缩写，而"209458"指代的是它在天空中的坐标方位。和飞马座 51b 一样，这个坐标值意味着它同样位于飞马座，但距离地球要远上 3 倍，大约 150 光年。

这颗行星最先被发现借助的是视向速度法对恒星"晃动"的观测。但是，一颗如此巨大的行星，而且距离恒星那么近，意味着我们有很大几率可以观测到它所产生的凌星现象。天文学家们为这一想法感到兴奋，两个小组立即开始对恒星 HD 209458 的亮度变化进行严密监视。

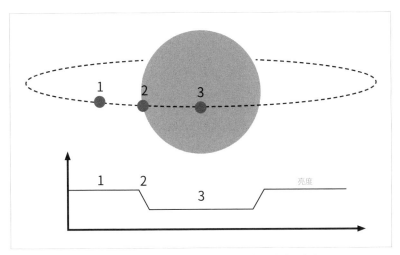

图 3：使用凌星法发现系外行星。当行星从恒星面前经过时，它会遮挡恒星的一部分光线，并造成恒星亮度出现短暂而轻微的下降。

　　对于那些比太阳更远的恒星来说，当凌星发生时，行星的阴影轮廓是无法被直接观察到的。但是，凌星发生时，恒星的亮度会出现一次轻微下降，就像眨了一下眼睛。但是这样的亮度下降幅度极小，即便是和木星那样同属气态巨行星的 HD 209458b，其对所遮挡的恒星造成的亮度下降也就 1~2 个百分点。而对于一颗地球大小的行星，遮挡效应要降至那个 1% 的百分之一以下。

　　即便面临这样那样的挑战，两个小组仍然分别检测到了恒星 HD 209458 出现的一次轻微亮度下降事件，持续大约数小时。两个研究组的论文背靠背发表在 1999 年 12 月出版的《天体物理学杂志》（*The Astrophysical Journal*）上。结果显示，观测到的亮度变化周期，与通过视向速度法得到的恒星位置变化周期完美吻合：人类首次观测到了一颗系外行星在它的"太阳"面前发生的一次凌日现象。

　　于是一种搜寻系外行星的新技术路径出现了：凌星法（transit

technique），其主要原理便是搜寻行星从恒星面前通过时造成的恒星亮度下降。和视向速度法主要可以用于估算系外行星的质量不同，凌星法主要可以用于估算系外行星的直径。恒星亮度出现的下降幅度越大，遮挡它的行星当然也就越大。这也让 HD 209458b 成为第一颗直径大小被确定的系外行星。

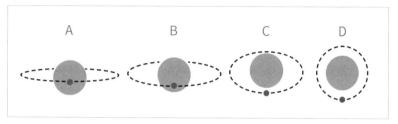

图 4：行星围绕恒星公转轨道平面朝向的重要性。在 C 和 D 两种情况中，从地球角度看去，行星不会从恒星前方通过，这样的情况使用凌星法是无法发现行星的。在 A、B 和 C 三种情况中，行星可能可以借由视向速度法被发现。在标准侧向观测角度的情况 A 中，测出的行星质量将是行星的真实质量；而在 B 和 C 的情况下，测出的行星质量将会被低估，因为行星绕转恒星的运动仅有部分是朝向地球方向的。在 A 和 B 两种情况下，如果可以同时用视向速度法和凌星法两种方法进行观测，那么就可以获得这颗系外行星的直径大小和质量的数据，而知道这两者就可以用于计算它的密度。而在情况 D 中，两种方法都将无法发现这颗行星，只能依赖其他方法，比如直接成像法。

　　除了行星的大小之外，这种方法还可以帮助我们了解目标行星的轨道方位情况。通过观察恒星亮度下降持续的时间，我们可以估算这颗行星通过恒星前方所花费的时间，据此可以绘制出行星的运动路径。这将有助于剔除此前采用视向速度法测定行星质量时隐含其中的偏差。因此，这两种方法联用，可以让我们准确判断系外行星的质量和直径大小。

对系外行星质量和直径数据的了解，其意义绝不是仅仅增加几个物理参数。这两者相结合，可以让我们推算出系外行星的平均密度，这个参数是判断行星自身性质的重要参考。

主要由岩石构成的行星密度较高，比如地球密度达到 5.51 g/cm^3，但是地球的铁质内核的密度远超这个数字，而地面上的物质密度则低于这个数字，因此平均密度数据是这颗星球上各类物质整体的平均密度。

对于木星这样的庞然大物，其质量相当可观，它的直径更加惊人，因为其主要成分是氢气物质。所以这类行星的密度往往非常小，平均在 1.33 g/cm^3 左右。

在行星 HD 209458b 的案例中，除了距离恒星如此近的轨道让人感到惊异之外，其他物理参数同样让人感到惊奇不已：这颗行星的质量大约是木星的 2/3，但直径要比木星大 1/3。这就意味着其平均密度仅有大约 0.37 g/cm^3。很显然，这就是一颗与木星类似的气态巨行星，不过属于"浮肿虚胖"版本。

同时使用视向速度法和凌星法对同一颗系外行星进行观测绝非易事。并非所有行星都会从恒星面前穿过，也并非所有行星都能够对恒星产生足够大的晃动效应，从而被我们从恒星本身固有的震动信号中将其区分出来。但是找到一种可以了解系外行星的整体结构信息的手段仍是一种巨大的激励，大到足以使人们开始策划一场规模大得多的系外行星探测项目。

2009 年 3 月 7 日深夜，一枚运载火箭从美国佛罗里达州卡纳维拉尔角空军基地发射升空，它搭载的是世界上第一台专门用于搜寻系外行星的空间望远镜。

这台望远镜以开普勒的名字命名，这位天文学家曾煞费苦心，计算我们太阳系内各大行星的运行轨迹。他在预测水星凌日方面做出的贡献，使他成为命名这台望远镜的最佳选择。这台以他的名字命名的空间望远镜将目睹数以千计的凌星事件。

进入太空之后，开普勒望远镜就进入了围绕太阳追踪地球的位置。到了 4 月 7 日这一天，防护罩被弹出，开普勒看到了它的第一缕光。这台 1.4 米口径的空间望远镜紧紧盯住银河系内天鹅座和天琴座方向的一小片天区开展观测。这片天区恒星密布，让开普勒望远镜可以一次对超过 10 万颗恒星的亮度进行监测。

通过监测恒星亮度出现的轻微下降，开普勒空间望远镜使用凌星法原理，搜寻系外行星从恒星面前通过时产生的信号。由于运行于太空，远离了地球大气散射作用产生的干扰，相比地基望远镜，开普勒望远镜对恒星亮度变化的监测精度要高得多。

开普勒空间望远镜已经被证明取得了巨大成功。在 2015 年 1 月举行的美国天文学会冬季会议上，开普勒望远镜团队宣布了他们的发现：已经得到确认的第 1 000 颗系外行星。除此之外还有超过 4 000 颗疑似系外行星目标需要进一步的后续观测去确认。开普勒望远镜项目的官方目标一直是搜寻与地球相似的系外行星，但开普勒望远镜带给我们真正的礼物却是向我们展示了系外行星的多样性和它们巨大的数量。在短短 20 年间，我们就从基于对太阳系的观测建立的全套行星形成理论，转向将其与超过 500 个不同的行星系统进行对比。

不管是视向速度法还是凌星法，都对那些距离恒星比较近且个头比较大的系外行星更加敏感。因为这类行星可以挡住更多的恒星光芒，也最容易被凌星法观测到；同时由于其质量足够大，也最容易让恒星显示出比较明显的晃动效应。这样的结果就是，我们对那些距离恒星很近、轨道周期很短的系外行星的了解远远超过那些轨道周期较长、距离恒星较远的系外行星。

以上提到的两项技术并非搜寻系外行星仅有的技术，但它们是最高产的技术。截止到本书撰写之时，已经确认的系外行星数量是3 439 颗，其中有 3 314 颗至少是由这两种技术中的一种发现的[1]。

这本书所写的正是关于这 3 439 颗行星的故事。这是一本游记，记录它们如何从尘埃颗粒一步一步演变成为一个个真实的世界；它们的多样性之丰富，即便是与好莱坞科幻大片相比都不遑多让。在这些行星世界中，至少有一颗行星上已经进化出具有知觉的生命形式，他们能够问出这样的问题：这一切究竟是如何发生的？那些生命形式必须牢记一件事：这本书里的一切都可以被质疑。

因为一切都还在路上。

---

1. 我敢打赌这个数字已经变化了。最新的数字可以在 NASA 太阳系外行星档案官网查到。（截止到 2021 年 5 月中旬，已经得到确认的系外行星数量是 4 389 颗。）

第一部分
Part I

工厂地板

第一章　工厂地板

1969 年 2 月 8 日凌晨 1 点，一颗火球照亮了墨西哥西部奇瓦瓦州的夜空。奇瓦瓦当地的报纸编辑古勒莫·亚森索罗（Guillermo Asunsolo）告诉美国《华盛顿邮报》："那光太亮了，你甚至可以看清地板上爬行的蚂蚁。"他说，"非常耀眼，我们甚至需要遮住自己的眼睛。"

一颗燃烧着的岩石呼啸着穿过大气层，随后在普利托－阿连德小镇的上空爆炸解体，大量的碎屑物散落在方圆 250 公里的广袤区域。这一幕让人想到天劫的末日场景，但事实却完全相反：这无关死亡，却有关诞生。

冲入地球大气层的岩石燃烧发光，形成流星现象。对于一颗岩石来说，冲入地球大气层是一件危险的事情，因为相比太空的真空环境，冲入大气层之后的阻力将大大增加。随着太空中的岩石冲入地球大气层，其前方的空气被剧烈压缩，温度急剧升高，周围被加热的气体开始发光，小小的沙粒会转瞬成为一颗耀眼的流星，如果是体形较大的石块，就会变成一颗巨大的火球。这样的极端高温很容易让大部分"入侵者"灰飞烟灭，大部分的流星体早在落地之前就已经完全焚毁。而那些在这场危险旅途中存活下来的幸存者们则会得到属于它们勇气的奖励，获得"陨石"的称号。

阿连德陨石（以它发生爆炸解体的阿连德小镇命名）冲入大气的壮观场景很快引起了广泛关注。科学家们涌向陨石碎屑物洒落地，在当地居民和学校学生们的协助下搜寻陨石碎块。在众多陨石搜寻者队伍中，有一个来自美国华盛顿特区史密森学会的搜寻小组，他们采集到大约150公斤的陨石样本，并在陨石坠落的短短几周之内，便将其分发给了13个不同国家的37个实验室。所有的队伍加在一起，一共采集到超过2吨的陨石物质，从小至1克的微小碎块，到一块重达110公斤的巨型岩块。如此巨大的数量表明这颗陨石在爆炸之前的大小可能与一辆小汽车相当。成功的样本采集和分发工作帮助阿连德陨石赢得了"史上被研究最透彻陨石"的称号。然而，巨大的质量并非这颗陨石如此不同和重要的唯一原因。

在1969年初，美国各地的研究实验室都正摩拳擦掌，等待阿波罗11号登月飞船带回的月球岩石样品。而就在此时，一颗不期而至的天外来客却一头扎进了他们邻居家的后院。彼时，各大实验室的相关设备早已做好了对地外样本进行分析的各项准备工作，正好用于阿连德陨石样本的分析。分析结果显示，这颗陨石不同寻常：它内部那些灰色和白色的点表明它属于碳质球粒陨石。这类陨石相当罕见，在所有陨石数量中大概只占5%不到。它包含太阳系中最初形成的物质成分，而时至今日，阿连德陨石依旧是地球上发现的此类样品中最大的一颗。

由于碳质球粒陨石极为古老，因此当你手里拿着这样一块样本的时候，你拿着的仿佛就是一张太阳系婴儿时期的照片。这块岩石形成于我们这颗行星历史的最早期，但和地球不同，它未能吸引到足够多的物质来形成一个崭新的世界。从这块岩石中，我们可以窥见我们最初的开端，透过它，我们可以非常精确地测定行星诞生的时刻。

　　对陨石的实验室分析显示它们内部含有放射性元素，就是那种原子可以自发转变为其他元素原子的元素。由于这种放射性衰变的随机性，你无法断言某个原子将在何时发生转变。不过，当有大量这类原子聚集在一起时，科学家们却有把握估算出其中一半的原子发生衰变需要多长时间。这一时间长度被称作这种元素的"半衰期"。这一现象的意义就在于：如果我们知道了这种元素有多少比例发生了衰变，那么我们就可以反过来推算它经历了多长的时间，就像一个计时的钟表一样。

　　在陨石中常见的一类放射性元素是铷 87（^{87}Rb）。这里面的"87"表示铷原子原子核的质量。原子核内部有两种粒子，一种是带正电荷的质子，还有一种是质量与质子相当，但是不带电荷的中子。当 ^{87}Rb 原子核发生衰变时，原子核内的一个中子将经由所谓的"β 衰变"转变为质子。这样的结果是产生锶 87（^{87}Sr）的原子，其原子核质量与 ^{87}Rb 是一样的，只是多了一个质子，少了一个中子。

　　^{87}Rb 的一半数量的原子衰变为 ^{87}Sr 原子所需的时间是 488 亿年。在测定行星形成时间这样的漫长时间尺度上，这样的半衰期正合适。如果半衰期很短（比如只有几年），那么早在陨星落到地球上并被研究之前，^{87}Rb 就不复存在了。另一方面，如果半衰期过长，那么产生的 ^{87}Sr 原子可能会数量太少而难以测定。因此，要想保证放射性元素测年的精准度，一般来说你要测定的时间尺度应该介于该元素半衰期的 1/10~10 倍之间。

　　通过测定陨石中当前的 ^{87}Rb 和 ^{87}Sr 的含量，科学家可以计算出自从这块陨石形成以来，有多少比例的 ^{87}Rb 发生了衰变。结合 ^{87}Rb 已知的半衰期时间，就可以算出这块岩石从最初形成至今的年龄。

　　对于一颗类似阿连德陨石那样的碳质球粒陨石，这样测出的时间代表着我们这颗行星历史的最早开端，这个数字大约是：
4 560 000 000 年。

原始行星盘

　　阿连德陨石告诉我们地球诞生的大致时间，但是当时具体发生了什么却是一个更大的谜团。碳质球粒陨石所代表的不是一大张清晰的家族合照，而更像是一张远方亲戚的近距离自拍照，照片的一角写着日期，字迹潦草。如果我们不弄清楚孕育了地球的早期环境，我们几乎不可能去估算找到第二个相似世界的可能性大小。

　　尽管没有清晰的大家族合影让人有些失望，但我们的确知道一项有关故事开端的事实：地球诞生于 45.6 亿年前，当时我们的太阳也只是刚刚形成。好在这一与恒星形成之间唯一的关联，也正是我们揭秘行星形成所需要的唯一线索。

　　从这块原始的陨石形成的时期再向前推移数百万年，我们来到了银河系中最寒冷的区域之一。这里是太阳的孕育之所：一团低温气体云团，这里的温度可以低至惊人的零下 263 摄氏度。这样的低温云团正是银河系中所有恒星的诞生之地。这些低温云团的物质组成绝大部分是氢，其质量可以达到太阳质量的 1 000~100 万倍。由于银河系一直处于运动之中，这些气体云团内部的物质分布不可能是均匀的，而是会形成一个个团块，并逐渐在一些密度较大的气体团（被称作"核心"）周围聚集。大量物质向一处相对狭小的空间聚集，引力开始迫使其内核发生收缩，增加了该区域的物质密度，从而进一步促进了塌缩过程。随着更多气体物质被吸引，它开始发热，一颗襁褓中的恒星——"原恒星"（protostar）诞生了。

　　或许此刻的引力可以开始庆祝自己的胜利了，它将物质聚集形成了一颗恒星，但其中起到作用的力并非只有引力。受到银河系自转以及与周遭其他气体云团互动的影响，气体云内部的气体物质也会自转。就像你在公园里乘坐旋转木马时会感觉像要被向外甩出去一样，同样的力会帮助气体物质对抗引力的拉扯。这股额外的力会帮助"核心"附近的气体物质避免落向塌缩的核心的命运。这样的结果便是产生一个类似比萨饼那样的圆盘状结构，恒星的周围开始形成一个转动的气体盘。

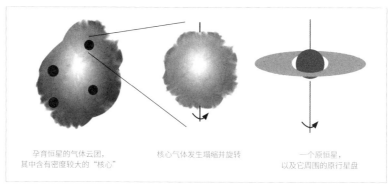

孕育恒星的气体云团，　　　　　核心气体发生塌缩并旋转　　　　　一个原恒星，
其中含有密度较大的"核心"　　　　　　　　　　　　　　　　　以及它周围的原行星盘

图 5：孕育行星的原行星盘的形成。恒星诞生于低温气体云团中密度较大的核心区域。这些"核心"在自身引力作用下发生塌缩时，会伴随自转，最终形成一个年轻的原恒星，周围被一个由气体和尘埃物质组成的盘所包围。

　　随着气体物质逐渐平静下来并开始冷却，尘埃颗粒会在这个气体盘中凝结，就像水汽凝华形成冰粒一样。这些微小颗粒与先前便存在于气体云团中的飞溅尘埃一起，形成了太阳周围最早的一批固体物质。这就是行星形成的最初开端。从这些最微不足道的"建材"开始，旋转中的这座气体与尘埃工厂将会不断吸纳更多、更大的物体加盟。现在，这一结构被称作"原行星盘"。

这种方式听上去似乎太简单了一些,以至于让人有些怀疑。毕竟,如果这是正确的,那么每颗恒星周围都应该会有气体尘埃盘,也就都可以孕育出行星了。宇宙中,行星的形成真的是如此普遍吗?

对于这个问题,有一个简单的测试:在今天年轻的恒星周围可以观察到原行星盘吗?但这里存在的问题是原行星盘不会发光。和中间位置的恒星不同,那里正在急速升温,发光发热,而周围的尘埃盘无法自己发光。不过,尘埃会吸收恒星发出的能量。就像夏日炎炎下,汽车的引擎盖会吸收太阳的能量并变得非常烫手一样。相似的,吸收能量的尘埃盘也会升温变热,并发出能量较低的红外辐射。

人眼对于红外辐射不敏感,但是我们很容易制造出可以探测到红外线的相机。遗憾的是,用于捕捉夜晚盗贼的完美红外相机并不能直接用来对准天空拍摄原行星盘。因为原行星盘尽管被中央位置的恒星所加热,但它的温度仍然比地球上任何地方都要低,以至于相机本身发出的热量都会严重干扰到拍摄。为了克服这一问题,拍摄用的红外波段相机必须被冷却到比这些尘埃云团更加低的温度。雪上加霜的是,地球大气层会强烈吸收红外线。因此,安置这类观测设备的最佳地点是外太空。

在太空环境下,尽管保持低温相对要容易很多,但工作在红外波段的空间望远镜仍然需要额外降温。我们一般会使用液氦作为冷却液,它会通过吸收周围环境中的热量并缓慢蒸发,从而帮助将望远镜的工作温度保持在零下270摄氏度左右。而一旦液氦完全耗尽,望远镜则将逐渐升温到零下244摄氏度左右。

已经有两台肩负搜寻年轻恒星周围尘埃盘的空间望远镜,分别是红外空间天文台(Infrared Space Observatory)以及斯皮策空间望远镜(Spitzer Space Telescope)。前者是由欧洲空间局(ESA)在1995年发射升空的,一直工作到1998年液氦冷却液耗尽为止。

而斯皮策空间望远镜则属于美国宇航局（NASA）的"四大空间天文台"项目之一。NASA的"四大空间天文台"具有极高声誉，其中就包括尽人皆知的哈勃空间望远镜。斯皮策空间望远镜于2003年发射升空，于2009年5月宣告冷却液耗尽，但之后在温度升高导致性能降低的条件下继续开展工作。这些项目得到的观测结果是明确的：年龄低于100万年的年轻恒星周围全都存在尘埃盘。如果行星的确诞生于这样的尘埃盘中，那么每一颗新生的恒星确实都有能力拥有行星。

除此之外，这些观测工作还揭示了另外一项结果。年轻的恒星周围都存在尘埃盘，但是年龄在1 000万年以上的恒星周围只有大约1%的恒星拥有类似结构。这样的事实让我们得出一个结论：行星形成是有时间限制的。

有几种办法可以让原行星盘消失，其中最令人兴奋的一种情形当然是：所有尘埃盘的物质都已经变成了行星，许许多多崭新的行星世界诞生了。不幸的是，不管是对我们自己太阳系的观测，还是对已知系外行星系统的观测，都表明最终保留下来的行星的质量大约只有原行星盘质量的1%。那么，剩余99%的质量哪里去了？

另一种可能是：附近的其他恒星对尘埃盘施加了引力影响，将它从其所在的恒星周围剥离。这样的情况偶然发生的确是可能的，但不太可能是普遍事件，不足以导致几乎所有恒星周围的尘埃盘都被破坏的事实，因为恒星之间的距离一般来说毕竟还是相当遥远的。因此，这种破坏作用必定是某种内在机制在起作用，换句话说：是当事恒星和它周围的尘埃盘在自我毁灭。

造成破坏的部分原因是尘埃盘内部物质颗粒之间的摩擦。为了更好地理解这一点，我们可以将尘埃盘想象成环绕恒星周围的层层赛道。跑在内圈的气体会比跑在外圈的气体更快，位置更超前。两者之间产生的摩擦作用会减慢内圈气体的运动，而一旦减速，内圈气体物质对抗引力拉拽的能力就下降了。与内圈气体物质之间的这种摩擦作用会给予外圈气体一种前向拉力，使其速度加快，但它又会与更加外圈的气体物质之间发生摩擦作用，从而被减速。以此类推，随着这种减速效应的传递，气体和尘埃物质将逐渐丧失对抗恒星引力的能力，并最终落向恒星。

这种物质向内流动的机制被称作"吸积作用"（accretion），它必定在尘埃盘的破坏机制中起到了某种作用。但是它同样不能代表完整的答案，因为它发生的过程太过缓慢：要想通过吸积作用清除尘埃盘的外侧部分，需要数亿年的时间才能做到，但观测结果却告诉我们，我们只有大约 1 000 万年的时间去做这件事。更诡异的是，我们几乎很少观测到尘埃盘被破坏到一半的情况，这表明尘埃盘实际被破坏的速度可能还要比这快上 10 倍，并且整个尘埃盘结构是几乎同时被破坏的。最后一项结论带来了一个特殊的问题，因为吸积过程显然应该是从内侧最先发生，所以是逐渐由里向外扩展的。我们现在需要的是第二种作用效果更快的破坏机制，而这种破坏机制得是位于中央的恒星提供的。

就像青少年经历痛苦的青春期一样，从年轻的原恒星转变为一颗成熟的恒星，同样是一个动荡激烈的过程。对于一颗中等质量的恒星，比如我们的太阳，这一"反叛"的阶段被称作"金牛 T 阶段"（T-Tauri phase），以第一颗被观测到正处于这一令人尴尬阶段的恒星——金牛座 T 星的名字命名。就像处于叛逆期的孩子对保护自己的父母恶言相向，金牛座 T 星会发出剧烈的高能辐射，如 X 射线和紫外线，并伴随有由汹涌的高能粒子流组成的星风。当这些辐射和粒子流抵达内侧尘埃盘，尘埃盘将被加热。在靠近恒星的地方，这样的高能轰击的结果是一个非常高温的尘埃盘。但是在更外侧，由于距离较远，恒星引力的作用更弱，额外的向外推力已经足够让那里的一些气体物质和较小的尘埃颗粒发生逃逸。这一机制被称作"光致蒸发"（photoevaporation），这个单词的字面意思非常清楚：由于"光子"（photo）的作用而导致的"蒸发"（evaporation）。科学家们猜想这一机制可能在尘埃盘破坏中发挥了主导作用。在恒星附近，较强的引力作用足以对抗光致蒸发的区域，由吸积作用来完成最后的破坏。

而一旦盘状结构中的气体物质被去除，剩下的主要就是原行星体和其他质量足够大、无法被"吹走"的固态物质了。此时，基本就是行星引力束缚下的大气层了。太阳系中有 4 颗行星的组成中，气体物质占巨大比重，我们由此可以推断当太阳系中的气体物质被吹走之前，这 4 颗行星应该基本上已经形成了。这就给了我们一条时间上的限制：从比沙粒还要小上 10 倍的尘埃颗粒开始聚集，到形成巨大的甚至有朝一日或者会产生生命的行星，所花费的时间应该不会超过 1 000 万年。

到这里，认为这是一件几乎不可能完成的任务也并非毫无道理。人们对此感到难以置信，以至于很多人提出，或许围绕年轻恒星存在的这些尘埃盘根本不是什么孕育行星的场所，而是新生恒星自带的"胎盘"。要想验证这个问题的答案，一种办法是弄清楚要想形成今天所见的太阳系，当初的原行星盘中需要存在多少数量的物质。如果这样得到的结果与观测到的围绕其他年轻恒星周围的尘埃盘的质量大相径庭，那么，认为行星是从这些尘气体盘中诞生的观点就应该被抛弃。

如果我们将这一过程比作是用乐高玩具来搭建一个太阳系模型，那么要想弄清最初建造这个模型需要多少材料就非常简单了。我们只需要把模型拆开，然后清点一下用了多少块"砖头"即可。但是要想估算原行星盘内的物质量，我们面临一个大问题，一个难以控制的盗窃犯——太阳。它会时不时从尘埃盘中盗取大量物质并据为己有。

如果太阳系中的所有行星都被碾碎撒开来构建一个尘埃盘，整个系统将富含铁和硅酸盐矿物，其中含有硅、镁、碳和氧等元素，并且离太阳越远，水冰的含量将会越高。这些都是比较重的元素，它们最容易从气体中析出并形成固体尘埃，最终（根据我们的设想）逐渐聚集成更大的岩石和行星。而那些更轻的元素，比如氢，只有少量可以参与结合形成水冰，或者被直接吸引成为行星大气层的组成成分，但大部分都会在新生太阳发出的剧烈辐射下被蒸发殆尽。

但是，假如将轻元素缺失的情况就这样报告给保险公司，恐怕我们会被告知，我们上面的故事难以令人信服，除非我们能够证明它们最初究竟有多少数量。这听上去是一个几乎无法做到的苛刻要求，但至少我们还有一条线索可用，那就是：如果这个尘埃气体盘是和太阳一起，形成于同一个孕育恒星的气体云团，那么我们就有了一个对比的抓手，那就是太阳本身。

让我们再次设想用玩具搭建太阳系模型的场景。这一次我们使用不同颜色的"砖块"，而太阳是那个偷砖的贼。我们假定太阳特别喜欢偷红色的砖块，那么我们估算建造整个模型所用的砖块数量将会容易得多。如果我们明确用于建造这个模型的砖块中，红色、绿色和蓝色砖块的数量是一样多的，那么被偷走了多少红色砖块的问题，可以很容易通过清点剩余两种颜色的砖块数量来进行估算。举个例子，假设我们把模型拆开，发现里面包含 100 块绿色砖块、100 块蓝色砖块，以及 5 块红色砖块，那么我们就有很好的理由认为有 95 块红色砖块被偷走了，而我们最初的砖块总数应该是 300 块。

我们用于估算原行星盘中缺失元素的方法，和上面所说的故事中用到的方法在原理上是类似的。假设太阳和原行星盘诞生于同一片气体云团，那么两者的元素组成应该是一样的。就像上文例子中的红色砖块一样，原行星盘中的轻质元素出现了缺失，但是它们相对重元素的比例应该是和太阳一样的。因此，当我们需要去估算原行星盘中的物质含量时，我们只需要向前面被碾碎的行星物质组成的盘状结构中添加轻质元素，直到轻重元素的比例与太阳的相应比例相当。不过这种方法其实是假定太阳系中的行星吸收重元素的效率是完美的；但实际上，这些元素中有一部分会在太阳经历金牛 T 阶段时发生丢失。但至少这种方法可以让我们获得构建太阳系所需物质量的最小值。这个数值被称作"最小质量太阳星云"（MMSN），结果显示其质量大约是太阳质量的 3%。这个数值恰好也和观测到的那些年轻恒星周围的尘埃盘的质量估算值相当。

原行星盘中可以形成太阳系中各大行星的另一个重要证据源自另外一块岩石。2003 年 5 月 9 日，日本宇宙航空研究开发机构（JAXA）发射了一艘无人探测器，目标是降落到一颗名为"丝川"的小行星上。

小行星是直径在几公里到几百公里的太空岩石，主要分布于火星轨道和木星轨道之间的区域。小行星之间发生的碰撞会产生大量碎块，其中一部分会朝向地球飞行，它们中有一小部分会撞向地球，形成陨石。"丝川"小行星在历史早期经历过一次撞击事件，迫使其改变了原先的轨道，转而进入了一条新的轨道，这条轨道会让它接近地球，它也因此成为了探测器比较容易抵达的目标。

日本发射的这艘探测器名叫"隼鸟"（Hayabusa）。它对长度大约 550 米的"丝川"小行星进行了拍摄，甚至在 2010 年 6 月成功获得了这颗小行星的部分地表物质并带回地球。这艘飞船传回的图像显示这是一颗花生形状的小天体，地表遍布大小不一的石块和碎屑物。巨大的岩石和较小的碎屑物石块沙粒在"丝川"小行星的引力作用下被松散地聚合在一起。由于质量小，它的引力非常有限，无法让自身成为一个球体。其他飞向不同小行星的任务也都证明了小行星是由一团不规则的大小石块松散聚集到一起形成的。这也就证明，这些天体必定是由早期更小的颗粒物之间相互碰撞，黏合到一起而形成的——工厂组装机制在现实中的完美证明。组装的结果便是太阳系中的各大行星和剩余的小天体们，它们就像是散落在工厂地板上的尘埃。

因此，那个原始的尘埃气体盘真的是孕育行星的工厂地板。从这里开始，我们将逐级组装，从尘埃颗粒一直到8个崭新的行星世界，其大小增长了10万亿~100万亿倍。这是宇宙中最伟大的组装工程，而当你抬头仰望星空，在你所见到的几乎每一颗恒星周围都曾经上演过。

第二章　创纪录的组装工程

　　2013 年 8 月，在美国特拉华州威尔明顿，人们见证了一座破纪录的纪念碑的诞生：一座 34.44 米高的塔，塔身完全由相互紧扣的塑料乐高玩具组成。这个色彩艳丽的建筑物是由来自附近"红色黏土"学区的 32 所学校的小学生们拼接组装起来的，每一个学校负责塔身的一个部分，随后这些较大的部件会由专业的建筑团队使用吊车等设备完成最后的拼接。这个项目被正式载入吉尼斯世界纪录。在整个项目中总共使用了大约 50 万块乐高玩具，最终的成品比原先纪录的保持者高了 2 米左右。

　　这样的项目，宇宙已经玩了数十亿年了：要想构建真正巨大的东西，你必须从很小的东西着手，逐级向上。在我们太阳系的案例中，这意味着从年轻恒星周围需要显微镜才能看清的微小颗粒物开始，逐渐聚集，最终形成巨大的行星。

　　尽管我们知道这样的机制必定行得通，但行星科学家们仍然面临两个棘手的问题。首先，尘埃颗粒之间究竟是如何相互黏合到一起的，这个问题尚不明确。"丝川"小行星借助引力，将许许多多石块、碎屑物聚集到了一起。但天体引力的大小取决于该天体自身的质量大小。一个直径小于 1 公里的天体基本上很难产生可观的引力。其结果可能就像试图在海滩上将干燥的沙子聚拢到一块，你刚堆起来沙子就会滑下去，根本无法聚拢到一起。

第二，我们无法想象有何种黏合机制能够如此高效，可以赶在太阳摧毁原行星盘之前建造完毕整个太阳系。对于年轻恒星周围原行星盘的观测给出了一个时间上限：大约 1 000 万年。就在这样的时间限制下，这种黏合机制需要将直径仅有沙粒 1/10 的尘埃颗粒聚集起来，形成年轻的行星，其质量还得要大到可以吸引气体作为其大气层。这一切都要赶在尘埃气体盘被破坏之前完成。

简单来说，这一过程就像给你一箱子乐高玩具，让你组装一座高塔，但是你发现每块玩具上根本就没有拼接扣，而且玩具刚刚发给你，就宣布时间到了。

你怎么可能完成那座高塔？

即便是打破纪录的高塔也可以用"米"来衡量，但是宇宙所进行的"建筑项目"完全是另外一种尺度上的概念。为了避免出现荒唐的数字，让我们先离开一会儿，去找一个适合用于测量太阳系距离的尺子吧！

我们当然可以用"米"或者"公里"来描述行星之间的距离，但是当数字变得特别大，位数变得特别多的时候，我们理解起来就会出现问题。比如说，地球距离太阳大约 149 600 000 公里，而木星距离太阳大约 778 340 000 公里。相比你平常去超市的距离，以上这两个数字很显然太过巨大了，你会发现很难清楚表达这样的数字，再有你也很难看出木星距离太阳到底比地球（距离太阳）远了多少倍。

为了解决这个问题，天文学家们将日地平均距离作为一个标准来衡量其他天体的距离。他们将这一长度值称作一个"天文单位"（Astronomical Unit），英文缩写为 AU。因此从定义上说，地球到太阳的平均距离就是 1 天文单位。于是木星到太阳的距离可以记为

5.2 天文单位，意思是木星比地球到太阳的距离远 5 倍多一点点。

　　这一距离值非常关键，因为它基本上决定了何种类型的尘埃可以用来构建行星。由于受到恒星辐射的加热，在靠近太阳的位置上，原行星盘温度更高，外侧则温度低一些。这样的温度梯度决定了哪种元素可以凝结成为固体。就像水在零摄氏度时可以变成冰，而其他分子可能会在更高或者更低的温度上才能凝结成固体。在距离太阳比水星更近的位置上，温度可以超过 2 000 摄氏度，在这样的环境下，一切固体都会被蒸发，因此这里完全找不到尘埃物质。逐渐往外，温度下降到 1 500 摄氏度，第一批尘埃开始出现，主要是金属元素，比如铁、镍和铝等。在距离地球轨道的 1 天文单位上，硅酸盐开始加入进来，而当温度降到冰点下方时，冰物质便开始出现了。最先开始凝结的冰物质是由氧和氢组成的纯净的水冰。随着温度的进一步下降，其他基于氢元素构成的冰物质开始陆续出现，包括固态的甲烷冰以及氨冰。相比尘埃盘内侧部分，这些区域的冰物质包含丰富得多的元素，因而在具备凝结条件时便形成了种类多样的各类物质。一般我们会将冰物质开始出现的距离称作"冰线"（ice line）、"霜线"（frost line）或者"雪线"（snow line）。这条线也构成了类似地球、火星这样的类地行星和木星这样的气态巨行星之间的分界线。但更为重要的是，这条线可以帮助阐释这两种类型的行星之间的关键差异。

　　由于行星是在尘埃盘中聚集形成的，因此它的成分必然就是由它形成时围绕其的固体物质所组成的。在水星的例子中，这就产生了一个主要由铁所构成的行星体[1]。在考虑其较小的质量所产生的较

---

1. 后来证明，水星的铁含量比原先设想的更高。这颗行星可能经历过一次撞击事件，导致其外部的非铁质外壳被部分剥离，因而使其铁含量进一步升高。即便如此也还是无法完全解释水星的成分组成，目前这仍然是一个开放性问题。

小的引力效应之后，水星的物质密度是太阳系中最高的。随着更多各类分子出现在尘埃盘结构中，在距离太阳越远的地方产生的行星，其物质密度也相应稍稍降低，但主要成分仍然是岩石。但是，一旦抵达冰线，低密度的冰物质便开始在这里的尘埃盘中占据主导地位了。由于可获得的物质得到了极大的丰富，大质量天体才有了出现的可能，日后，它们将构成气态巨行星的内核。

然而，尽管这一设想可以解释行星如何由"本地"的尘埃颗粒聚集形成，它却无法具体解释这些尘埃颗粒之间究竟是如何相互聚集到一起的。

星体胶水

就像一个进了糖果店的小朋友，当悬浮在空气中时，尘埃颗粒会到处做不规则运动。但这对于行星形成来说可能是一件好事，因为如果所有尘埃颗粒像军队那样规整地在轨道上各行其道，那么相互之间发生碰撞的概率就会很低。那样的话，大型天体也就永远不可能出现了。因此从这个意义上来说，我们应该感到幸运，尘埃们拥有这样狂野的一面，会从自己的轨道跑到其他尘埃颗粒的轨道上去。

这种胡乱运动的现象最早在 1827 年由一位名叫罗伯特·布朗（Robert Brown）的植物学家在研究悬浮在水面的花粉颗粒的运动时观察到。布朗注意到这些花粉颗粒似乎在做毫无规律的随机运动，但他却无法解释究竟是什么导致了这样的运动。一直等到下一个世纪之交，这个问题才最终由阿尔伯特·爱因斯坦（Albert Einstein）完全解决。他意识到，水分子会不断碰撞花粉颗粒，使其发生运动。爱因斯坦原本可以凭借这一发现获得诺贝尔奖，因为这一发现证明了分子和原子的存在。但他在 5 年前就已经由于在另外一个完全不相关的领域的成就而获得过一次诺贝尔奖。这一奖项最终在 1926 年被授予了法国物理学家让·巴蒂斯特·皮兰（Jean Baptiste Perrin），他的成就是通过实验证明了当初爱因斯坦对这一问题的解释。尽管罗伯特·布朗对这种运动的观察不足以使他也获得诺贝尔奖，但这一现象却以他的名字命名，被称作"布朗运动"（Brownian motion）。

在原行星盘中，气体扮演了前文中碰撞花粉颗粒的水分子的角色。除了布朗运动之外，受到尘埃盘中磁场的影响，尘埃盘中的气体物质自身的运动轨道也会出现轻微偏移，这些都促使尘埃颗粒在偏离轨道并相互撞击方面起作用。而密度稍大的小型气团也会对周围微小的尘埃颗粒施加微弱的引力拖拽影响。

在行星形成的最初阶段，两颗微小颗粒之间的碰撞和结合并不神秘。在原行星盘中冷凝出来的尘埃颗粒直径只有几微米，不到一颗沙粒的十分之一。当以 1 米 / 秒的速度运行时，电荷作用就能够让两颗这样的微小颗粒松散地结合到一起。

一颗尘埃颗粒可能是由某些分子组成的，例如冰物质或者硅酸盐，其整体是电中性的，既不带正电荷也不带负电荷。每一个这样的分子都是由两个或更多的原子组成的，其核心包括一个带正电的原子核，以及围绕它的带负电的电子。但是电子并非静止不动，相反，它们会在分子中到处乱窜，从而导致分子在它们短暂停留的那一侧会轻微地带上负电，而相反的那一侧则会带上轻微的正电。一个分子带负电的一侧会吸引近邻分子带有正电的一侧，从而将两个分子聚合到一起。这种由于分子内极为轻微的电荷不对称性而产生的力被称作"范德华力"（van der Waals force）。这是以荷兰科学家约翰尼斯·迪德里克·范德华（Johannes Diderik van der Waals）

的名字命名的。这种力本身相当微弱，并且只有在两颗尘埃颗粒之间的碰撞相当轻柔的情况下才能起到作用。而当这样的条件不符合时，真正的问题才开始出现了。

在微米大小的层面上，尘埃颗粒的随机运动非常缓慢，足以让范德华力发挥作用，将两颗发生碰撞的尘埃颗粒黏合到一起。问题在于，随着尘埃颗粒逐渐变大，它们发生碰撞时的运动速度也在提升。当原先微米级别的尘埃颗粒生长到毫米级别，范德华力便不能提供足够的黏合力了。相反，发生碰撞的两颗尘埃颗粒会相互反弹回去。

当两颗尘埃颗粒发生反弹，没有任何一颗尘埃能够继续变大。于是大量尘埃颗粒逐渐从微米级别生长成了毫米级别，然后，停滞不前。一个由毫米级别尘埃颗粒组成的汪洋大海形成了。

对于行星形成机制而言，这是一个令人沮丧的死胡同，除非在少数机会中，一部分尘埃颗粒能够突破限制，生长成为厘米级的颗粒物。实验室开展的研究显示，当两颗不同颗粒物相撞，并且两者之间的大小差异足够大的时候，较小的颗粒物会发生反弹，但是它最多可以有大约一半的质量会留在较大的撞击颗粒身上。这就有点像是往你兄弟脸上丢果冻，可以预料大部分果冻都会掉到地上，但是仍然会有相当多的一部分果冻会粘在你兄弟的脸上。因此，厘米级尘埃颗粒将沉浸在一片毫米级尘埃颗粒的包围之中，每一次撞击都会让它增加质量。

这听上去不错，但其中也存在尚未解决的问题：厘米级大小的颗粒最开始究竟是如何出现的？事实上，有两种方法可以绕开以上提到的碰撞瓶颈问题。第一种就是纯粹的运气。一般情况下，尘埃颗粒之间的碰撞速度会随着颗粒直径的增加而增加，但它仍然存在一个区间。这样一来，或许有可能在某些碰撞速度足够慢，能够允许范德华力来构建厘米级的颗粒物。第二种方法是：或许碰撞瓶颈问题根本就不会成为问题——如果碰撞双方都比较"松软"的话。

想象你朝着墙壁扔出一个橡皮球，球会马上反弹回来砸到你的鼻子上。现在再想象一下，把那堵墙换成一个巨大的、由尘埃和蓬松的尘埃小团构成的球——就是那种你打扫房间的时候会在沙发下面扫出来的那类东西。很显然，你这样丢过去，球会直接穿过，而不是被反弹回来。而如果这个尘埃球体足够大，你丢出的球大概率会留在这个大球内部，成为其一部分。

原行星盘中的尘埃颗粒可能并不是尘埃和猫毛之类纤维物质的混合体，但是在低重力的宇宙环境下，它们是可以表现出类似性质的。这一点在主要由较轻质元素，比如冰物质组成的颗粒物中尤其明显。这样的两颗"松软"颗粒之间的相互碰撞情况在实验室中很难进行复现，因为地球重力场会让颗粒物被压缩。为了解决这一问题，可以利用计算机进行可视化模拟。模拟结果显示，只要碰撞速度不超过 60 公里/秒，微米级冰物质颗粒物之间发生的碰撞就将导致相互黏合，而不是反弹。如果颗粒物仍是"松软的"，只是物质组成换成了硅酸盐（比较符合地球最初形成时所处位置的情况），那么只要碰撞速度不超过 6 公里/秒，以上结论依然成立。

似乎这些就是我们行星形成方面问题的全部答案。微米级别、缓慢运动的尘埃颗粒通过范德华力相互聚集形成毫米级的颗粒物。其中那些最为"松软"的聚合体将进一步聚集到一起，形成厘米级颗粒物；在那之后无论是"松软"的还是"坚实"的颗粒物都可以通过与较小颗粒物之间的相互碰撞来增加自身的质量。如果这样的过程持续数百万年，像"丝川"这种大小的天体是完全可以产生的，它们借助自身引力的作用将自己聚合为一个整体。

如果不考虑原行星盘中大量的气体物质的话，以上这个简直就是完美的解释了。

在围绕年轻的恒星旋转时，固体颗粒物和气体所感受到的力是不相同的。对于那些厘米级以下的微小尘埃颗粒，这样的差异无关紧要。就像躺在吊床上的婴儿，微小颗粒会悬浮在气体中随波逐流，且两者是同步的。但是随着颗粒物的粒径变得更大，它们变得更像是蹒跚学步的小朋友了。它们仍然在围绕恒星运行，但是它们的运动与周围的气体之间开始变得不那么步调一致了。这是一个问题，因为颗粒物是固体，气体是流体，而流体会感受到压力。

在尘埃盘中缺失气体的情况下，固体颗粒物感受到来自太阳的引力拖拽作用，以及自身绕太阳旋转产生的向外的支持力量，这两者处于平衡状态。这样的运动被称作"开普勒运动"（Keplerian motion），这是以约翰尼斯·开普勒的名字命名的，他发现了行星运行轨道的规律。相比之下，除了这两种力之外，气体还会受到一种额外的压力的影响。这种压力的产生源自物质向太阳发生的吸积，导致尘埃盘内侧接近中心的位置密度更高。固体颗粒物并不会受到什么影响，但是气体却会由于这种差异性而受到一股额外的、指向外侧的力，从而使其运动速度要比做开普勒运动的物体慢大约0.5%。这样的结果是，那些固体颗粒物将感受到一股迎面而来的逆风，就像自行车比赛中的选手们所感受到的那样（当自行车运动员们向前骑行时，由于速度超过了空气，会感受到一股迎面而来的逆风）。也和在逆风中骑行的选手们一样，这些固体物质的运动速度将逐渐变慢。

随着固体颗粒物的速度下降，离心力渐渐难以支撑其对抗来自太阳的引力，于是它们开始朝着太阳旋转下落。对于那些直径在一米左右的块体来说，这种情况是最快发生的，如果它们原先运行在地球轨道上，那么只需要短短数百年，这些块体就将撞向太阳。避免这种命运的唯一办法就是让体形变得更大。

任何坐过小型飞机并且因此吐到怀疑人生的人都明白，当在空中遭遇气流时，类似波音 747 这种大型商业客机的稳定性要远强于小型飞机。这是因为当物体的质量与其表面积相比很小时，周遭空气对其所施加的拖拽影响将大大增强。相似的，一旦尘埃颗粒的直径长到公里级别大小，这种迎面而来的风对其产生的影响就变得不那么重要了。不幸的是，对于那些米级大小的"太空石块"来说，坠入太阳所需的 100 年，远远短于它通过撞击成长来达到直径数公里、"免疫"这类拖拽作用的时间。这样就出现了一个矛盾，被称作"米级障碍"（meter-sized barrier）。那么，为了不让我们之前所有的工作白费，我们必须设法阻止这种下落。

在一场自行车比赛中，大群的车手会聚在一起骑行，形成一个"车群"，这样可以帮助减轻由于风的阻力而产生的体力消耗。单个骑行的车手在路上必须独自对抗风阻，但是如果他在其他车手的身后，前面的人就帮他抵挡了风阻，他可以省下很多力气。车群中的车手们会轮流骑到前面去抵挡风阻，一般这是一种策略，目的是让他们车队夺冠实力最强的选手可以躲在后面，为最后的冲刺尽可能保存体力。

类似自行车比赛中的这种情况，在原行星盘中被称作"流体不稳定性"（streaming instability）。该理论认为，只要能够消除气体拖拽效应，固体颗粒似乎注定落向太阳的运动是可以被终止的。和自行车比赛的情况很像，你只需要让足够多的物质集中到一个地方即可。

石块在尘埃盘中向内侧盘旋移动，这一路上不可能到处都是均匀的。受到与气体物质之间的碰撞等影响，沿途会有越来越多的岩石聚集到一起。这些聚集到一起的石块就像是自行车赛中的"车群"，减轻了该区域内迎面吹来的风施加的阻力。和气体拖拽效应的减弱一样,随着新的石块被从尘埃盘外侧拖拽到内侧,它们会撞击"车群",并因此减速。这样就增加了"车群"中成员的数量,并进一步降低了风阻。以此类推,不断累积,越来越大的"车群"也越来越容易接纳新加入的石块。

针对流体不稳定性开展的计算机模拟结果显示,这种原行星盘内的"车群"效应可以产生直径达到几十乃至几百公里直径的天体,这几乎要和矮行星谷神星相当了。到这一步,复杂的胶合机制终于不再那么重要了。聚集在原行星盘"车群"内物质的量已经达到一定程度,足以让引力发挥它的作用,让这些物质相互结合,形成公里级别的天体。此时,这些天体的大小终于达到了一定程度,可以被称作"星子"(planetesimals)。

在建造那座打破纪录的高塔时,美国特拉华州的学生们使用的是大约1厘米大小的"砖块",构建起一座比砖块大上1 000倍的高塔。这一点令人印象深刻,但在太阳系的杰作面前,它黯然失色。在原行星盘中,从尘埃开始构建出的"星子"的大小增加了1 000 000 000倍。更不可思议的是,这一切还尚未结束。下面,该引力出场了。

引力:电动工具

让引力参与到构建行星的过程中来,就像从使用学生版胶水,换成使用全套电动工具,鸟枪换炮。现在,由于受到相邻星子的引力扰动,星子们正在它们的轨道上相互推搡着前进,它们的轨道可能相交并因此发生碰撞。在这样的撞击中,那些较小的星子将会碎裂或被反弹,但是它们的速度不足以逃离那些大型星子的引力束缚,最终还是会被吸引回来。那些质量最大的星子开始逐渐吞噬其周围环境中的一切其他成员。

　　一个星子的生长速度取决于它与其他太空岩石之间碰撞的次数，以及它每次能够由此增长的质量。正如冬天铲雪的时候，用一把大铲子要比用小铲子效率更高一样，体形更大的星子也更容易获得更多物质。随着小型星子被大型星子合并，并使后者变得更加巨大，合并周围物质的效率变得越来越高，直到周围环境中的小型天体的密度开始逐渐下降。这一切听起来非常完美，但如果按照这种方式的话，速度还是太慢了。

　　以地球所在的位置为例，这里距离太阳大约 1 天文单位，一个星子需要花费 2000 万年才能合并足够多的物质，使其自身质量达到地球的水平。而如果我们把后期周围空间内小天体的密度将会出现下降的事实考虑进去，那么这个时间还将进一步延长为 1 亿年之久。随着我们逐渐远离太阳，星子分布将会更加分散，空间中的星子密度将会下降。在木星轨道的距离上，1 亿年成了这样一颗巨型星体固体内核可以形成的最低时间值。这样的时间超过了气体盘的寿命，在木星的固体内核形成时，这一气体盘结构必定还存在，否则无法解释木星质量巨大的大气层的产生。而一旦我们抵达海王星轨道的位置，要形成海王星的固体内核，所需要的时间将会超过太阳系的寿命。这就说明，星子的生长过程必须提速。

　　幸运的是，引力对天体施加的作用并不止于表面。尽管距离某个星子越远，其产生的引力效应也就越弱，但它仍然能够对附近的其他星子产生影响，使其进入相撞轨道。这增大了星子的有效直径，相当于其几何学尺寸再加上其引力范围内所带来的一种增进效应。这种增进效应与星子的质量正相关，也因此会与星子的几何大小成正比。这一过程相当高效，质量越大的星子"清扫"周围物质的速度也就越快，反过来也使其进一步加速生长变大。在这一几乎失控的过程中，那些质量最大的星子将能够迅速吞并周围其他天体——这是行星形成机制版本的"富人更富"现象。

如果不是因为中央恒星插手干预，身处这种失控吞噬游戏中的星子的质量将持续变大，直到将整个尘埃盘吞噬。一个质量较小的星子从质量较大的星子附近经过时，会感受到两种力：较大质量星子对其施加的引力影响，以及其所绕转的恒星对其施加的引力影响。这两种力之间的平衡点被称作较大质量星子的"希尔半径"（Hill radius）。在以该半径构成的球体范围内，较大质量星子施加的引力效应会超过恒星施加的引力效应。

由于即便处于疯狂吞食生长模式下的星子，其质量也远远小于恒星，希尔半径将非常靠近大质量星子附近而远离恒星，不过一般也可以延伸到大质量星子自身半径的数倍处。任何天体一旦进入该半径范围内，都将受到引力影响而进入与星子发生撞击的轨道。但并非在这一范围之外就可以完全平安无事，那里的天体仍然可以感受到来自大质量星子的引力拖拽。事实上星子们根本无法保持稳定安全的轨道，除非它们和其他星子之间的距离一直可以保持在其邻居的希尔半径的 3.5 倍以上。一旦受到引力扰动而偏离了原先轨道，这颗星子就有可能穿过其他星子的希尔半径并被吞噬。因此一个成长中的星子在围绕恒星运行的过程中，会以自身希尔半径 7 倍的宽度扫过沿途，并吞噬遇到的一切物质。

随着星子的成长，它的希尔半径也将随之变得更宽，从而进一步扩大了它的"捕食范围"，在这一范围内，较小的星子将被吸引。当星子和它的希尔半径比较小的时候，它们吞噬的物体都是轨道距离非常近的，但是随着星子开始疯狂吞食和生长，其扩大的希尔半径使其可以在尘埃盘内宽得多的范围内吸引"猎物"。这些天体一开始与这个大质量星子的运行速度大相径庭，但是在其引力作用下偏离了自身轨道。由于这股引力的作用，这些小星子将会以高得多的速度冲向吸引它们的大质量星子。这样的高速使它们可以抵抗被带入直接撞击轨道的命运，转而进入围绕大质量天体转动的混沌轨道。相比各种星子的频繁碰撞，这种情况下，星子生长的效率大大降低了。于是星子疯狂生长的速度开始减慢，一个被称作"寡头式生长"（oligarchic growth）的崭新阶段开始了。

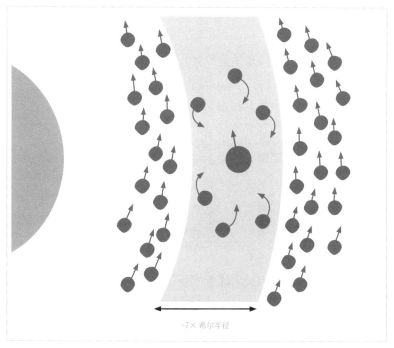

图 6：捕食场。一个生长中的星子在轨道上运行时，其两侧各 3.5 倍希尔半径内的其他较小型星子都可以成为其捕猎的目标。希尔半径是指该星子的引力影响大过恒星施加引力影响的范围。

在寡头式生长阶段，那些质量最大的星子将继续生长，但相比那些仍处于疯狂生长阶段的质量较小的星子，其生长速度要更慢。这就引发了一场你追我赶的生长大赛，因为那些质量更小的星子的生长速度要比那些大个子更快。

随着小质量星子数量的不断减少，能够进入星子希尔半径成为捕猎对象的新鲜物质越来越少了，生长过程终于慢慢停滞了。到这一阶段，星子达到了它的最大质量，被称为"隔离质量"（isolation mass），到此时，它已经吞噬了其轨道周围的所有其他天体。该清空区域的宽度大约为 7 倍希尔半径，对于一个运行在大约 1 天文单位距离上的天体，其隔离质量约为地球质量的 10%，这是基于太阳系的"最小质量太阳星云"（MMSN）中可获得物质的量做出的估算值。而在木星轨道附近，该数值将增大到大约 1 个地球质量，这是因为这里距离太阳更远，受到太阳引力的影响更弱，因此这里的天体可以拥有更宽的希尔半径。但是质量和地球一般大小的星体还无法吸引巨厚的大气层，因此有人质疑"最小质量太阳星云"理论低估了木星所在区域附近的物质量。这并非毫无道理，因为这些大质量行星是有能力产生强大的引力摄动影响，将星子加速到极高速度，甚至直接使后者飞出太阳系。而在地球轨道附近，由于太阳的引力影响比较强大，那些太空岩石要做到逃离将会困难得多。如果一个新生的太阳系中，在木星轨道附近原本存在更多的物质，那么一个典型的"核心"可以生长到大约 10 倍地球质量，从而吸引到质量巨大的大气层。

继续向外到大约 40 天文单位处就是冥王星了，这里太阳的引力影响变得非常微弱，因此这里天体的希尔半径会非常大，使隔离质量可以达到大约 5 倍地球质量。这远大于冥王星，后者的质量只相当于地球质量的 0.2%。这种巨大的反差表明，冥王星清除干净其轨道周围其他天体所需的时间要超过太阳系目前的年龄。冥王星至今仍然被视作是小天体之海中的一个成员，这也是它在 2006 年被降级为一颗矮行星的主要原因。但将冥王星的质量与隔离质量进行对比可能并不完全公平，因为这些遥远的天体在最初形成时可能并不位于此处。

日后将演变成为行星的星子现在被称作"行星胚胎"（planetary embryos），其中大约有 30~50 个这样的天体运行在水星轨道与火星轨道之间。尽管一开始形成于不同的位置，但是这些天体的轨道之间却并非完全分开。不管是相互之间，还是与从外太阳系被"甩"进来的其他星子之间都会发生激烈冲撞。在不断上演末日撞击之后，该区域的所有这些"胚胎"相互合并，最终只留下来 4 颗类地行星。

要想触发这样一场超级撞击盛宴，必须有一股巨大的引力来干预和扰乱那些"胚胎"和星子的轨道——因此，那些位于冰线之外的行星胚胎，必须发育成为气态巨行星。

第三章　气体的问题

尽管围绕一颗恒星运行的一大群石块对于产生行星来说是非常好的基础，但是它们毕竟还不能算是行星。在这样的基础上，我们还需要一层大气层。

在组装过程的初期，我们的行星还只是沉浸在气体盘中的细微尘埃颗粒模样。这些固体颗粒物在气体盘中随波逐流，它必须避免与太阳的灾难性接触，直到其质量变得足够大，能够抵挡住气体的拖拽作用。

随着它们的质量逐渐接近行星胚胎大小，角色互换了，这些行星胚胎的引力足以将气体束缚在其周围。一旦被行星胚胎的引力场捕获，气体便围绕在其周围，将原始行星包裹起来，构成最早的原始大气层。

和最初的尘埃物质一样，气体物质在围绕太阳运行的同时，其内部也有各种方向的随机运动。这种运动的速度与温度有关。这也是为何热气球会膨胀：加热使得空气分子运动加剧，更加猛烈地撞击气球侧壁，从而使其膨胀起来。当逃离行星胚胎引力束缚所需的逃逸速度超过气体的随机运动速度，这些气体便被束缚住，成为其大气层。

大气层的获得会帮助生长中的行星胚胎更好地清除周遭空间里

更小的星子。当那些太空石块经过大气层时将会感受到阻力，就像跳伞时感受到的空气阻力一样。而一旦这些小星子速度降低，它们就更容易被行星胚胎的引力拖拽，并最终与其相撞成为行星胚胎的一部分。

小星子在减速过程中还会产生热量。这与流星体在地球大气层中燃烧发光形成流星的原理是一样的。下落的星子在减速的过程中温度会逐渐升高。这一过程释放的热量会加热大气层并使其分子随机运动变得更快。一般情况下，气体分子这种速度上的提升并不足以使其达到逃离行星胚胎引力束缚的地步，但确实可以帮助其在行星胚胎的引力作用下保持稳定，不至于被过度压缩。当行星胚胎的引力作用被气体加热效应平衡掉时，大气层不再收缩或膨胀。这种稳定状态被称作"流体静力学平衡"（hydrostatic equilibrium）。

随着行星胚胎吞噬更多星子，其引力逐渐增强。这将暂时打破平衡，并将大气层更加牢固地束缚在自己周围。而当大气层受到压缩时会产生热量，这些热量将使大气升温，并重新建立起与引力之间的平衡，从而建立起一个新的稳定状态。随着行星胚胎的引力增强，其影响范围扩大，而与此同时大气层受到压缩，空出了更多空间，于是新的气体物质涌入，使大气层变得更加深厚。

对于一颗质量大约为地球 1/10 的行星胚胎而言（这是在地球当前位置上，在当时环境下最有可能达到的质量值），其能够捕获的大气质量总是远小于其固体物质质量。因此大气层的存在只能帮助胚胎生长，却不能显著改变其演化路径。但是，当我们离开太阳继续向外，穿越冰线之后，那就是一个完全不同的故事了。

气态巨行星

在远离太阳的地方,在今天木星轨道的位置,具备更大质量的"行星核"可以吸引到多得多的气体物质。事实上这个大气层如此巨大,以至于坠入其中的小星子减速所释放的热量根本不足以支撑其巨大的质量。

这样的情景具体在哪个时间点发生还存在争议。经验法则认为,这一切都可以维持平衡状态,直到大气层的质量与固体内核的质量相当。但是如果冲入大气层的星子在下落过程中被部分蒸发掉,那么所需的质量会稍小一些,因为蒸发掉的物质将会补充进入大气层。构成那些小星子的冰和岩石物质的较重元素都是冷却剂,帮助大气层快速降温,使其内部分子运动速度减慢,从而削弱了其抵挡引力作用的能力。

当大气规模抵达临界点,气体分子运动与引力之间的平衡被打破。相反,行星胚胎和其大气层加起来的质量所产生的强大引力将压制住气体运动。流体静力学平衡状态崩溃,大气层开始被逐渐压缩。

随着大气层向行星胚胎地表下降,行星胚胎的引力作用开始继续从周围气体盘中汲取新的气体物质。这些新到的气体物质成为大气层的一部分并同样开始受到引力作用的压缩。新的气体物质的加入使行星胚胎的整体质量增加,引力作用增强,从而吸引来更多的气体物质。一个近乎"失控"的吸积过程开始了,它使行星胚胎得以以越来越快的速度大量吸引气体物质。这样的结果就是形成了一个厚度达到数千公里的超级大气层——一颗气态巨行星诞生了。

有两种机制可以让这种大规模气体吸积过程终止。其中一种是,这种大气层的增长会一直持续到气体盘消失。当恒星开始蒸发周围的尘埃气体盘,行星周围能够接触到的气体物质将开始逐渐减少。

在 1000 万年结束之前，气体盘消失，只留下行星在此之前已经成功束缚住的那部分大气层。

这种方式当然是有效的，因为很显然，如果气体储备库消失了，行星便无从汲取更多气体物质了。对于太阳系最外侧的几颗气态巨行星来说，这种机制可能起到了关键作用。由于距离太阳非常遥远，海王星和天王星轨道所在区域的岩石和气体物质分布密度是比较小的，这样就使它们的行星胚胎发育比较缓慢。因此完全有可能的一种情况是，当太阳开始清除其周围的尘埃气体盘时，这两颗行星胚胎的大气层仍然处在生长期。

补充说明一下，天王星和海王星距离太阳真的太远了，以至于科学家怀疑它们最初的形成位置并不在今天它们所在的位置上。考虑到形成它们这样巨大的质量所需的时间，理论上在它们得以积累起一个较为可观的大气层之前，太阳系的气体盘就应该已经消失了。更有可能的情况是，它们最初形成的地方比较靠近今天木星和土星的位置，并在随后迁移到了今天的轨道上。不过，即便如上所说，在比较近的距离上形成，但随着气体盘的消失，它们的大气层发育也还是终止了。

然而，对于两颗相对更靠里侧的巨行星——木星和土星来说，以上这种机制的可能性就降低了。一般认为这两颗巨行星的固体内核与其外层巨厚大气层之间的质量比要大得多，因此它们将拥有充分的时间来吸引气体物质，如果要为它们踩刹车，我们需要一种新的终止机制。这种机制可能与原行星盘在每一颗行星轨道附近出现的"空隙"有关。

行星围绕恒星公转，距离恒星的远近决定了一颗行星公转一周所需时间的长短。就像圆形跑道一样，在靠内侧的道上完成一圈跑过的距离更短。因此，运行在行星和恒星之间的气体会慢慢跑到行星前面去，而运行在行星轨道外侧的气体则会逐渐落到后面去。

当行星在气体物质中穿行时，它会对气体物质产生引力作用。对于那些距离太阳比行星近的气体物质来说，行星引力产生的是拖拽和减速效应，反之，比较外侧的气体感受到的则是向前的拉力和加速效应。

当气体物质的运动速度发生变化，其轨道距离也必然随之发生变化，以重新求得向外的离心倾向与恒星引力之间的平衡。运行在恒星与行星之间的气体物质由于速度下降，轨道距离缩减，开始离开行星向恒星靠近。与此同时，行星轨道外侧受到加速影响的气体物质则得以扩展轨道距离，逐渐远离恒星。这样一来，在行星内外两侧便形成了一个空隙，该区域的物质密度将大大降低。

如果行星的引力作用范围能够覆盖到整个空隙的上下边缘，那么这个空隙就可以维持。行星质量巨大，气体物质很难在不改变自己运行速度的情况下"溜进"这个空隙，而改变速度的话就一定会被清除出去。于是这样的空隙就会稳定存在，最终遏制了行星持续从周围环境中获得气体物质的能力，直到气体盘蒸发消失殆尽。

在大气层停止成长之后，随着大气层逐渐降温，其体积将继续收缩。这将导致大气层的密度变得更大，进一步压缩的难度加大，于是收缩的趋势逐渐停止。在气态巨行星的大气深处，巨大的压力将氢气压缩转变成一种奇异的液态金属。这样巨大的压力开始抵抗收缩，于是木星和土星的收缩速度变得极其缓慢，目前的估算值大约是每年收缩不到 1 毫米。但即便如此微小的收缩仍然会产生加热效应，因此木星和土星发出的热辐射总量会超过它从太阳那里获得的热辐射总量。

这种生成气态巨行星的机制被称作"核吸积模型"（core accretion model），这个专业术语非常形象，气态巨行星正是在原行星胚胎（"核"）的基础上，大量吸积周围气体而逐渐形成的。这一模型最显著的特点之一是，它与类地行星的形成机制非常相似，唯一的差异在于它存在一个"失控"的气体吸积过程。但它最大的潜在问题就是所需的时间。

初步估计，木星、土星、天王星以及海王星在它们当前各自轨道位置上形成所需的时间超过1 000万年。这是一个问题，因为气体盘在1 000万年内就会蒸发殆尽。有一段时期，很多科学家认为这一矛盾表明核吸积模型是错误的，但后来，对这一模型体系进行的一些修改，让人们意识到，其所需的时间可以被大大缩短。

第一项调整其实就是提升原先模型的计算精度。气体冷却的速度有多快，其实部分是由混合其中的尘埃颗粒决定的：它们是会成团并开始沉降呢，还是持续悬浮在气体之中？如果是后者，"浑浊"的气体云将延缓热量的散失（可以简单理解为增加了大气的不透明度），从而减慢降温速度。而如果允许尘埃向核心下落，则会加速冷却过程，大气层将迅速降温并收缩。

一个更加激进的方案是将行星的位置挪一挪。行星对于周遭气体物质的加速或减速效应是造成气体盘中出现裂隙的原因。但是作用力是相互的：当行星引力作用于气体时，气体也会作用于行星。当行星对内侧气体物质进行减速时，反过来这些气体物质会让行星加速；而在外侧，当行星对气体物质进行加速时，它也会感受到气体物质对其施加的减速效应。如果内外两侧的气体物质同时作用于行星且施加的力量相当，那么行星轨道将不受影响。但是，行星的运动速度会比周遭气体更快一些，因为它对压力不甚敏感。这就导致施加拖拽作用的气体更加接近行星，从而使外侧气体施加的减速效应大过内侧气体施加的加速效应。于是行星的运行速度会放慢，并逐渐向内迁移。

随着行星在尘埃气体盘中迁移，它会遭遇到很多新的星子。这些新的"食物"会让它的吸积速度再次上升，从而让其开启"失控"吸积模式所需的时间大大缩短，甚至可能到十分之一！如果按照这样的模式，那么像木星这样的行星最初应该形成于距离太阳大约8天文单位的位置上，随后开始它的"美食之旅"并最终停留在今天所在的距离太阳大约5天文单位的位置上。在系外行星被发现之后，行星迁移理论更是构成了行星形成理论的关键部分，但同时也是一大棘手之处。

近期，又有一种新的机制被提出来，可以解释气态巨行星如何做到在短时间内获得巨大质量的问题。与传统观点认为大量合并大型星子不同，"砾石吸积理论"（pebble accretion theory）认为吞噬大量的小型太空岩石可能可以更快"长胖"。

一旦周遭星子的运动速度超过了行星胚胎的引力能够捕获的程度，行星胚胎的生长速度就会放缓下来。这一问题在寡头式生长阶段开始出现，并且情况在捕获较为大型的星子时变得更加糟糕。

不过，尽管在尘埃气体盘中已经形成了较大型的星子，大量小型太空岩石仍然随处可见。直径大约10厘米的太空"鹅卵石"数量巨大，的确是非常合适的零食小吃，因为这些小质量石块仍然会受到气体拖拽作用的影响。这种拖拽作用会使它们的运行速度减慢，从而更容易受到引力影响并进入撞击轨道。因此行星胚胎可以以极高的效率吞噬这些太空石块，在木星轨道位置上，其增加质量的效率可以提升100倍。

在现实中，以上提及的三种机制在巨行星快速增加质量的过程中可能都发挥了作用。这也使得核吸积理论成为当前解释气态巨行星形成的主流理论。但是，有一些行星仍然会对这一理论的极限发起挑战。

构建遥远的行星

尽管核吸积理论是气态巨行星形成的主流理论，但却并非事事如意。尤其当你继续朝着远离太阳的方向走，越是远离太阳，行星形成也就越困难。对于那些遥远的岩石世界，比如冥王星，它们今天运行在如此偏远的位置，可能是历史上与那些巨行星之间的互动导致的结果。随着气态巨行星质量迅速变大，它们的引力作用先是吸引并吞并一些较大的星子，随后慢慢开始吞并一些相对较小的行星胚胎。由于这类天体都具有相当大的质量，因此基本不受气体拖拽作用的影响，这类天体中的大部分都是不太会被气态巨行星的引力场捕获的。相反，它们在接近这些庞然大物时会被后者的引力加速，并被加速抛射出去，在太阳系中游荡。

冥王星，以及一大群矮行星和星子被向外抛射出去，停留在了今天海王星轨道之外的位置上。其他一些星子则被向内抛射并在剧烈的撞击中灰飞烟灭，而还有一些则直接被踢出了太阳系。来自木星的引力作用实在太过强大，内太阳系的行星胚胎轨道出现混乱，相互撞击，最终留下了今天的几颗类地行星。

到这里为止，我们可以大致描述一下我们太阳系的形成了：尘埃颗粒相互结合，形成星子，并最终演化成为行星胚胎。巨行星透过失控的吸积效应形成巨厚大气层，并且由于它们巨大的质量，在内太阳系引发了一场"乒乓球游戏"，最终帮助类地行星完成生长，同时将一大批矮行星和小型太空石块一脚踢到了太阳系的边缘地带。然后，我们发现了系外行星。

南鱼座 αb 星（南鱼座 α，中文名叫作"北落师门"）是一颗气态巨行星，与其绕转的恒星之间的距离达到惊人的 119 天文单位。与太阳系作一个对比，我们太阳系内最遥远的气态巨行星海王星到太阳也只有大约 30 天文单位。在数百天文单位的距离上，根本不可能形成一个足够大的内核，并吸引到大量的气体物质。但是根据估算显示，南鱼座 αb 星的质量最大可能可以达到木星的 3 倍。这一发现给了核吸积理论模型重重一击。不仅是因为南鱼座 αb 星位于非常遥远的、物质极为稀薄的区域，还有它大到无法解释的质量。

南鱼座 αb 星既不是通过视向速度法，也非通过凌星法发现的。相反，它是第一颗采用直接成像法发现的系外行星。对系外行星进行直接成像难度极大，因为它们发出的辐射（主要是反射的恒星光热）往往会淹没在恒星巨大的光芒之中。但是行星的轨道距离越远，我们就越有可能察觉它产生的微弱信号。

人们曾经怀疑，南鱼座 αb 星究竟是否真是一颗行星，因为它的周围被一团巨大的尘埃云所包裹。这是一颗被尘埃云笼罩的行星，还是行星初生时剧烈撞击后碎屑横飞的场景？但不管如何，南鱼座 αb 星绝非最后一颗被发现在尘埃盘边缘的行星。

2009 年，口径 8.2 米的日本昴星团望远镜开始扫描夜空，搜寻系外行星。这一项目被称作"昴星团系外行星与尘埃盘战略性搜寻计划"（Strategic Explorations of Exoplanets and Disks with Subaru），英文缩写为"SEED"。该计划的目标是对围绕其他恒星周围的尘埃盘和任何可见的气态巨行星进行直接成像。到 2016 年，SEED 计划已经找到 4 颗比木星大得多的系外行星，它们的运行轨道距离中央恒星介于 29~55 天文单位之间。这样的遥远行星或许数量不多，但是它们确实存在。

面对这种情况，现有的核吸积理论模型被逼到了墙角，科学家们迫切需要找到一种可以解释气态巨行星形成机制的替代理论。一个想法是：应该将恒星的形成过程更多考虑在内。

对类似我们银河系这样的旋涡星系进行的成像，可以看到很多绚丽的旋臂结构。这些旋臂通常情况下是压缩波，这与声波属于同一类型。当星系内部气体物质自身的引力强大到可以打破星系内的均匀结构时，旋臂便出现了。

这种效应被称作"盘面失稳"（disc instability）。这听上去有点高端，实际上的意思就是引力效应导致旋涡星系的盘面发生分裂。这种结果的本质就是星系内部的气体物质被聚集到一起，形成密度较大的区域，这些区域会孕育恒星。

气态巨行星形成的第二种理论背后的中心思想，正是认为原行星盘可能也会具有类似行为。围绕恒星的尘埃气体盘中也可能出现旋臂结构，而这将导致气体物质被压缩，并直接向巨行星周围聚集。与星系中极为稀薄的尘埃云不同，原行星盘的物质密度可能要高得多，可以孕育出小型的行星体。

很难不被这样一种前景吸引，因为它非常好地避开了几乎所有我们之前遇到的棘手问题。我们不再需要首先构建一个固体内核，不再需要考虑胶合机制，而气体物质对星子的拖拽效应也基本可以忽略了。并且，在这一理论框架下，气态巨行星的形成时间可以被缩短到短短数千年，这仅仅是核吸积模型所需时间的一个零头，完全落在尘埃气体盘消失之前的时间范围内。除此之外，该机制应该可以相当好地产生质量在 1~10 倍木星质量之间的行星，这样就涵盖了南鱼座 αb 星，以及其他的超级行星。

但这里的问题在于（问题是永远存在的），我们不能确定原行星盘是否真的是以一种与星系盘相似的方式产生不稳定性的。有两大要素决定了一个盘面内部是否会发生不稳定：质量和温度。如果尘埃气体盘质量太小，其引力强度便不足以打破物质在盘内的均匀分布并产生旋臂结构；反过来，如果温度过高，气体的剧烈分子运动会使气体很快摆脱压缩波的束缚，离开旋臂区域，导致行星难以形成。同样，我们也不清楚以这种方式产生的行星是否能够幸存下来。相互之间靠得很近的大量行星在形成后可能会相互合并，或者在相互碰撞中四分五裂。

围绕一颗类太阳恒星运行的原行星盘模型显示，在距离 40 天文单位以内的距离上，不稳定性难以发育。但在尘埃盘更年轻，也因此质量更大的时期，它可能曾经在距离恒星大约 100 天文单位处出现过空隙：这个数字与南鱼座 αb 星的情况相当吻合。对于那些在 SEED 项目中被发现的系外行星来说，它们的位置使它们出现在核吸积理论与盘面失稳理论的边界线上。因此，这些行星的形成机制我们或许已经掌握了，问题是，究竟是这两种方式中的哪一种？

通过盘面失稳模式形成的气态行星，最初是没有固体内核的，后来的固体内核是通过捕获星子的方式得到的，被吞噬的固体物质会逐渐下沉到其核心。我们太阳系内的气态巨行星距离太阳太近，因而不太可能是经由盘面失稳模式形成的。通过这种方式形成的，大小与木星相当的气态巨行星，其固体内核的质量大约为 6 倍地球质量，这与我们对于木星内部固态内核大小的推算差异不大。

所以，核吸积理论与盘面失稳理论究竟孰是孰非？抑或两者皆为正确？拒绝两者皆为正确想法的唯一理由恐怕就只有美学原因了：两种气态巨行星形成理论并存的想法简直太丑陋了！然而，仅仅依靠其中的一种理论难以完美解释太阳系中气态巨行星的形成，同时又符合对围绕其他恒星运行的巨行星的观测结果。一种妥协方式可能是，这两种理论互为补充，互为完善：盘面失稳理论可以将气体压缩到旋臂区域，当时机成熟时会聚集塌缩形成行星体。而在塌缩未能发生的区域，任何盘面失稳现象也都可以加速核吸积作用的进行，因为聚集的气体物质会加速行星胚胎吸积周围气体的过程。

到这里为止，我们太阳系中的行星们开始逐渐成形了。最外侧的四颗行星最先形成，并随着其引力不断增强，大量吞噬周遭的星子和其他较小的行星胚胎。由于这些额外质量的加入，它们得以吸引到巨量气体并形成巨厚大气层。而在内太阳系，太阳强大的引力影响限制了行星引力的作用范围，使其吸积过程相对缓慢。随后气态巨行星施加的引力影响扰乱了运行在内太阳系的行星胚胎的轨道，引发大量的剧烈撞击事件。最终，四颗类地行星在撞击的混乱中慢慢形成，并吸引到稀薄的大气层。但是到这一刻为止，这些行星中还没有任何一颗具备了支持生命生存的条件。

第四章　空气和海洋

　　"我的天啊！快看那幅画面！地球正在升起！哇哦！真的太美了！"

　　发出如此惊呼的人名叫威廉·"比尔"·安德斯（William "Bill" Anders），此刻的他正在美国宇航局的"阿波罗8号"（Apollo 8）飞船上，执行人类首次载人绕月飞行任务。正如安德斯日后对太空历史学家安德鲁·查金（Andrew Chaikin）所说，"我们不远万里前来发现月球，但我们真正发现的，却是地球。"他所拍摄的那幅被称作《地球升起》（Earthrise）的照片并非事先计划，但却成为人类历史上最具象征意义的照片之一。

　　1968年底，美国中央情报局（CIA）已经获得确凿情报，苏联即将实施一项航天任务，将两名航天员送入太空并围绕月球飞行。如果成功，这将是历史上首次将人类送出地球轨道，也是这场将人类送往另一个世界的航天竞赛中的关键一步。

　　那一年早些时候，NASA已经发射了"阿波罗"计划下的首次载人飞行任务。"阿波罗7号"搭载着宇航员沃尔特·西拉（Walter Schirra）、唐·艾斯利（Donn Eisele）和沃尔特·科宁汉姆（Walter Cunningham）在11天时间里围绕地球飞行了163圈。尽管乘员组在返回时患上了感冒，并且在太空失重环境下头痛鼻塞这样的症状很难缓解，但除此之外一切运作都还算正常。"阿波罗8号"任务很快开始规划，但当时美国还没做好直接进行载人登月的准备，这样的壮举还要等到1969年，由"阿波罗11号"宇航员尼尔·阿姆斯特朗（Neil Armstrong）和巴兹·奥尔德林（Buzz Aldrin）来实现。

NASA有足够的理由去担心自己会被对手击败。尽管当时苏联的航天计划究竟情况如何并不十分清楚，但苏联人此前的确已经成功地让一对小龟实现了绕月飞行并在当年的9月安全返回。这是他们的首次环月并返回地球的飞行任务。在这样的情况下，苏联击败美国的风险是真实存在的。

于是NASA决定执行一项大胆的计划：让"阿波罗8号"飞船载人环月飞行并返回地球。这是一项冒险之举，因为发射"阿波罗8号"飞船需要用到"土星5号"（Saturn V）巨型火箭，而在此前的无人发射测试中，这款火箭暴露了严重的震动问题。不过这些问题被认为已经解决了，且现在也不是犹豫不决的时候。在遇刺身亡之前，当时的美国总统约翰·肯尼迪（John Kennedy）曾经发誓，要让美国在登月竞赛中击败苏联。第二名就等于最后一名。

那一年的圣诞夜，三位宇航员弗兰克·鲍曼（Frank Borman）、詹姆斯·洛维尔（James Lovell）以及比尔·安德斯成为历史上第一批目睹月球背面的人类。但吸引他们注意力的却不是月球背面的坑坑洼洼。

当"阿波罗8号"围绕月球飞行时，在月球荒芜的月平线尽头缓缓升起一个蓝色的圣诞节装饰物。那是我们的行星，它正缓缓升起于月面之上。安德斯所拍摄的照片《地球升起》已经成为——正如已故的自然摄影师盖伦·罗威尔（Galen Rowell）所言的那样——"环境摄影领域有史以来最具影响力的作品"。那是一颗暗淡蓝点，那是我们。

次生大气层

如果安德斯拍下这张照片的时间再早上大约 40 亿年，拍下的将是一片地狱场景。由于诞生时期产生的大量热量，加上仍在不断遭受星子和其他小天体撞击，那时候的地球就是一个高温的岩浆之海，火山喷发、岩浆翻滚。这一段地球历史的最早期被相当恰如其分地称作"冥古宙"（Hadean）。这个英文单词取自"Hades"（哈迪斯），他是古希腊神话中的冥界之王。

地球最初从原行星盘中获得的那一层大气层并没能维持多长时间。这层大气层的成分主要由轻质元素构成，比如氢气和氦气。我们地球的引力太弱，难以非常牢固地束缚这些气体。随着太阳经历相对活跃的金牛 T 阶段，强烈的太阳风和辐射从这颗年轻的恒星喷涌而出，对内太阳系行星的大气层产生强烈的剥蚀作用。

原生大气层被摧毁之后，熔融状态下的地球开始逐渐产生次生大气层。由于处于熔融状态，较重的金属物质得以逐渐下沉到地球核心位置，而较轻的硅酸盐物质则逐渐形成了地幔。岩石熔化时释放出的其内部所含的气体，随着火山喷发和岩浆奔涌，逐渐形成了地球的次生大气层。这一大气层的主要成分是水蒸气、一氧化碳、二氧化碳和氮气。此时的大气层中氧气依旧缺失，它要一直等到地球上的生命的光合作用开始才会出现。这层大气中的气体分子质量足够大，因而能够被地球引力场束缚，避免了被太阳风和辐射剥蚀殆尽的命运。这可能并非我们今天所呼吸的那个大气，但彼时正是生命出现的前夜。

不过，关于这层大气还有一个谜团未解：冥古宙的地球排出的大量水蒸气是从哪里来的？

水的秘密

《地球升起》这张照片展示了一颗蓝色的星球，其表面 71% 的区域被水覆盖。但如果按照质量计算，全部地表水体再加上估算得到的全部渗入地幔的水量，大约只占到整个地球质量的 0.1% 不到。但在地球上，不管是哪里，只要有水的地方就有生命存在。从我们的视角来看，这意味着水是出现生命必不可少的条件。

这里的问题是：由于地球相当接近太阳，形成地球的那些尘埃物质都相当温暖，不会含有水冰物质。与之相反，最初组成地球的那些固体物质基本都是干燥的硅酸盐矿物。在我们一直向外，跨越冰线之前，水冰都无法混进其他固体颗粒物，一起参与行星的形成过程。冰线之外是巨行星的领域，那里温度很低。

这一效应今天仍然可以在小行星带的岩石小天体身上看到。小行星带是一个介于火星与木星轨道之间的区域，那里大约正是冰线的所在地，散布着大量的残余星子。由于小行星之间的相互碰撞，有些成员会被改变轨道并飞向地球，最终以陨星的形式落到地球上，因此也让我们有机会获得关于它们的信息。观测结果显示，运行在小行星带外侧、大约距离太阳 2.4~4 天文单位的小行星含有较大比例的水冰物质，可以占到其总质量的 10% 左右。而在内侧，朝着火星和地球的方向，那里的小行星明显变得更"干"了，其物质组成中水冰的含量降到了 0.05%~0.1%。尽管数十亿年的岁月可能对水冰的含量造成了改变，但它的确可以证明我们的地球是由相对"干燥"的物质所组成的。如果果真如此，地球上的海洋又从何而来？

潮湿地球

第一种设想被称作"潮湿地球假设"（wet Earth scenario）。这一设想认为，初生的地球可以吸引到水蒸气。

的确，在内太阳系水冰无法存在，但是原行星盘中可以充斥着水蒸气。在大量星子相互撞击并逐渐形成地球的过程中，它们一直沉浸在这些水蒸气之中。如果在此过程中有足够多的水蒸气能够吸附到岩石里，那么初生的地球内部本身就会含有大量的水。在冥古宙时期，通过火山喷发等方式，水汽得以进入地球大气层并逐渐冷凝后形成了海洋。

还有一种相似的可能性是，地球可能直接从周遭原行星盘中汲取到大量水蒸气并将其束缚住。质量较轻的氢气和氦气都被剥蚀殆尽，而质量较重的水蒸气则被保留了下来并成为次生大气的主要成分之一。

潮湿地球的假设当然有发生的可能，但这一理论也的确存在几个悬而未决的问题。关于从原行星盘中汲取气体的假设可能会面临稀有气体比例方面的疑问。所谓稀有气体主要是指氦、氖、氩等化学性质非常不活跃的气体。由于极难发生化学反应，这些气体成分的含量一般不太会随时间而发生大的改变。因此如果我们地球的大气层果真部分是源自原行星盘，那么地球大气中稀有气体成分的比重就应该和太阳的比重相似。但事实是，地球大气中稀有气体成分的比重远低于太阳，这显示我们的大气经历过向外的排气作用，那些排出的气体未能被捕获。

除此之外，为了获得足够的水汽，地球的原始大气层必须非常巨大。但是地球的形成过程是相当缓慢的，其耗时超过了原行星盘持续存在的时长。因此地球应该不会有足够的时间去汲取那么多的气体。这不会影响水汽附着或渗入星子的岩石，但光是这些问题就已经足够让我们考虑另外一种可能性：水可能是在地球形成之后才到来的。

干燥地球

为地球运送水的信使是含有水冰的陨星。它们起源于外太阳系，这些太空岩石形成于冰冻环境下，随后才旅行抵达内太阳系的类地行星世界。月球表面遍布的撞击坑是一个明证，表明在类地行星诞生初期，曾经遭受了怎样狂暴的撞击。地球的大气层会燃烧掉很多闯入的不速之客，火山活动也会不断刷新和改变地表。和地球不同，月球会将这段少年时代的撞击历史完整地保留下来。如果我们的星球在形成时是干燥的，那么像这样的狂暴撞击将会为我们带来海洋。

之所以会出现如此猛烈的大撞击，主要还是受到了那些气态巨行星的影响。它们强大的引力作用将周遭环境中所有还在围绕太阳运行的星子的轨道都打乱了，使它们到处乱窜。由于这些星子的形成区域是在靠近气态巨行星的外太阳系，位于冰线之外，它们的物质组成中含有不少水冰成分，随后它们冲入内太阳系并猛烈轰炸了那里的类地行星。

这一理论中仍然存在很多未知的地方。尤其是，在太阳系中迄今还有多处地点存在残留下来的这类小天体，每一处都有自己不同的历史。如果能够找到一处，确认那里分布着的太空岩石与最初向我们地球运送水的小天体十分相似，那将有助于我们了解地球是如何逐渐变得宜居的，并且反过来也将为我们搜寻第二颗能够支持生命生存的行星带来希望。

在太阳系行星世界的外侧，就有一圈被遗弃的太空石块，一般我们将其称为"柯伊伯带"。该区域距离太阳 30~50 天文单位，就在海王星轨道之外，大量小天体在这里围绕太阳运行。柯伊伯带内最有名的天体是一颗矮行星，名叫冥王星。但冥王星不是孤独的，这里被认为还存在超过 10 万颗较大的小天体，它们的直径都能够超过 100 公里。

柯伊伯带的名字取自荷兰出生的美国天文学家吉拉德·柯伊伯（Gerard Kuiper），他认为这些小天体可能是在太阳系诞生初期形成的。但这一命名实际上可能存在一些争议，因为在柯伊伯 1951 年的那篇论文发表之前 8 年，其实就有一位爱尔兰天文学家肯尼斯·艾吉沃斯（Kenneth Edgeworth）发表过一篇观点相似的论文。事实上柯伊伯甚至并不认为这样一个小天体带今天还存在。他觉得，一个质量巨大的冥王星应该早就将这片区域清空了。也就是说，柯伊伯预言，一个以他名字命名的小天体带是不存在的。但是他猜错了。冥王星的质量远远小于柯伊伯的设想，也因此对柯伊伯带内的其他天体几乎没有什么影响力。基于这一原因，这一区域有时候也会被称作"艾吉沃斯 – 柯伊伯带"（Edgeworth– Kuiper belt），以纪念这两位独立作出重要发现的科学家。也有很多人将这些小天体称作"海外天体"（trans–Neptunian objects），以保持描述的精准度，同时避免引用具有争议的名字。

柯伊伯带的成因到目前仍然不甚确定。不能排除这些小天体最初就形成于这一区域的可能性，但它们距离太阳如此遥远也的确对此提出了挑战。在如此遥远的距离上，原行星盘中的尘埃颗粒应该已经高度分散。在这样的低密度物质环境下，要形成直径在 100~1 000 公里的天体难度是很大的。海王星的存在则给这个问题雪上加霜：它的引力作用扰动柯伊伯带内侧区域，使那里的小天体运行速度加快，相互之间通过碰撞黏合到一起的难度变得更大。但是，如果柯伊伯带内侧小天体的形成时间早于海王星的形成，那么这一问题就可以避免。但这样一来，就给它们聚集的速度带来了更大的压力。

因此，科学家们更倾向于认为这些岩石天体是在最外侧的气态巨行星海王星以及天王星的引力影响下，向外迁移到这一区域的。这样的话，它们最初形成的环境就应该是在更加靠近太阳的、物质密度更大、撞击概率更高的区域，在那之后才被"踢出去"，流落到了太阳系的边缘地带。海王星与柯伊伯带的演化之间当然存在密切关联，它最大的卫星：海卫一（Triton）原先也是一个柯伊伯带天体，它是海王星从柯伊伯带"盗窃"来的。和太阳系的大部分卫星不同，海卫一围绕海王星的公转方向与海王星的自转方向是相反的，并且其物质组成与冥王星很像；这是非常有力的证据，证明它并非与海王星共同形成，而是半路成为海王星的卫星的。

海王星对柯伊伯带的影响还不仅仅局限在后者的形成方面。如果柯伊伯带天体运行得距离海王星太近的话，它们会被海王星加速并朝向内太阳系飞行。随着这些冰冻小天体逐渐接近太阳，其所含的冰物质开始蒸发，形成一条"尾巴"。一颗彗星诞生了。

彗星（comet）的名字取自古代希腊语，意为"长长的头发"。在夜空中，彗星看上去就是一团模糊的光晕，后面跟着一条长长的尾巴。有些彗星沿着非常漫长的轨道绕着太阳运行，每隔数十年乃至上百年才会在夜空中出现；另外一些彗星则只会掠过我们的地球附近一次，随后就会在绕过太阳附近之后，永久性地离开太阳系，再也不回头。

在人类历史上，突然出现在星座间的彗星很容易让人将其与某种不祥之兆联系到一起。哈雷彗星的出现尤其引人注目。这颗彗星围绕太阳公转一周大约需要 75~76 年，它早已不朽于 70 米长的贝叶挂毯（Bayeux Tapestry）之上。这幅作品创作于公元 1070 年，描述的是诺曼人对英格兰的征服。1301 年，这颗彗星的再次出现启发了佛罗伦萨的乔托·迪·邦多纳（Giotto di Bondone）创作了宗教壁画《三博士来朝》（*Adoration of the Magi*）[1]，其中讲述了智者们在彗星的引导下抵达耶和华的诞生地的故事。这颗彗星是以英国天文学家艾德蒙多·哈雷（Edmond Halley）的名字命名的，他最先将 1456 年、1531 年、1607 年和 1682 年出现的彗星联系了起来，并指出这是同一颗彗星的周期性回归。他预测，这颗彗星将在公元 1758 年再次出现。遗憾的是他本人没能活到这颗彗星如期回归的那一天，不过，这颗彗星从此就以他的名字命名了。哈雷彗星最近的一次回归是在 1986 年，它的下一次回归将会在 2061 年。

将哈雷彗星与一些神秘天象联系到一起并非毫无道理，因为这颗彗星的来源本身就非常神秘。这颗彗星的轨道周期短于 200 年，因此被归类为"短周期彗星"（很具有讽刺意味）。一般而言这类彗星的来源地是在柯伊伯带，它们在接近海王星时被一脚踢开，并一头冲向内太阳系。这种引力摄动效应产生的结果就是这些彗星轨道的偏心率都很大，这一点与接近正圆的行星公转轨道非常不同。然而，由于海王星和柯伊伯带最初都起源于原行星盘，彗星围绕太阳的公转轨道基本和其他行星是在同一个平面上的。

但哈雷彗星不一样，和行星公转轨道相比，哈雷彗星的公转轨道倾角非常大，以至于它实际上是在逆向围绕太阳公转。这就意味着，尽管大部分短周期彗星基本都是贴着黄道面（地球公转轨道平面）运行的，最大倾角一般不超过 10 度，但哈雷彗星的轨道倾角却

1.哈雷彗星在公元前 11 年左右就可以看到了，但在当时它真的不是《圣经》中通往伯利恒的路标。

高达 162 度。这种诡异的运动特征暗示它起源于另一个不同的地方，这个地方被称作"奥尔特云"（Oort cloud），位于太阳系更加边缘、更加遥远的角落。

如果说，柯伊伯带天体可能是被其他行星一脚"踢"到今天的位置上的，那么在奥尔特云天体面前，它们所受的"霸凌"就算不上什么了。它们曾经运行到非常接近那些气态巨行星的附近，因此被强力加速并抛射了出去，一直到了太阳系最最遥远的边疆地带。在这一边缘地带，太阳施加的向内的引力作用被银河系其他区域产生的向外的引力所平衡。这样就创造出一个非常脆弱的稳定地带，在这里的天体不会感受到来自任何方向的拖拽，因而可以处于静止的状态。这里是太阳系的真正边界。

这片稀疏散布着岩石小天体的区域过于遥远了，以至于我们迄今还从未对奥尔特云进行过直接观测。据估算，它到太阳的距离大约在 2.2 万 ~10 万天文单位（超过 1 光年），散落在这个区域的小天体数量可能数以万亿计。

正是由于这一区域位于太阳与银河系引力的平衡位置，处于一种脆弱的稳定状态，因此如果有一颗远远路过的恒星，对其施加轻微的引力影响，这种平衡就会被打破，就像放在墙头的玻璃瓶子，一碰就倒。受到扰动的小天体将开始落向内太阳系并在太阳引力作用下成为一颗长周期彗星。

抵达地球附近，时间上更近的还有一颗彗星，名字叫作"爱喜"彗星（或"勒夫乔伊"彗星，Comet Lovejoy）。这颗彗星是在 2014 年 8 月由澳大利亚业余彗星猎手特里·勒夫乔伊（Terry Lovejoy）发现的。从 2015 年年初开始，这颗彗星达到裸眼可见程度，也就是不需要借助望远镜即可直接用肉眼在天空中看到它。当年 1 月底，这颗彗星经过近日点。和哈雷彗星不同，爱喜彗星围绕太阳的旅途要漫长得多，其最初的公转周期大约是 1.1 万年。在穿越太阳系的行星地带之后，由于受到各大行星的引力影响，这颗彗星的公转轨道发生了变化，周期缩短为 8 000 年（仍然是非常漫长的时间！）。相比之下，冥王星的公转周期只有 248 年。

既然轨道是一个椭圆，就意味着它最终必然会回到自己最初出发的位置。这也就意味着那些轨道周期超过 200 年的彗星最初的出发地必定位于柯伊伯带之外，它们的轨道会带着它们飞到远远超出冥王星轨道的地方。这一事实，再加上它们差异极大的轨道倾角，启发了简·亨德里克·奥尔特（Jan Hendrik Oort）设想在太阳系的周围存在一个广袤的小天体聚集区域。

不过，有点讽刺意味的是，柯伊伯和奥尔特两人不仅都是荷兰天文学家，他们两人对于柯伊伯带以及奥尔特云的发现也都被别人抢了先。奥尔特关于长周期彗星起源的论文发表于 1950 年，但事实上早在 1932 年，爱沙尼亚天文学家恩斯特·奥皮克（Ernst Öpik）就已经提出过类似的观点。奥皮克关于长周期彗星起源于冥王星轨道之外的一个"云"的见解发表在《美国艺术与科学学院院报》（*Proceedings of the American Academy of Arts and Sciences*）上。但正如另一位天文学家弗雷德·惠普尔（Fred Whipple）在一篇评论奥皮克所做工作的文章中指出的那样，这本期刊并非大多数天文学家检索研究成果的地方。另外，奥皮克的论文所用的标题也有问题，他的文章标题是《论恒星对附近椭圆轨道的摄动》，相比起奥尔特在 1950 年所发表的文章《包裹太阳系的彗星云的结构》要逊色、不起眼得多。于是他的工作便这样被忽略了。甚至奥尔特本身也没有注意到此前奥皮克的工作，因为他曾经在论文的致谢部分，专门感谢惠普尔让他注意到奥皮克所做的贡献：

我对于惠普尔博士深表感谢，他让我留意到奥皮克所写的一篇有趣的文章，其中同样探讨了恒星对于一个流星体或者彗星云所产生的影响。我是在这篇论文的前三部分已经完成的情况下才读到这篇文章，它提到了一颗途经的恒星会如何对高偏心轨道产生影响的问题。

这种随意的风格与今天的科研期刊形成鲜明对比。如果是在今天，那么你肯定需要对奥皮克的模型进行详细的对比，他们才不管你的论文已经写完了几个章节！

尽管相比奥尔特，今天很少有人了解奥皮克的工作，但奥尔特云有时候会被称作"奥皮克－奥尔特云"，以纪念天文学家奥皮克对此作出的贡献。

但不管是对柯伊伯带还是奥尔特云来说，哈雷彗星始终是一个怪胎。它的轨道周期太短，到不了奥尔特云，但同时它的轨道倾角又太大，不太可能来自柯伊伯带。事实上，尽管哈雷彗星的轨道从大约公元前 260 年以来就大致是稳定的，但在更早以前，它的轨道周期可能要漫长得多，只是后来在行星引力摄动的影响下才缩短了。像这样一颗源自奥尔特云的彗星，却具有类似柯伊伯带起源彗星的周期特性，这种情况很少见，但也绝非独特。到目前为止，人类至少已经发现了大约 100 颗与哈雷彗星相似的彗星，而所有已发现的彗星总数，则已经突破了 5 000 颗。

这类彗星源区的存在为地球上水的"外来说"理论提供了支持。这些彗星形成于气态巨行星的位置上，远离太阳，因而物质成分中含有水冰。当它们的轨道被扰动，朝着它们今天所在的位置飞去时，肯定也会有很多这类小天体朝着内太阳系飞去，这些小天体会与干燥的地球发生撞击。但，它们真的是地球上海洋水体的来源吗？

答案隐藏在彗星自己身上。如果真是彗星在数十亿年前为我们送来了水，那么彗星上水冰的性质和地球上水的性质就应该是相似的。

令人意外的是，并非所有的水都是一样的。其中最重要的差异是其中氢和它的孪生兄弟氘的比例关系。氢和氘都是只含有一个电子的简单原子。它们的差异在于它们的原子核：氢原子的原子核中只有一个质子，但是氘的原子核中除了一个质子之外，还有一个中子。一个水分子可以是一个氧原子配上两个氢原子，但这两个氢原子中的一个或全部也有可能会被氘所取代。如果是后一种情况，水就成了所谓的"重水"（如果只有一个氢原子被取代，那就叫"半重水"），这个名字主要是为了体现那一个额外中子的质量。在地球上，重水是自然界中天然存在的，但是比例非常低。在地球上，氘与氢的比例关系大约是 1∶6 700。如果彗星上的水也符合这一比例关系，那么这将是证明地球上的水来自彗星的很坚实的证据。

要想弄清楚彗星上水的成分，最好的办法是抓一颗彗星来研究。这项任务已经由过去十年间最大胆的航天探测计划之一达成了，它就是"罗塞塔"（Rosetta）计划。

"国际罗塞塔任务"（International Rosetta Mission）的探测器已经由欧洲空间局于 2004 年 3 月发射升空。其使命是追逐 67P/丘留莫夫 - 格拉西缅科彗星（67P/ Churyumov–Gerasimenko）并释放一个探测器登陆到这颗彗星的表面。在此之前曾经有探测器近距离飞掠彗星，但从未有探测器围绕彗核飞行，更不用说冒险尝试在彗核表面着陆了。

事实上，67P 彗星并非"罗塞塔"探测器最初确定的目标，其最初选择的目标是 46P/沃塔南彗星（46P/Wirtanen）。然而由于在 2002 年底两颗通信卫星发射失败，导致"罗塞塔"飞船的发射时间被推迟了大约一年以检查"阿丽亚娜 -5 型"火箭的故障原因。这一耽搁就导致原先计划好的目标已经无法抵达，于是在 2003 年 5 月，67P 彗星才被正式选中作为该任务的新目标。

这颗彗星的名字后面长长的后缀是两位发现者的名字：乌克兰天文学家克里姆·伊万诺维奇·丘留莫夫（Klim Ivanovych Churyumov）和斯维特娜·伊万诺夫娜·格拉西缅科（Svetlana Ivanovna Gerasimenko）。他们的这一发现有很大的运气成分。当时丘留莫夫正在检查由格拉西缅科于1969年9月20日拍摄的另一颗彗星32P/科马斯·索拉（32P/Comas Sola）的照片。当他仔细观察照片时，他注意到照片里似乎还存在第二颗彗星，并随后被证实是一颗尚未被发现的新彗星。

由于这两位天文学家的名字太长，而且发音相当困难，这颗彗星常常被简单地叫作"67P彗星"。这里的67P意思是被发现的第67颗周期性彗星。

毫不意外的，考虑到哈雷彗星的漫长历史，这份列表上的第一颗彗星当然就非它莫属了，它的编号全名是"1P/哈雷"（1P/Halley）。

67P彗星的轨道周期大约为6.5年，因此属于短周期彗星，其来源区一般认为是在柯伊伯带。一直到大约几个世纪之前，这颗彗星距离太阳最近时也有4天文单位左右，这个距离只大约比木星轨道稍稍近一些，但那里的温度太低，冰物质无法挥发，因此它也没有"尾巴"。这就意味着从地球上观察，这颗处于休眠状态的太空岩石是无法被看到的。随后在1840年，它的轨道发生了变化。由于这颗彗星和木星都在围绕太阳运行，当它碰巧经过木星附近时，便会受到木星强大引力的影响并改变其轨道。这样的情况在1959年再次发生，使其近日点（最接近太阳的距离）变为1.29天文单位，只比日地平均距离稍微大一些，终于使其在10年后被人类发现。由于是受到木星引力的影响，67P彗星也被归入一个专门的"木星族彗星"（Jupiter Family Comet），这类彗星的轨道都受到木星引力的支配。

而"罗塞塔"探测器的名字则是取自古代埃及著名的"罗塞塔石碑"（Rosetta Stone）。这块石碑今天保存在伦敦的大英博物馆内，这块石碑上镌刻有公元前196年，以当时年仅13岁的古代埃及法老托勒密五世（Ptolemy V）的名义发布的法令。这一法令是在来科波利斯城（Lycopolis）发生叛乱之后颁布的，当时这座城市里的寺庙僧侣们拒绝向法老缴纳税款。最终这场叛乱被成功镇压。这部法令再次确认了这位年轻统治者的崇高地位，甚至将他宣扬为需要在全埃及各地的寺庙中顶礼膜拜的神明。

但是罗塞塔石碑的价值并非它宣扬法老恩威的内容，而在于这些内容是用三种不同的语言版本重复书写的。在石碑的最上方用的是古埃及象形文字，这是当时专门用于这类重要诏书的正式文字；但在这段文字下方，还用古代埃及草书，也就是普通民众日常使用的文字又写了一遍；最后，又用古希腊文再写了一遍，这种文字是当时政府机构文书所常用的。同样的内容，三种语言对照，这为我们破译古埃及象形文字提供了关键参照。这原本是一项极为困难的任务，因为这种文字是表意文字与表音文字的结合，相当复杂。正是这块石碑启发了"罗塞塔"探测器的名字：罗塞塔石碑打开了通往古代埃及象形文字的一扇窗口，而"罗塞塔"探测器则将要去揭开彗星的奥秘[1]。

---

1. 罗塞塔石碑由上至下共刻有同一段诏书的三种语言版本，最上面是14行古埃及象形文（Hieroglyphic，又称为圣书体，代表献给神明的文字），句首和句尾都已缺失；中间是32行埃及草书（Demotic，又称为世俗体，是当时埃及平民使用的文字），是一种埃及的纸莎草文书；最下方是54行古希腊文（代表统治者的语言，这是因为当时的埃及已臣服于希腊的亚历山大帝国之下，来自希腊的统治者要求统治领地内所有的此类文书都添加希腊文的译版），其中有一半行尾残缺。——译注

升空之后，"罗塞塔"探测器最终在火星轨道与木星轨道之间的区域赶上了它的目标，当时探测器距离太阳大约 3 天文单位。但它并非径直前往，而是沿着一条椭圆轨道飞行，途中三次飞过地球，一次飞越火星，利用这两颗行星进行引力弹弓借力，最终抵达遥远的位置。加起来，"罗塞塔"探测器一共飞行了超过 64 亿公里，花费超过 10 年的时间才完成这场旷世追逐。随着与太阳渐行渐远，能够获得的太阳能越来越少，探测器进入休眠模式。直到 10 年后的 2014 年 1 月，"罗塞塔"探测器苏醒过来，它的推特官方账号同时也更新了一条信息："Hello, World!"（你好，世界！）。有趣的是，事实上在"罗塞塔"探测器离开地球时，连"推特"这个社交媒体平台都还没被发明出来。就在这一年的秋天，"罗塞塔"探测器迎来了它与一颗彗星的亲密交会。

尽管此次任务中的大部分科学目标将由"罗塞塔"探测器来完成，但是真正抓住了整个世界想象力的却是它携带的一个小小着陆器，这个着陆器将首次尝试降落到一颗彗星的表面。这个与一台家用冰箱大小相当的小型着陆器名叫"菲莱"（Philae），这是以埃及境内的一个小岛的名字命名的。在这个小岛上发现了一座方尖碑，它的发现为破译埃及古代象形文字提供了额外线索。2014 年 11 月 12 日，"菲莱"首次对彗星表面的着陆持续了漫长的 7 个小时。全世界都在紧张等待。尽管也有在公众面前失败的担忧，但欧洲空间局还是决定通过网络向全球超过 1 000 万的观众现场直播这场壮举。格林尼治标准时间 16：02，"菲莱"确认抵达彗星表面，整个世界瞬间沸腾！但遗憾的是，这台小小的着陆器并不会留在那里很久。

由于"菲莱"的推进器和"鱼叉"系统双双出现故障，这台小小的着陆器无法将自己固定在彗星的表面。相反，它出现了弹跳；这是非常危险的，在彗核的低重力环境下，这将有可能使其脱离表面进入空间当中。但是奇迹般地，"菲莱"又一次落回了彗星表面，但最终停留在了一片不平坦的区域，并且这里处于阴影区。阴影区的存在让"菲莱"无法为它的太阳能备用电池充电。两天半后，"菲莱"的主电池电力耗尽，"菲莱"进入了休眠状态。

起初人们还怀有期待，认为随着彗星逐渐接近太阳，"菲莱"可能会苏醒过来。然而，除了在 2015 年 6 月收到过一次断断续续的通信信号外，"菲莱"始终处于沉默状态。到 2016 年 2 月，欧空局正式宣布他们已经放弃重新唤醒"菲莱"的希望。尽管寿命短暂，但这颗小小的着陆器在陷入"昏迷"之前已经奋力完成了将近 80% 的预定科学探测任务，而在这颗彗星的上空，"罗塞塔"探测器还在持续进行科学数据采集。

彗星的引力场比地球引力场弱数十万倍，因此"罗塞塔"探测器并不能真正进入围绕彗星的、传统意义上的自由落体轨道，而是使用自身携带的推进器，沿着一个大致呈三角形的轨道在彗核的周围飞行，距离彗核表面最近时仅有大约 10 公里。

当"罗塞塔"探测器飞到距离彗核表面大约 100 公里时，它开始进入彗星周围云雾状的彗发，这是一层包裹彗核的气体层。这是第一次对这颗彗星上的水进行的近距离探测。结果显示，和地球上的水不一样。67P 彗星上水的氘丰度要比地球海水高出三倍。

"罗塞塔"是人类第一颗在彗星围绕太阳公转时伴随它一同飞行的探测器，但在那之前的 1986 年，曾经有一艘欧洲空间局的探测器近距离考察过哈雷彗星。这就是"乔托"（Giotto）探测器，它对彗星的彗发进行了探测。除此之外，人类还对超过 10 颗源自柯伊伯带和奥尔特云的不同彗星进行了地基观测和测量，其中只有一颗彗星的重水丰度与地球海洋水相似。

"罗塞塔"探测器获得的数据催生了数以百计的科研论文，但其中关于彗星水的成分分析是其中最早被发表的结果之一。这篇论文在 2014 年 12 月便在《科学》(Science)杂志上刊载，其结论是：距离太阳越远，水体中重水的含量就越高。这一结论暗示，地球上水体的最初来源可能在更加靠近太阳的地方。

　　位于火星轨道与木星轨道之间的小行星带是距离我们最近的小天体库。在这片宽度稍稍大于 1 天文单位的区域内，有 100 万~200 万颗直径大于 1 公里的小天体围绕太阳公转。当美国宇航局的"先驱者 10 号"探测器在 1972 年 7 月第一次穿越小行星带时，人们担心这颗探测器会不会与这里的某个小天体发生碰撞。但实际上，由于这片区域极为宽广，小天体在这里的分布非常稀疏，两个小天体之间的平均距离都要达到数百万公里。

　　和柯伊伯带一样，小行星带内也有自己的矮行星，这就是谷神星。除此之外还有其他一些相当显眼的存在，包括灶神星、智神星和健神星，它们的直径都超过了 400 公里。

　　今天小行星带的位置可能原本是可以形成一颗行星的，但是木星的引力影响加快了这里小天体的撞击速度，阻碍了新行星的产生。和海王星在行星世界的另一端干的事情一样，木星也会将小天体向内或者向外进行抛射。位于小行星带木星一侧（也就是外侧）的小行星的水含量更高一些，因为它们形成于冰线外侧。

　　由于受到木星引力扰动的影响，或者是小行星带内部成员之间的相互碰撞，时不时有一些小天体会离开小行星带而朝向太阳飞行。和彗星不同，小行星所含冰物质太少，不足以产生尾巴。而它们新的轨道会使它们运行到非常靠近地球的位置上，因而获得新的身份："近地小天体"（NEO）。

　　尽管一部分近地小天体的轨道可能会对地球构成一定威胁，但它们时不时的近距离造访其实还是有好处的。尤其是，这些小天体变得更加容易抵达。事实上它们正是分别于 2014 年和 2016 年发射升空的两颗探测器的任务目标，即日本的"隼鸟 2 号"以及美国的"OSIRIS-REx"项目。

"隼鸟 2 号"是本书第一章节中提及的造访小行星"丝川"的"隼鸟号"探测器的后续型号。"丝川"小行星是一颗 S 型小行星，意思是它主要由岩石物质构成。这类小天体通常源自小行星带内侧区域。由于这样的起源，S 型小行星一般比较干燥，通常也会遭受比较严重的空间风化作用，也就是说它们的地表由于长期暴露于猛烈的太阳风粒子流和辐射照射之下会发生改变。这样的改变意味着，尽管小行星"丝川"可以帮助揭示这些太空岩石的生命史，但却无法让我们了解当初撞击新生地球的那些小天体。

基于这样的原因，"隼鸟 2 号"选择了一类不一样的小行星。它的考察目标名叫"龙宫"（Ryugu），这是一种 C 型小行星，富含碳物质。一般认为这类小行星自从太阳系在大约 45.6 亿年前形成之后基本就没有出现过大的改变。"龙宫"小行星目前运行在地球与火星之间，但很有可能它最开始起源的地方是在小行星带内比较外侧的位置。

"隼鸟 2 号"于 2014 年 12 月初发射升空，计划于 2018 年抵达"龙宫"。在它之后，在 2016 年秋季[1]，美国宇航局的"起源、光谱调查、资源识别、安全与风化层探测器"（即"OSIRIS-REx"）

---

1. 隼鸟 2 号探测器于 2014 年 12 月 3 日发射升空，2018 年 6 月 27 日抵达它的目标：近地小行星 162173 Ryugu（龙宫），对这颗小行星开展了 1 年半的考察并进行了取样。2019 年 11 月，探测器离开这颗小行星踏上归程，并最终于 2020 年 12 月 5 日将样本送回地球。目前，其轨道器的任务已经被延长至至少 2031 年，届时它将与小行星 1998 KY26 交会。——译注

即踏上征途，飞向第二颗 C 型小行星"贝努"（Bennu）[1]。这两艘飞船所执行的都是取样返回任务。这就意味着它们不仅仅要将探测信息传回地球，还得将取自小行星表面的物质样本送回地球。正如此前"菲莱"的经历已经证明的那样，实现采样要求的着陆是极为困难的任务，但一旦成功，其带来的潜在回报将会非常高。

地球上发现的陨石中含有水的，很多也被发现含有有机分子。这种情况暗示一个诱人的可能性，那就是抵达早期地球的这些太空石块带来的可能并不仅仅是水，还有生命最初的种子。因此取自"龙宫"和"贝努"小行星的样本将不仅是测试地球上海洋起源的假设，同时也是对地球生命最初来源的一次探索。

小行星"龙宫"的名字取自一则日本民间故事，在这个故事里，一位名叫浦岛太郎的渔民救起了一只正遭受小孩子折磨的海龟。很巧的是，这只海龟竟然是龙王的女儿。作为对他善举的犒赏，浦岛太郎受邀访问了龙宫，并在宫中与化身美丽女子的公主共度了 3 天的美好时光。

然而，当浦岛太郎回到家乡时，却发现时间已经过去了 300 年。困惑之下，他打开了公主在临别时送给他的那只宝盒。打开的一瞬间宝盒内冒出一股白烟，白烟散去时，浦岛太郎已是白发苍苍。这只盒子里储藏着的，是浦岛逝去的时光。

"隼鸟 2 号"以及"OSIRIS–REx"将分别在 2020 年和 2023 年返回地球，我们期待它们也将带回那样的一个小盒子，其中储藏着有关地球久远的过去，以及地球上生命起源的秘密。

---

1. OSIRIS-REx 探测器于 2016 年 9 月 8 日从地球出发，2018 年 12 月 3 日抵达小行星"贝努"；2020 年 10 月 20 日，探测器成功降落并取到了"贝努"的样本；预计 OSIRIS-REx 将于 2023 年 9 月将样本送回地球。——译注

第二部分

危险的行星

第五章　不可能的行星

　　对于行星形成理论而言，飞马座 51b 的发现其实挺不幸的。

　　消息是在 1995 年宣布的，它是人类发现的首个围绕一颗类太阳恒星运行的行星，从而开启了一扇通往行星发现新时代的大门。但同时，它也在行星形成理论上砸出了一个巨大的窟窿。

　　严格来说，飞马座 51b 并非人类发现的首个系外行星。大约 5 年前，人们在一颗脉冲星的周围发现过一颗行星。脉冲星是恒星死亡后的残骸。但是由于脉冲星和太阳的差异巨大，有一万个理由可以证明那里存在的行星系统和我们所在的太阳系是不同的。但是对于飞马座 51b 来说，这样的理由就要难找得多。这颗行星围绕运行的是一颗类太阳恒星，只是它运行的位置完全错了。

　　飞马座 51b 是一颗气态巨行星。其最小质量大约是木星的一半，这就意味着它的质量大约是地球的 150 倍。但是它距离恒星实在太近了，以至于它上面的一年只有短短的 4.2 天！即便是在距离太阳最近的行星水星，公转一圈也要 88 天时间，而木星公转一圈的时间则要 12 个地球年。

　　这种与太阳系之间的巨大差异令人惊奇，它带来了一个难题：现有的两种关于气态巨行星形成的主流理论模型都要求它们形成于距离恒星相当遥远的位置上。

为了能够具备足够质量以捕获庞大的大气层，气态巨行星必须形成于冰线以外，以便大量吞噬冰物质以壮大自身质量。另一方面它也必须远离恒星，以便使它的引力作用范围能够尽可能地大（用本书第二章中的专业术语来说就是让它的希尔半径尽可能大），从而可以吞噬更多的星子。如果是通过盘面失稳机制形成，那么这颗行星的形成位置还要更加遥远，远在冰线之外。但是飞马座51b距离它的太阳实在太近了，按道理根本不可能发育成一颗气态巨行星才对。事实上，在这样一个位置上，由于剧烈的高温，固体物质应该很难形成。

雪上加霜的是，飞马座51b被证明并非特例。随着系外行星发现的数量快速增加，这种非常靠近恒星的气态巨行星数量也不断上升。

有一件事的确是事实，那就是如果使用目前我们所采用的观测方法去观测与我们太阳系相似的行星系的话，我们更可能发现的是这种所谓的"热木星"。因为这种行星质量巨大，并且距离恒星很近，因此可以对恒星造成最大程度的晃动效应。而由于距离恒星很近，它们的观测信号重复周期也很短，几天就可以重复出现一次。说得形象一点，热木星就像是系外行星世界里哭闹的孩子，总是最容易被注意到。但不管如何，它们的存在也的确是一个事实。后来有天文学家估算认为，大约有1%的恒星周围可能存在热木星。因此在设计行星形成理论时，你不能不将它考虑在内。

对于它们的存在，只有一种符合逻辑的解释：如果这样一颗行星在目前所处的位置上无法解释其成因，那么它必定是形成于更加遥远的位置上，之后才迁移到了这里。

关于行星会改变其轨道的想法其实并不新鲜。早在20世纪80年代就有人提出过类似的想法，只是在最开始的时候这种想法没有引起重视。这个问题的关键并非在于如何开始迁移，而更多在于如何将迁移停下。

　　行星迁移是从行星的引力开始对周遭原行星盘中的气体物质施加强烈影响开始发生的。受到行星引力影响的气体物质会"反抗"：行星轨道内侧更加靠近恒星的气体运行速度更快，它会给行星一个向前的拉力，而反之，运行在外侧，速度更慢的气体则会对行星有一个向后的拖拽力。由于行星不会感受到气体物质的那种压力，因此包围着行星本身的气体也属于运动速度较慢的那一类。这样一来向后拖拽的力量便胜出了，行星逐渐减速，并朝着恒星运动。

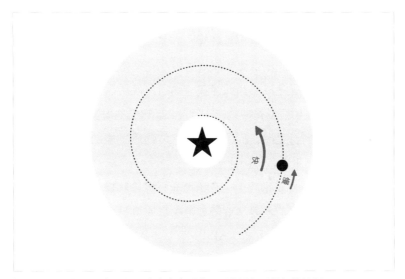

图 7：一颗行星正在原行星盘中发生迁移。更靠近恒星的气体运行速度更快，它试图将行星向前拉一把；而距离恒星较远的气体运行速度更慢，它试图将行星向后拖。一般情况下向后拖的力量会胜出，行星将会减速并逐渐朝向恒星运动。

在本书第三章，我们在探讨气态巨行星的形成理论时涉及过这部分内容，因此我们知道在原行星盘中迁移是接触和吞噬更多星子，从而实现质量增长的有效途径。但不幸的是，对于行星来说，它的结局也有可能变得很糟糕。

针对行星向内发生迁移的模型预测得到了一个非常悲惨的结果：以一颗位于木星轨道上的行星胚胎为例，在短短 10 万年内，它就将一头扎进太阳里被摧毁。这比原行星盘蒸发消失，从而将行星从气体拖拽作用下解脱出来所需的时间要短多了。一颗行星只要质量达到火星大小，其引力便足以开启迁移之旅，这样一来，行星就根本不可能形成了。

在行星工厂的"生产线"上，这已经是第二次气体的拖拽作用几乎要把新生的行星丢进恒星烧掉了。第一次是气体对小型星子产生的拖拽作用，这些小型星子在运行过程中会感受到一股迎面吹来的风；而当星子逐渐成长为质量更大的行星胚胎后，这种阻力便不再能对它们产生明显的拖拽效应。但是，当它们的质量进一步变大，成为体形较小的行星时，行星对周遭气体物质所施加的引力影响将使其再次感受到来自气体的拖拽力。

太阳系的存在正是我们一开始抛弃行星迁移理论的原因。然而热木星的发现让我们不得不重新审视这样一种可能性：有没有可能一颗行星可以迁移，但在落入恒星之前又能够及时停下来？

气体的拖拽作用会迫使行星改变其轨道，反过来，行星施加的引力作用也会改变气体的轨道。原先转动速度较慢的气体将会被加速，因而逐渐向外侧移动；而原先转动速度较快的气体将会减速，因而逐渐向内侧移动。这将让气体逐渐从内外两侧离开行星。在行星质量比较小的情况下，新鲜气体物质可以涌入填充被清空的区域。但是当行星质量变大到一定程度，其引力作用将会阻止外来气体进入，从而在原行星盘中开出一条"裂缝"。

这一过程标志着气态巨行星形成的完结，我们在第三章里对此进行了详细论述。年轻的气态巨行星发生迁移，并在迁移过程中获得大量新鲜的物质补充，因而得以快速成长。当它的质量长到足够大，能够在原行星盘中开出一道裂隙，此时行星便发现自己置身于一个低密度空隙之中，它对气体物质的吸积过程也终于停止了。

随着气体物质逐渐离开行星两侧，行星对其施加的拖拽效应消失了。但与此同时整个原行星盘正在逐渐向恒星发生吸积过程。这就导致行星所清空的"空隙"外侧的气体会有向内运动的趋势，从而重新填充这些区域，重新对行星产生后向拖拽作用，但是相比以往，这次的力量要弱得多。如果行星的运动速度足够缓慢，那么就有可能等到气体盘被蒸发，到那时，行星将终获自由。

在空隙产生之前的行星迁移被称作"I型迁移"（Type I migration），而在行星制造出空隙之后的迁移过程，则属于"II型迁移"（Type II migration）。然而，由于I型迁移阶段的运动速度非常快，行星可能根本没有机会进入到相对温和的II型迁移阶段。

I型迁移究竟是如何停下来的，迄今仍然是一个开放性问题。一种说法是向内迁移的行星就像是一把雪铲，冲撞沿途的气体物质，导致后者在其运动方向前方堆积。这样就等于增加了其公转轨道内侧运动速度更快的那部分气体数量，使其能够盖过外侧运动速度较慢的气体。除此之外，气体中突然出现的碰撞或改变，比如在冰线附近的情况，也有可能让行星感受到的向内或向外的力量对比出现反转，从而构成一种"行星陷阱"（planet traps），并最终让行星的I型迁移停下来。简单说就是，任何可能影响到原行星盘在该区域内气体流动的因素，也可能影响到I型迁移的速度。

如果热木星通过迁移的方式到达了它们今天所在的位置，那么迁移在行星形成过程中可能发挥了非常关键的作用。假定我们观察到的热木星是在原行星盘蒸发过后停留在它们目前所在的位置上的，那么它们如此接近恒星的位置表明这些行星真的非常幸运。还有一种可能性是，这些行星已经迁移到了原行星盘的最内侧边缘，再往里，所有物质都已经被恒星蒸发或吸积殆尽了。

不过，尽管迁移理论可以为热木星的形成提供一种解释，但在太阳系，这一理论却很难行得通。

火星的问题

如果迁移理论的确可以为热木星的形成提供解释，那么我们就将面临一个显而易见的问题：我们太阳系内的行星是如何避免类似命运的？

太阳系内的类地行星有没有经历过迁移目前仍然存在争议。由于形成速度较慢，地球和它的其他小伙伴们可能一直处于质量不足以驱动快速迁移的状态，一直到原行星盘中的气体物质被蒸发殆尽。但也有一种可能是，这些岩石行星正如上文中提到的那样被行星陷阱困在了它们今天所在的位置上。

气态巨行星的命运则必须更加引起重视。要想解释这类行星巨厚的大气层，就必须保证其快速拥有巨大的质量，因此其形成速度必然很快。于是，这类行星对于 I 型迁移和 II 型迁移必然都十分敏感。即便 I 型迁移可以被减速或终止，它们巨大的质量意味着其可以很快开辟出空隙并开启 II 型迁移，继续朝着太阳运动。

我们的确看到很多证据证明，迁移对于行星形成是发挥了作用的。气态巨行星通过迁移可以更加迅速地增加质量。而天王星、海王星和柯伊伯带天体在它们当前所处的位置上应该是难以获得如此多的物质来解释它们的形成的，因此它们最初的诞生地可能也是在一个物质密度更大的区域。但是如果迁移果真发生过，又是什么阻止了木星冲入到内太阳系，甚至摧毁地球？

事实上，木星很有可能曾经试图想要这样做。关于这一危险过往的证据就在火星身上。尽管以古罗马神话中战神的名字命名，但火星真的非常小，以至于对行星形成理论构成了挑战。

当我们从里向外穿越内太阳系，会先后经过水星、金星、地球和火星，来自太阳的引力在逐渐减弱。这应该会让行星引力的影响范围（希尔半径）变大并得以在一个更广阔的区域内吸引并吞噬周遭的太空岩石。"捕食范围"逐渐扩展的结果应该是越往外，行星越大才对。因此我们应该看到从太阳出发，行星的质量越来越大，一直到木星为止。因为在木星附近，其巨大的引力会打乱行星形成过程，并促成小行星带的诞生。

一直到地球轨道，这条逻辑线听着都非常合理。但到了火星，我们发现它非但不是一个大号的地球，相反，火星的质量只有地球的 1/10。即便考虑到原行星盘的物质密度从太阳向冰线方向逐渐降低，那火星的质量至少也要达到和地球相当或者最少一半大小。还有，小行星带内的天体也应该更大一些才对，那里应该存在多个大小与火星相仿的行星胚胎残留。但事实呢？小行星带内最大的天体是谷神星，其大小仅相当于火星质量的 1/100。

有一种办法可以解决这个矛盾，那就是星子的密度在今天地球轨道附近突然降低。这样一来，由于缺少构建行星的物质，火星和小行星带内的天体都只能"发育不良"了。但究竟是什么原因导致了这样的情况呢？

当我们寻找那些"丢失"的质量时，一个显而易见的嫌疑对象便是太阳系的巨无霸：木星。有没有这样一种疯狂的可能性：木星曾经迁移到内太阳系，将那里的星子吞噬掉或者打散，随后再往回运动，回到了今天它所在的位置？

这一想法后来被称作"大转向模型"（Grand Tack model），这是一个取自航海专业的词语，意思是让船只掉头航行。该模型始于木星在原行星盘中形成；随着行星的引力更多作用于周围的气体物质，年轻的木星开始朝着太阳发生迁移。这种轨道的变化使这颗生长中的行星更加快速地吞噬更多星子，并最终在气体盘中开辟出一个空隙。这减缓了木星转向Ⅱ型迁移的速度，但木星的轨道衰减还在继续。在此过程中，木星向内的迁移还带动一群星子同时向内迁移，同时又把一部分星子向外"踢"走。如果不是因为土星的出现，这颗行星最终可能发育成为一颗"热木星"。

在原行星盘中更为遥远的位置上，土星的形成速度要比木星慢一些。尽管贵为太阳系第二大行星，但土星的质量只相当于木星质量的1/3左右。由于质量更小，土星只能在气体盘中开出一个小得多的空隙，并且难以将其中的气体物质清除干净，这样一来土星向内的迁移速度就要比木星快，并最终赶上了木星。

随着这两颗行星逐渐靠近，这两颗行星的公转周期也逐渐趋同。最终，土星围绕太阳公转两圈的时间，刚好等于木星围绕太阳公转3圈的时间。这种比例关系被称作2∶3共振，一旦形成，很难被打破。

至于为何共振关系很难被打破，我们可以设想这两颗行星之间出现2∶1共振关系来做解释。这种关系意味着，土星绕日公转两圈所用的时间刚好可以让木星公转一圈。在它的前半圈轨道上，土星是落后于木星的，此时木星的引力会对土星施加一个向前的拉力。而在下半圈，土星将领先于木星，木星对它施加的力变成了向后的拖拽力。总体而言，这两股力会相互抵消，两颗行星在围绕太阳运行时都不会感受到额外的力的作用。但是如果这两颗行星靠得更近一些，这种平衡就将被打破。此时土星受到的力会更大，这股力会使其加速，轨道逐渐向外移动，抵达共振位置。这样的平衡也适用于其他类型的轨道共振关系，比如 2 : 3 或者 1 : 4 等等。

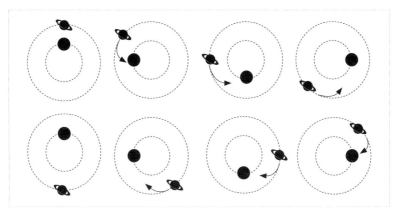

图 8：一种 2 : 1 轨道共振模式示意图。在轨道的前半段，内圈的行星会对外圈的行星施加一个向前的拉力，而在后半段，这个力则变成了向后的拖拽力。两个力的合力是 0，因而形成一个稳定结构，难以被打破。

　　由于其稳定性，共振现象在行星系统中非常普遍。海王星围绕太阳运行三圈的时间刚好是冥王星绕日公转两圈的时间；相似地，木星的卫星木卫三、木卫二和木卫一也都处于 1 : 2 : 4 的共振轨道。

　　当木星和土星建立起 2 : 3 的共振轨道，它们两者之间已经变得足够接近，木星清出的空隙和土星部分清出的区域发生相互重叠。此时，木星只会感受到内侧运动速度更快的气体产生的前向拉力，而土星只会感受到外侧运动速度更慢的气体产生的后向拖拽力。这样的结果是土星倾向于进一步向内迁移，而木星倾向于向外迁移。由于运行在共振轨道上，这种情况最后演变成了一场力量的角力。

由于木星质量更大，引力更强，因此角力的结果是两颗行星都开始向外迁移，留下一片星子异常匮乏的区域，而这里正是日后火星诞生的位置。

当它们回到外太阳系之后，这两颗巨行星迅速将它们离开后填充到这里的星子清除干净。这些星子形成于冰线之外，这些被清除出去的太空岩石成分中含有大量冰物质。它们朝各个方向飞散出去，其中一些抵达了今天小行星带的位置，成为那里的 C 型小行星。另一些可能飞得更远，甚至可能与新生的地球发生了碰撞并将它们携带的水冰带到了地球上。

木星和土星的"大转向"同时也阻止了天王星和海王星向太阳迁移。随着这两颗稍小的气态巨行星形成并开始发生迁移，它们同样存在被困在共振轨道内的风险。这就让它们很难跳过"巨人邻居"木星和土星继续朝太阳运动。

"大转向"模型最早是在 2011 年的一篇发表在《自然》（Nature）杂志上的论文中提出的，主要提出者是天文学家凯文·沃什（Kevin Walsh）和亚历山德罗·莫比德里（Alessandro Morbidelli）。在意识到"大转向"理论模型可以成功解释火星和小行星带天体的小质量成因之谜之后，莫比德里兴奋地冲入沃什的办公室，向对方宣布说，他昨天晚上已经用手指头指着木星，并且对它说："木星！我已经知道你干过的好事了！"

当木星和土星接近它们今天所处的轨道位置附近时，原行星盘被蒸发消失了。行星们终于永远摆脱了气体的拖拽作用，获得了自由。然而，要想完成我们太阳系的故事，我们还有一个部分需要厘清。

这场大混乱最终究竟是如何逐渐平静下来的仍然存在争议。目前主要有两种主流理论：一种被称作"尼斯模型"（Nice Model），另一个则被称作"尼斯模型 II"——这种命名方法总让人想到好莱坞大片的命名方式。在这两个模型中，这场混乱都是由行星工厂的废弃物所引发的。

在气态巨行星的轨道外侧分布着一片残余星子的汪洋大海。这些残余下来的太空岩石分布在行星世界的外侧边缘地带，因而没有被行星吞并；也有很大一部分是被从太阳系内部"踢"出来之后来到了这里。在尼斯模型中，气体拖拽作用消失之后，气态巨行星的强大引力作用于这些太空石块，使它们逐渐向内运动。

气态巨行星的强大引力可以很快加速附近的星子。受到加速的星子难以被行星捕获，便会被弹射出去，离开这片区域。但是将这些星子"踢"出去也会反过来给行星施加一个反作用力，就像士兵开枪时感受到的后坐力。但由于气态巨行星自身的质量非常巨大，这种反作用力不会对其产生明显影响。但随着弹射出去的小天体越来越多，这种反作用力会慢慢累积，最终造成气态巨行星轨道发生改变。这种原因引发的迁移被称作"星子驱动迁移"（planetesimal-driven migration）。

由于天王星和海王星在它们今天所在的轨道位置上很难形成，有一种猜测认为当原行星盘消失时，几颗气态巨行星之间的距离要比今天我们所见的紧凑得多。木星的位置可能还是在距离太阳 5 天文单位左右，但海王星的距离可能是 15 天文单位，而不是今天所见的 30 天文单位，天王星和土星则运行在这两颗行星之间。由于对大量星子的弹射作用，最终打破了这种密集队形，各大行星之间的距离开始拉大，形成今天我们所见的样子。

随着轨道渐行渐远，木星和土星之间开始建立起第二次共振关系。但这一次的共振关系并未将两颗行星锁定在一起。因为两颗在相互接近中的行星可以迫使对方维持一个稳定的共振轨道，但是两颗在相互远离过程中的行星却无法做到这一点。相反，越过共振点产生的引力扰动使木星和土星的公转轨道偏心率变大，变得更"椭圆"。

木星和土星轨道出现的这种变化将它们推向天王星和海王星，直接导致这两颗稍小一些的气态巨行星发生向外迁移，进入外侧的小天体分布区域。这一动作引发了一场混乱，数量巨大的小天体被弹射出去，有些质量较小的小天体被踢出去之后几乎穿越了整个太阳系。其中一部分小天体向外迁移后形成了柯伊伯带，另一些则进入内太阳系，还有一些则彻底地离开了太阳系中的行星分布区，一路远行，最终到奥尔特云才安顿下来。

尼斯模型是以这一模型思想最终成形时所在的法国小城的名字命名的。尼斯模型Ⅱ保留了这一名字，并对气态巨行星和外侧小天体之间的相互作用提出了相似的理论观点。在这一版本中，星子不需要向内迁移并遭到引力弹射。该理论提出，分布在太阳系外侧的"小天体之海"作为一个整体所产生的引力作用足以打破几颗气态巨行星之间构成的共振关系，并开启此后的混乱阶段。

尽管这些模型听上去有些不可思议，但在我们的月球上，的确可以找到这样一场疯狂弹射盛宴曾经发生过的证据。对月球表面撞击坑的统计表明，在太阳系形成之后大约7亿年，陨星撞击活动到达最高峰值。

随着小天体被弹射走，气态巨行星的轨道最终慢慢稳定下来。天王星和海王星停留在了它们今天所在的、更加遥远的位置上，而由于它们的运动而被带到这里的很多小天体最终形成了柯伊伯带。

密度和聚苯乙烯相当的行星

迁移机制为类似木星这样的行星提供了一条通向太阳附近的快

速通道。既然我们现在已经可以将太阳系的情况整合到理论模型里，那么看起来目前的理论已经可以解释这类奇特行星的成因了。别着急，随着更多的行星被发现，有一些"热木星"却被发现似乎并不完全符合气态巨行星迁移模型的大图景。

第一眼看上去，WASP-17b 似乎就是一颗常规的热木星。之所以叫这个名字，是因为它是一项旨在利用凌星法搜寻系外行星的地基[1]巡天观测计划所发现的第 17 颗系外行星。该计划全称是"广角行星搜寻计划"，英文缩写就是 WASP，直译就是大黄蜂的意思。

这颗行星是在天蝎座的一颗恒星周围发现的，距离地球大约 1 300 光年。其围绕恒星公转一圈只要 3.7 天，本身的直径大约是木星的 1.5~2 倍，毫无疑问这是一颗热木星。

但是，对 WASP-17b 更加详细的研究发现它有两个地方让人感到意外：首先，这颗行星出现了严重的"浮肿"。尽管它比木星还要大，但是视向速度法测定的质量值竟然只有土星的 1.6 倍左右。如此巨大的体积，配合如此小的质量，其平均密度值仅相当于木星的 6%~14%，如果跟地球相比，更是低得离谱。数值如此之低，以至于英国天体物理学家考尔·海利亚（Coel Hellier）评价这颗行星的密度几乎就和膨胀开的聚苯乙烯[2]相当。

另外一项令人感到意外的发现是，这颗行星的公转竟然是逆向的。

在太阳系中，所有行星公转的方向都是一致的，和太阳的自转

---

1. 就是利用设在地面而不是设在太空中的望远镜进行观测。

2. 聚苯乙烯是一种无色透明的热塑性塑料，常用来制造白色的一次性泡沫饭盒，这颗行星的密度就和泡沫饭盒的密度差不多，这样理解起来更加形象直观一些。——译注

方向同向。我们将这样的公转方向称为"顺行"（prograde），这是符合我们预期的，因为太阳、原行星盘以及所有行星都是在同一片转动的气体云中形成的。

由于各天体都是同向运行，迁移作用应该不会引发逆行现象的出现。就像被一把拽入一个漩涡中央，热木星在向内运动的过程中尽管最后非常接近恒星，但其公转方向应该保持不变才对。因此WASP–17b 的公转方向是逆向的这一事实，并不符合气体引发行星迁移模型的理论预期。

WASP–17b 的这种公转方向称为"逆行"（retrograde）。尽管太阳系不存在逆行的行星，但彗星的情况就有所不同。哈雷彗星围绕太阳公转就是逆行的，其原因可能是过去遭受某个行星施加的强烈引力影响。类似的引力影响或许也可能是导致 WASP–17b 出现逆行现象的原因。尽管目前还无其他行星被发现围绕同一颗恒星运行，但不能排除那里或许确实还有隐藏着的、尚未被找到的行星。还有一种可能是，那里还存在另外一颗恒星。

在银河系中，大约有 1/3 至一半的恒星都属于双星系统，意思是有两颗（有时候甚至更多）恒星在相互绕转。双星系统中，一颗恒星的引力对于另一颗恒星周围正在形成中的行星将产生多大的影响，很大程度上取决于这两颗恒星相距多远。WASP–17（WASP–17b 的恒星）并不存在显而易见的恒星伴侣，但不能排除可能有一颗距离比较近的恒星会对其周围的行星形成产生干扰。

恒星之间通过何种方式影响对方的行星？这一问题在 1961 年和 1962 年，分别由苏联天文学家米哈伊尔·里多夫（Michail Lidov）和日本天文学家古在由秀各自独立解决。当时，系外行星轨道的奇异性还尚未被充分认知，因此里多夫将月球和人造卫星作为自己的研究对象，而古在由秀则将目光投向了小行星。

　　这两位科学家研究了两个大质量天体相互绕转的系统内，其中一个天体周围有一个质量小得多的天体绕转的情形。在里多夫的研究中，这两个大型天体就是地球和月球，而那个小天体则是一颗围绕地球运行的人造卫星。而在古在的研究中，两个大型天体则换成了木星和太阳，小天体则是一颗小行星。他们发现，第二个大型天体（月球或木星）可以对小质量天体（人造卫星或者小行星）的轨道产生扰动。说得更具体一些，这个小天体可以通过减小其公转轨道面相对两个大型天体相互绕转轨道面的倾角，使其轨道偏心率变大。换句话说，使其轨道变得更"扁"。这样的结果就是那个小质量天体的轨道会不断地在倾角和偏心率之间来回切换——它可能会从一个大倾角轨道切换到一个高偏心率轨道，然后再切换回来，循环往复。这一机制后来被称作"古在 – 里多夫机制"（Kozai–Lidov mechanism）。

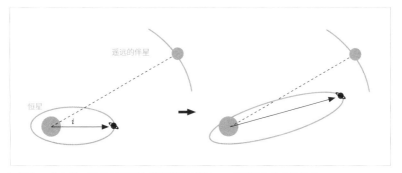

图 9："古在 - 里多夫机制"的侧视示意图。一颗伴星（或者质量很大的行星）可以改变一颗行星的轨道，使该行星的公转平面以及伴星的公转平面之间的夹角（i）减小，但与此同时其轨道偏心率将会增大，也就是说，行星的轨道形状会变得更"扁"。

在 WASP-17b 的案例中，构成"古在 – 里多夫机制"中两个大质量天体的分别是这颗行星绕转的恒星，以及另一颗伴星，也可能是另一颗质量很大的行星。由于 WASP-17b 是整个系统内质量最小的成员，那颗伴星将可能对 WASP-17b 的轨道产生影响。

这种情况允许 WASP-17b 形成于冰线以外的一个接近圆形的轨道上。随着它开始逐渐感受到来自伴星的引力影响，它的轨道倾角和偏心率开始发生改变。最终其轨道倾角可能变得非常极端，以至于变成了逆向公转。

随着公转轨道偏心率增大，这颗行星将开始周期性接近恒星。当它接近恒星时，恒星对其产生的引力将会增强，而当它逐渐远离恒星时，后者对其产生的引力则会减弱。这种引力的强弱改变对行星产生挤压效应，它会被来回拉扯，就像一个橡皮球。这一过程会产生热量，导致 WASP-17b 的大气被加热膨胀，从而使其体积超越了木星。这种机制被称作"潮汐加热"（tidal heating）。在这一过程中，行星轨道的能量将出现衰减，行星将开始逐渐靠近恒星[1]。这一效应将对抗古在 – 里多夫机制，最终迫使行星进入一个距离恒星很近的圆形轨道。于是，一个热木星诞生了。

古在 – 里多夫机制提供了产生热木星的第二种可能途径。但是一颗巨行星的迁移原因，究竟哪一种方式更加普遍？是由于气体拖拽作用，来自遥远恒星（或另一颗大质量行星）的引力摄动，还是来自另一颗行星的弹射效应？

事实上，所有这些机制可能都发生了作用。对于那些沿着顺行轨道运行，且附近没有明显的恒星或大质量行星存在的热木星，驱

---

1. 就像绕着山谷跑一样，靠近谷底跑比爬到山顶绕着边缘跑消耗的能量要少。同样，间距较宽的轨道比距离较近的轨道具有更多的能量。

动它们发生迁移的原因可能来自气体拖拽效应；而那些沿着逆行轨道运行，或存在于双星系统中的热木星，则可能是受到古在－里多夫机制的作用。在剩余的其他热木星案例中，它们要么是被另一颗位于轨道外侧的行星一脚"踢"进去的，也可能是将很多星子向外弹射的反作用力导致自己发生了向内侧的迁移。

以上这些案例表明，尽管热木星的发现让我们感到惊讶，但它们的确存在多种可能的形成途径。

随着在其他恒星周围发现越来越多新的系外行星，有更多的行星被发现非常靠近恒星。但是在这些新的案例中，这些行星要比热木星小，并且和我们此前已知的任何行星类型都不相同。

第六章　我们不正常

在飞马座 51b 将我们的行星形成理论砸得稀烂的 20 年之后，天文学家们得到了一个重要的结论：其实是我们自己不正常。

我们已经发现超过 2 000 颗围绕太阳之外其他恒星运行的行星。通过观测它们，我们可以估算出，大约 1% 的恒星周围存在热木星，这是巨大的数量，但仍然相对"少见"。然而，在与我们太阳相似的恒星中，有将近一半的周围都存在一类行星，这类行星与我们太阳系中的任何一颗行星都不相同。

这种新的行星类型被称作"超级地球"（super Earths）。它们比地球大，但比海王星更小，其直径介于地球直径的 1.25~4 倍。已发现的此类行星，其轨道公转周期通常都小于 100 天，其中一些到恒星的距离甚至比热木星还要近。这类高温超级地球的最常见轨道距离是 0.05 天文单位，仅相当于地球到太阳距离的 5%，或者水星到太阳距离的 13%。

这类行星的大小介于太阳系中最大的岩石行星与最小的气态行星之间，它们究竟是什么？我们发现的究竟是一个巨大的、表面拥有稀薄大气层的类地行星，还是非常迷你、只有很小的固体内核，但外部却被一圈巨厚大气层所包围的海王星？它们究竟是如何抵达距离恒星这么近的位置的？为什么太阳系中没有产生这种大小的行星？这些问题的答案是否与宇宙中生命出现的概率之间存在关联？

由于在太阳系中找不到对应的参照物，天文学家们发现他们将不得不在缺乏熟悉参照对象的条件下，尝试去解释一类最常见行星的起源问题。

2011 年底，美国宇航局确认，在太空中飞行超过 34 年之后，该机构所属的"旅行者 1 号"飞船已经接近太阳系边缘。但是离开太阳系的精确日期在接下来的数年内多次宣布，引发了大众传媒各种略带戏谑的标题，比如《人类已飞离太阳系——也可能还没有》（《时代周刊》），或者《旅行者飞船已经离开太阳系——这一次是真的！》（美国国家公共电台 NPR）。这里的问题是：要想清晰划出太阳系的边界几乎是一件不可能完成的任务，尤其是我们现在对太阳系边界的情况本身就了解不足。

但尽管有这样那样的问题，旅行者 1 号飞船的旅程有一件事是绝对清楚的：尽管从 1977 年发射升空到今天已经接近太阳系的边缘地带，但我们造访一颗系外行星却依旧遥遥无期。

除去太阳之外，距离地球最近的恒星是比邻星（Proxima Centauri），这是一颗暗弱的恒星，距离地球大约 4.24 光年。科学家认为这颗恒星周围存在一颗行星，其最小质量大约要比地球高出 30%，这可能是距离地球最近的系外行星。但即便是最近的恒星，比邻星和我们之间的距离仍然要比旅行者 1 号目前的位置远 2000 倍以上。按照旅行者 1 号目前每小时 6 万公里的速度，要想飞到距离我们最近的这颗行星附近需要 7.5 万年以上。因此非常令人遗憾的是，考虑到如此遥远的距离，要想通过发射探测器去揭开超级地球的奥秘并非一个可行的选项。但至少，如果我们能够测定这些行星的密度，那么我们就有可能判断出，它们究竟是岩石质地的类地行星，还是类似海王星的气态星球。

由于诞生的区域过于靠近恒星，和地球相似的类地行星在其成分中会缺失冰物质，而主要由硅酸盐和铁等物质组成。这些较重的物质让这些行星具有很高的密度，水星、金星、地球和火星这四颗类地行星的平均密度介于 3.9 g/cm^3~5.5 g/cm^3。在组成成分相似的情况下，质量更大的行星将具有更高的密度，因为更强的引力作用会让岩石物质更加紧密。行星内部模型显示，一颗由岩石构成、质量为地球 5 倍的超级地球，密度值将达到 7.8 g/cm^3。

另一方面，海王星的巨大质量主要来自其巨厚的大气层，主要成分是氢和氦，这是宇宙中丰度最高的两种元素。这就使得海王星的密度很低，大约为 1.6 g/cm^3。气态版本的超级地球本质上是一颗迷你版的海王星，由一个质量巨大的大气层，包裹着一个由岩石或冰物质组成的内核。一颗质量大约为地球 5 倍的气态行星，密度值大约会在 3 g/cm^3~4 g/cm^3。之所以密度值会比海王星高一些，是因为它较小的质量吸引到的轻质气体数量也会少一些，但相比岩石质地的超级地球，密度显然低了许多。

一颗行星的平均密度很好计算，就是将其质量除以体积。由于行星基本上是一个球体，我们只需要测量两个值即可计算其密度：行星的质量，以及它的半径。不幸的是，要想同时测定一颗行星的这两项参数极具挑战性，并且测量到的数据也往往存在很大的误差。对于一颗各种测量数据刚好介于超级地球和迷你海王星之间的系外行星来说，要想判定究竟哪一个才是真相，其难度不亚于用 B 超检查胎儿性别时发现小家伙四肢蜷缩在胸前。

一个这样令人沮丧的案例就是围绕恒星 Kepler-93 运行的一颗超级地球。这颗恒星的名字表明它是美国开普勒空间望远镜通过凌星法搜寻系外行星时的观测目标之一。这颗恒星是该望远镜观测的所有恒星中亮度最高的之一，因此科学家们在 2011 年很快就宣布了一颗近距离绕转的系外行星被发现的消息，并且获得了有关这颗行星大小相当高精度的测量数据。Kepler-93b 围绕恒星运行一圈只需要 4.7 天，其半径大约是地球半径的 1.478 倍，误差正负 0.019 倍地球半径，折合 119 公里。这就意味着这颗行星的半径数据被限定在了 1.459~1.497 倍地球半径之间，很显然它属于标准的"超级地球"。

紧接着，科学家们想要尝试测定其质量数据。他们利用设在夏威夷休眠火山莫纳凯亚（Mauna Kea）山顶的凯克望远镜（Keck telescope），对 Kepler-93 进行了精确的视向速度观测。科学家们观测到了它的晃动效应，但数据非常难以判定。最初的估算认为行星 Kepler-93b 的质量约为地球的 2.6 倍，但误差值巨大。对这颗行星质量的最大估算值甚至可以达到 4.6 倍的地球质量。后续的进一步观测帮助将误差范围缩小，确定这颗行星的质量大约是 3.8 倍地球质量，但仍然有正负 1.5 倍地球质量的误差范围。的确，数据质量改善了，但是质量值介于 2.3~5.3 倍地球质量，半径则是 1.478 倍地球半径，据此计算会得出各种不同的系外行星类型。事实上，按照这样计算得到的平均密度值在 4 g/cm^3~9 g/cm^3，这样的密度值可能对应任何类型，从气态世界到类地行星都有可能。因此尽管开展了大量观测，但系外行星 Kepler-93b 的性质仍然是一个谜团。

一直要等到 Kepler-93b 的半径测定数据公布 4 年之后，这颗系外行星的性质才终于尘埃落定。利用设在西班牙加纳利群岛上的"伽利略国家望远镜"（Telescopio Nazionale Galileo）后续开展的视向速度测量结果，将这颗行星的质量限定在大约 4.02 倍地球质量，误差也缩小到正负 0.68 倍地球质量。这样就将这颗行星的平均密度限定在了 6.88 g/cm^3 左右，从而最终确定这是一颗巨大的岩石行星。那么，可不可以就此认为所有的"超级地球"实际上都是大号的地球呢？

2014 年初，天体物理学家大卫·基平（David Kipping）展开对"系外卫星"（exomoons）的搜寻。顾名思义，"系外卫星"就是指围绕系外行星运行的卫星。这是一个大胆的目标。我们太阳系内最大的卫星是木卫三，这是木星的一颗卫星，其质量是月球的两倍，大约相当于地球质量的 2.5%。系外行星周围当然有可能存在较大质量的卫星，但这些卫星对于恒星的影响可以说是微乎其微的。

一项潜在的解决方案是：不要去探测这些卫星对于恒星产生的影响，而是去观察它们对所绕转的行星产生的影响。和前文中提到的恒星与行星的关系一样，行星与卫星同样是围绕一个共同质心转动的。这将导致行星在围绕恒星公转的过程中会出现晃动。如果行星发生凌星现象，那么这种晃动将导致每次凌星发生的时间间隔有轻微变化。这就有点像是在跑道上跑圈，同时手里还牵着一个小朋友。当小朋友跑到你前面时，他向前拉你，你会跑得稍稍快一些，而当小朋友跑到你后面的时候，他拖着你，你会跑得稍稍慢一些，这样一来，你每次跑完一圈的时间会出现极轻微的差异。因此，如果系外行星两次凌星发生的间隔存在变化，那么这就极有可能证明其周围存在卫星。

这项技术被称作"凌星时间变化法"（transit timing variation, TTV）。在基平的团队于 2014 年发表的论文中，发布了对 8 颗系外行星凌星现象的观测结果，从中搜寻这种时间上的细微变化信号。让他们感到兴奋的是，他们发现其中一颗系外行星果然表现出一种轻微的凌星时间变化。遗憾的是，这种变化出现却并非因为卫星。

这颗发生凌星的系外行星正在围绕一颗低温恒星 Kepler-138 运行。在那之前，开普勒空间望远镜已经在它周围发现了 3 颗系外行星，它们的半径都非常小，介于地球半径的 0.4~1.6 倍，并且都距离恒星非常近，公转周期没有超过一个月的。被观察到存在晃动效应的行星是其中最外侧的那颗，编号 Kepler-138d。但它所表现出的晃动并非由一颗未被发现的卫星引起，而是另一颗临近它，排行中间的行星 Kepler-138c 对其产生的引力摄动效应所导致。

一开始，这个消息有些令人沮丧，因为我们没能发现第一颗太阳系外卫星，但这一结果仍然将载入史册。和恒星发生的晃动效应一样，行星所表现出的这种凌星时间变化可以被用作"称重器"，用来测定行星的质量。结果显示，Kepler-138d 竟然是所有已被测定半径和质量数值的系外行星中质量最小的一个[1]。此前的纪录保持者是一颗岩石行星 Kepler-78b，它大约要比地球质量大 70%，而相比之下，Kepler-138d 的质量大约和地球相同。

和地球质量竟然如此接近！Kepler-138d 的性质应该已经显而易见了：这当然应该是一颗岩石构成的类地行星，虽然其温度很高，无法让液态水存在于表面，但它的确拥有固体表面和一层比较稀薄的大气层。Kepler-138d 的半径要比地球大出 60%，这使其密度仅有地球的 1/4 左右，只比水的密度高出 30%。因此很遗憾，这不是一个岩石构成的世界，而是一个迷你版的海王星。

2015 年开展的进一步观测将 Kepler-138d 的质量值下修为 0.64 倍地球质量，并将其半径值下修为比地球半径大 20% 左右。即便如此，这颗行星计算得到的密度值仍然很低，大约为 2.1 g/cm³ 左右，仍然是一个拥有非常浓密大气层的星球。

在接受媒体访问时，基平对此评论道："这颗行星的质量可能

---

1. 这个纪录很快就在 2015 年被它的同门师兄打破了。同属于该行星系统的另一颗行星 Kepler-138b 被发现仅有 0.07 倍地球质量！

与地球相当，但它绝不是类地行星。这证明了，在类似地球这样的岩石行星以及密度更小的水世界或气体行星之间，并不存在截然的分界线。"

因此，我们最常见的行星类型应该就像是一包玻璃弹珠：大小差不多，但是款式各不同。

"超级地球"所表现出的这种多样性让天文学家们着迷。既然Kepler-138d 和 Kepler-93b 已经证明了大质量的类地行星与小质量的气态巨行星之间并不存在截然的分界线，那么这两种行星类型之间是否有可能存在一种模糊的分界线呢？

在 2014 年，大约有 70 颗"超级地球"的质量和半径数据已经被测定出来。对这些已测量行星平均密度的统计似乎可以得到一个经验法则：如果一颗系外行星的半径超过地球半径的 1.5 倍，那么它就应该是一颗拥有浓密大气层的迷你版海王星。

当然，这条经验法则在两个方向上都有很多例外案例。光看Kepler-138d 的大小，它应该是一个岩石行星，但结果它却是一颗气态星球；与此同时，一颗编号为 BD +20594b 的系外行星被发现其半径大约是地球的 2.2 倍，但其密度值证明它是一颗岩石行星。不过，对于那些只测定了大小，没有测定质量的系外行星而言，这条 1.5 倍地球半径的经验法则至少可以让我们得到一个初步的猜测。

现在我们的当务之急是找到这样一个问题的解释：为何类型如此多样的行星，它们所在的位置都如此靠近恒星？

"克托尼亚行星"

目前为止，已经发现有两类行星运行在距离恒星异常接近的轨道上，即所谓的"热木星"和"热超级地球"。这不得不让天文学家们联想，这两类行星之间是否存在某种关联。是否存在这样一种可能：这些"超级地球"其实只是"热木星"的巨厚大气层被恒星剥离以后留下的部分？

　　关于这一理论的最初提出还得从使用凌星法发现的第一颗系外行星 HD 209458b 说起。在 2003 年的秋天，这颗热木星在通过恒星面前时被发现背后拖着一条长长的气体尾巴，仿佛一颗巨大的彗星。这颗行星的公转周期仅有短短的 3.5 天，在这样极近的轨道上，恒星的高温导致这颗行星的大气大量蒸发逃逸。如果足够多的大气被剥蚀，这颗行星完全有可能缩小到"超级地球"的大小。这样可能会有两种结果，要么形成一个迷你版的海王星，或者一个裸露的岩石内核。这种被"去除血肉"之后留下"骨骼"的感觉，使得通过这种理论上可能存在的途径产生的行星被称作"克托尼亚行星"（或冥府行星，chthonian planets），"克托尼亚"是一种传说中生活在地下的生物。

　　尽管让人有一种黑暗想象的神秘吸引力，但这类遭受严重剥蚀而形成的克托尼亚行星是否真的存在仍然存在疑问。热木星的大气层规模极大，即便按照 HD 209458b 那样的速度蒸发和损失气体，要想变成"超级地球"的大小，所需的时间将超过它所绕转的恒星的寿命。然而，蒸发并非损失大气的唯一方式。

　　随着热木星逐渐向内迁移，恒星的引力变得越来越强。这将导致行星的希尔半径缩小，如此，其自身引力占据主导影响的范围将会缩小。由于行星大气的厚度一般都远小于其希尔半径，最开始这种变化并不会产生什么影响。但当行星抵达非常接近恒星的位置时，大气厚度将小于希尔半径，于是恒星引力将主导一部分大气，并开始将大气从行星周围抽离。和强烈的蒸发作用一样，这种抽离剥蚀作用将留下一个较小型的气体行星，或者一个裸露岩石内核。

一个事实是，在已经被发现的系外行星中，超级地球所处的位置可以比热木星更加靠近恒星，这一特点支持气体剥离理论。在距离恒星大约 0.1~0.05 天文单位的地方，热木星的大气层将开始被恒星引力抽离，最终变成一颗"超级地球"。如果这一点得到证实，那么一颗岩石组成的超级地球实际上就让我们看到了一颗气态巨行星内核的模样。

但是这里还存在一个问题：我们几乎没有找到大小介于"热木星"和"热超级地球"之间的系外行星。如果热木星注定要变成超级地球，那么我们理应可以找到一些大小介于两者之间的行星，它们可能正处于大气层被剥蚀的中间状态。但事实是，我们观测到的几乎所有距离恒星非常近的系外行星，要么是热木星，要么就是超级地球——换句话说，在"克托尼亚"的故事线中，只有开头和结局，没有中间故事：不存在大小介于海王星和木星之间的"热行星"类型。尽管不是完全没有可能，但说它们实际上存在，只是我们恰好就没有观测到它们，这样的概率是非常低的。那么，如果超级地球并非只是被剥蚀大气之后的热木星，还有什么其他的可能性？

本地制造

一个吸引人的设想是，超级地球就诞生于它们当前所在的位置上。如果孕育了恒星的原行星盘可以直接产生这些行星，便可以解释为何这类行星的数量会如此多了。我们之前之所以排斥这样的想法，是因为这一区域太缺乏岩石物质了，热木星要在这样的位置上形成是难以想象的。但如果换成小得多的超级地球呢？是否会变得有可能呢？

我们太阳系最内侧的行星是水星，其质量只相当于地球的 5.5%，距离太阳仅有 0.4 天文单位。但这一距离已经比大部分的热木星和超级地球都要远 3 倍以上了。

初看起来，以下这种情况是理所当然的：一颗行星可以长到多大，取决于它能够从原行星盘获得多少物质供应。这又取决于生长中的行星周围有多少尘埃和星子，以及这颗行星的希尔半径有多大。在非常接近太阳的地方，行星的引力控制范围非常小，限制了它们获取周围空间中物质的能力。因此距离恒星很近位置上的行星应该是比较小的。

可是，如果我们的太阳系从一开始就不是正常的呢？尽管在我们的太阳系中，在非常接近太阳的位置上物质非常少，但有没有可能在典型的、正常的情况下，这里可以存在大量尘埃物质，因而可以让超级地球的孕育成为可能呢？因为在这种情况下，即便是比较小的希尔半径也同样可以获得相当数量的物质。

在本书第一章里，我们将今天的各大行星在它们各自的轨道上揉碎并铺开，以重构最初原行星盘的模样。这样得到的结果被称作"最小质量太阳星云"（MMSN）。如果我们对包含有超级地球的行星系也来这么一次操作，结果会如何？

将超级地球揉碎得到的原行星盘可以显示尘埃物质应该在何处分布，以便可以就地形成这类行星。但不幸的是，这样做会产生一些问题。比如说，这样得到的原行星盘，在其内侧将有高密度分布的尘埃混合在高密度的气体物质之中，这样一来原行星盘内侧的质量就会变得很大。和外太阳系区域孕育气态巨行星的原理一样，由于其自身强大的引力，原行星盘的内侧部分将会和其余部分分离开来。如果这一情况发生，那么新形成的行星将和气态巨行星相似，而和超级地球完全不像。另外，碾碎包含有超级地球的行星系得到的原行星盘形状也会很奇怪。其中有些实在太过怪异，以至于它们根本就不可能在恒星周围存在，比如有些情况下它们需要满足一种非常诡异的性质，如从恒星向外走，温度竟然要越来越高，而这显然是不符合实际的。

这样得到的结论是，没有常规的原行星盘可以孕育出超级地球。相反，这些行星形成所需的物质必须是在行星盘形成之后获得的。

行星扫把

另一个设想与一个巨大的"行星扫把"有关。扫把当然是用来扫地的，它可以把尘埃扫到一起。可能房间地板上看上去不怎么脏，但是用扫把一扫，说不定就能堆起来一堆的尘埃。有没有可能在原行星盘中也存在这样一把扫把，可以将岩石颗粒物聚拢到一起，形成一个超级地球？

将分散的岩石物质清扫到一处，规避了需要一个特殊的原行星盘才能形成超级地球的问题。这个原行星盘可以是正常形状，也不需要在非常接近恒星的地方存在大量的气体和尘埃物质。那些分散在轨道上的固体物质随后将被收集到一处，构建出一颗超级地球，使其快速生长。由于清扫机制只涉及固体物质而不包括气体，因此原行星盘内侧不会聚集起太大的质量并在盘面中清出空隙，进而进化成一颗气态巨行星。现在唯一的问题是，什么样的机制可以充当这把扫帚？这个问题的答案是：热木星。

向内朝着恒星迁移的热木星会穿越正在孕育类地行星的星子群。在这一过程中，大量星子将会被"踢"走，或者被热木星所吞噬，其他星子则会进入与这颗热木星处于共振关系的轨道。在这一稳定关系下，这些星子被迫与热木星共同向内侧迁移，并在恒星附近聚集。当如此多的物质聚集到一起，这些星子开始发生相互碰撞并最终孕育出一颗比我们内太阳系中任何天体都更大的行星。这样的结果便是出现一颗超级地球，并且其距离恒星比热木星还要更近。这听上去是可能发生的，但是我们是否有确凿的证据来证明这一点？

Gliese 876 是一颗红矮星，它比太阳质量更小，温度更低。它位于水瓶座，距离地球大约 15 光年，视向速度法测量结果发现这颗恒星周围存在 4 颗行星，其中最内侧的一颗行星属于超级地球，其质量大约是地球的 7 倍，公转一周的时间仅需短短两天。再往外依次存在两颗热木星，公转周期分别是 30 天和 60 天。

这两颗热木星以及最外侧天王星大小的第四颗行星相互构成共振轨道。轨道位于最内侧的那颗巨行星公转 4 圈的时间，刚好是中间那颗巨行星公转 2 圈的时间，而在此期间，最外侧的那颗行星刚好公转 1 圈。这是一种 1 : 2 : 4 共振关系，今天在太阳系中，木星的三颗卫星：木卫三、木卫二和木卫一同样遵循这样的共振轨道关系。这一共振轨道关系证明这三颗行星应该是一起向内迁移的。它们相互之间的引力作用使它们的轨道呈现倍数关系，正如前文中提到木星与土星的"大转向理论"中描述的那样。随着它们向内迁移的进行，小质量星子可能会陷入共振轨道，并被带着一同迁移。最后这些小天体会相互碰撞，打破共振关系并形成一颗超级地球。

需要指出的是，Gliese 876 最大的两颗行星的大小比值与太阳系中木星 / 土星的大小比值差异大，靠外侧的那颗行星质量是木星的 2.5 倍，而靠内侧的那颗行星质量却只有木星的 70%。这种排布方式可能阻止了它们像太阳系中的木星和土星那样重新返回行星系外部，使它们最终变成了热木星。

超级地球和热木星共存的事实支持这样一种理论，即通过行星迁移过程中带来的物质，是可以在离恒星非常近的轨道上孕育出行星体的。但这里的一个问题在于：超级地球似乎要比热木星普遍得多。那么如果旁边没有热木星来做"清扫"工作,那些"建筑材料"又该如何被运到恒星附近呢?

死亡陷阱

下面要谈到的这个行星系,曾经被美国宇航局加州埃姆斯研究中心的空间科学家杰克·利绍尔(Jack Lissauer)称为"自飞马座51b发现以来系外行星领域的最重大发现"。

这项发现是:科学家们在类太阳恒星 Kepler –11 的周围通过凌星法找到了 6 颗行星。它们位于天鹅座,距离地球大约 2 000 光年。这条消息在 2011 年对外发布以后迅速登上各大媒体头条,不仅因为其中发生凌星的行星数量之多,还有它们特殊的排布方式——我们迄今见过最"密集"的行星排布方式。

有 5 颗行星拥挤在水星轨道内侧的空间里绕着 Kepler –11 运行,第 6 颗也只是位于稍外侧一点点。如此接近的距离,让这些行星的质量可以通过凌星时间变化法(TTV)测量出来。结果显示这个紧密靠拢的行星系中有 5 颗超级地球,质量介于 2~8 倍地球质量。而该系统内最后一颗行星 Kepler –11g 的质量难以被精准测量,因为它在最外侧,对其他行星的引力作用较弱。但估算显示其质量不超过 25 倍地球质量,因此那里可能是一个海王星大小的世界。

现在我们看到的这个行星系统中不只存在一颗行星,而是多达 6 颗行星,而且都运行在非常靠近恒星的位置,并且这里不存在可以为它们清扫物质的热木星。这样一个系统怎么可能形成?这里还是要引用利绍尔的话,他说:"我们甚至都没想象过这样的系统可以存在。"

Kepler –11 当然令人意外,但事实上我们确实知道有一种方法可以在没有热木星的情况下将岩石物质送往恒星附近：由气体提供的阻力。当岩石大小达到直径 1 米左右时，它便不再在气体中随波逐流了，它的质量已经足够大，可以拥有自己的轨道。由于石块不会感受到气体压力，这些石块的运动速度会比周围气体稍快一些，其结果便是，这些石块在运动时会感受到一股迎面吹来的风。在本书第二章里，这一情景构成了一个大问题，因为它会将岩石物质拽离地球附近，并向太阳靠近。这一机制是否有可能促成超级地球的诞生？

太空石块遭受气体阻力而逐渐减速的模型存在一个主要问题：如何在这些岩石坠入恒星之前让它们停下来？没有木星这样的庞然大物去将它们置于一条共振轨道，这些太空石块将无法阻止地坠入恒星焚毁。我们需要的是一种刹车机制，能够阻止这种坠落发生，并使其在恒星附近发生堆积。

为了解释太阳系行星的形成，我们前文中引入了流体不稳定性概念，其中谈到岩石可以聚集到一起形成类似自行车比赛中的"车群"，"车群"作为一个整体，拥有足够大的质量可以抵抗气体带来的阻力。但是，流体不稳定性原理没有道理每次都刚好将物质堆积到如此靠近恒星的位置。有一种可能性是这些岩石物质聚集的地方已经是原行星盘的内侧边界，再往里走，恒星已经将所有的气体和尘埃物质全部清除干净。但这一理论无法解释存在多个运行于不同轨道的超级地球的情况。相比之下，一个更灵活的想法是考虑一下磁场的情况。

磁场存在于宇宙各个角落。任意一个原子，如果拿掉一个电子，它就会带上微弱的负电荷。给这个带电粒子一个轻微推力，它就会产生一个磁场，同时它也会受到已经存在的磁场的影响。

另一方面，如果原子是中性的（即不带电荷），那么它就不会受到磁场的影响，它的运动也不会产生磁场，它在磁场中运动也不会感受到力的作用。这也是电场力和磁场力（合称"电磁力"）在星系和行星形成过程中所起到的作用和引力比起来要弱那么多的原因。如果光看数字，你会发现电磁力的强度要比引力高出 39 个数量级。然而在漫长的距离和空间尺度上，宇宙是中性的，因此只会感受到引力的作用。

然而在恒星内部，高温会让原子发生电离，进而产生磁场。这一磁场深入周遭原行星盘中的气体与尘埃之中，其产生的影响取决于原行星盘中带电粒子数量的多少。

恒星发出的高温会让周围的气体与尘埃中的原子发生电离，从而使其对磁场变得敏感。磁场的作用扰乱了粒子运行的轨道，加速了恒星吸积过程。如果将磁场关闭，向恒星流动的气体流将会立即减少。而在最接近恒星的位置，原行星盘感受到的恒星辐射影响是最强的。这样便有大量的带电粒子对磁场作出反应。继续向外，在到达距离恒星大约 0.1 天文单位的位置之前，恒星的能量必然非常艰难才能穿透原行星盘中那大量的气体物质。随着距离越来越往外，带电粒子数量逐渐下降，那里的气体不再能够感受到磁场的影响。

到了一定距离，磁场的影响将会消失，这一区域被称作"死亡地带"（dead zone）。位于恒星与死亡地带内侧边缘之间的气体很容易流向恒星，而死亡地带内部的气体流动速度则要慢得多。这样造成的结果就类似堵车，气体密度开始在死亡地带边缘升高。随着密度升高，气体压力也开始升高，使该区域气体受到的力的作用发生改变。结果是这里的气体运行速度可以和岩石一样，从而消除了这些岩石在运行过程中感受到的那种迎面风阻力。于是这些岩石块体不会再感受到朝向恒星的拖拽力，并开始沿着死亡地带边缘出现堆积、碰撞，最终产生超级地球。

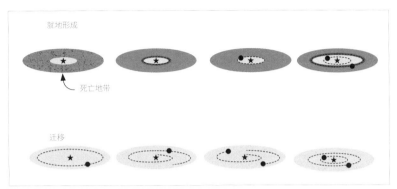

图 10：热超级地球，要么是由被"清扫"到恒星附近的岩石物质聚集而形成（就地形成），要么形成于原行星盘更加外侧的位置，随后迁移到这里。在可能的就地形成机制中，岩石颗粒受到气体拖拽作用影响而向内侧发生移动；这些岩石物质最终将在"死亡地带"的边缘出现堆积，在该区域内带电粒子过少，因而不会受到磁场作用的影响。这些岩石物质开始相互碰撞并形成行星，行星的引力会在气体物质盘中清理出一道裂隙。这道裂缝的存在让恒星的辐射得以制造出更多的带电粒子，从而将死亡地带的范围向外扩展。此时岩石物质将有机会在新的死亡地带边界聚集并形成第二颗超级地球。

　　成长中的超级地球，其周边的气体流速度发生的这种变化将会构建出一个行星陷阱，并阻止 I 型迁移的继续进行。此时，此处的行星将不会继续危险地朝着恒星运动，从而得以继续生长壮大，直到有能力在气体盘中清理出一道裂隙，这将启动 II 型迁移。但是超级地球太重了，而在如此接近恒星的区域，气体密度又太低，因此气体的拖拽效应可能不足以推动它发生移动。但不管行星的运动情况如何，这道裂隙的出现让恒星辐射得以穿透气体盘。尘埃与气体被电离，并开始受到磁场的影响。行星周围的死亡地带消失，它的内侧边缘线向外推移，越过行星清理出的裂隙。一条新的死亡地带边缘线形成了，在这里新的岩石物质将开始聚集，并产生又一颗新的超级地球。当气体盘蒸发消失时，这里可能已经产生了好几颗超级地球。这种情形似乎和我们在 Kepler -11 系统中看到的情况相当类似。

尽管以上听上去是一个不错的产生超级地球的机制，但 Kepler -11 为我们带来的惊喜还没有结束。

将质量测量数据与凌星法观测得到的直径数据相结合，结果显示 Kepler -11 系统中的所有行星都不是岩石行星。相反，它们的密度数据显示它们都被一层巨厚的大气层所覆盖，厚度几乎达到其半径的一半。唯一的例外是最靠内侧的那颗行星，Kepler -11b，其稍高的密度值显示它拥有一个更大一些的岩石内核，大小可以占到行星半径的 2/3。但即便是这颗行星，它的大气层也远远超过了类地行星的水平。因此，Kepler -11 系统中所有的行星都属于迷你版海王星。

为了吻合超级地球的观测结果，任何形成理论都必须能够兼顾大型岩石行星和小型气态巨行星的形成。那么一个问题就出现了：在如此接近恒星的位置，一颗行星是如何获取如此大量的气体，最终形成迷你海王星的？但我们很快发现这一问题的关键不在于如何获得气体，而在于如何停下来。

在原行星盘中的气体被蒸发消失之前，一颗新诞生的行星可以从其周遭空间获得大量气体物质并构成自己的大气层。在一个四周充满星子和岩石的短周期轨道上，超级地球的形成效率应该是非常高的，其形成所需的时间应该不会超过 100 万年。这就留下了足够的时间，使其可以获得大量气体，构建一颗迷你海王星。事实上，这里存在的风险在于，它可能会获取过量的气体并最终演化成为一颗热木星。

人们曾经认为，由于热木星质量过于巨大，因而是不可能在如此接近恒星的位置上形成。但这样的结论是否过于草率了呢？既然有了向原行星盘内侧区域输送物质的机制，有没有可能在那里构建出一颗热木星呢？

当木星在外太阳系成长变大时，它的引力吸引来大量气体物质。最终，这些气体物质质量变得过大，以至于开始发生剧烈塌缩，大气层中的气体向中心下沉，被严重压缩。当这颗行星的引力在气体盘中清理出一个裂隙时，这一过程就会中断。到这个时候，一颗气态巨行星已经诞生了。看上去这是一个无法被中途打断的过程，但事实可能并非如此。

超级地球是由被"扫入"死亡地带的岩石尘埃聚集形成的，因此其大气层中含有大量的尘埃，这就造成其大气层很难有效降温，因为尘埃会阻挡行星散热作用的进行。或者用比较专业的语言说，其大气层透明度（opacity）较差。较高的温度帮助大气对抗引力的作用，延缓了大气塌缩进程，一直到原行星盘蒸发消失。如此一来，这颗行星就只能获得一个浓密的大气层，但不至于变成像热木星那样。

一个超级地球究竟是成为一个巨大的岩石星球，还是小型气态巨行星，很大程度上与原行星盘有关。质量更大的原行星盘可以以更快的速度产生一颗超级地球，从而争取到更多的时间去捕获更多的大气。而对于那些质量稍小的原行星盘，可能一直要等到原行星盘即将蒸发消失的时候，超级地球才能产生，这样的结果便是一颗岩石构成、大气层不那么厚的行星。

Kepler-11 已经成为一个典型代表：一颗恒星，周围存在多颗距离非常近的行星围绕运行。而这样的情况绝非少见。就在它被发现仅仅一年之后，Kepler-32 系统被发现了。这一系统中存在 5 颗行星，其中的每一颗大小都小于 3 倍地球半径，轨道公转周期在 0.7~22 天。然后是恒星 HD 40307，它的周围又新发现了 3 颗行星，从而使其周围低于 7 倍地球质量的已发现行星数量达到 6 颗，其中有 5 颗行星的公转周期在 4~52 天。此后还有更多的类似案例被陆续发现，暗示高达 10% 的恒星周围可能都存在类似的情况。

那么，如果这种情况是行星世界中的常态，那我们的太阳系为何会如此与众不同？太阳系中的气态巨行星可能避免了变成热木星的命运，但在太阳系历史的早期阶段，应该会有大量的星子落向太阳，但我们却连一颗超级地球都没有出现。

而关于原地形成的行星是否有能力保留住一颗迷你海王星所拥有的那种巨厚大气层也是有争议的。尽管处在一个物资丰富的诞生区域，但行星们的希尔半径仍然很小，可能可以产生一批地球大小的行星胚胎（或者借用本书第二章节的语言来说，达到了地球大小的"隔离质量"）。这一阶段后，紧接着这些行星胚胎之间可能将发生大规模碰撞并产生超级地球。这样的超级撞击可能会摧毁这些新生世界的大气层，只留下非常稀薄的一层大气包裹着这些岩石星球。

绕开这些问题的可能解释方案是：在不同的原行星盘中，所谓死亡地带可能是会发生变化的，另一种机制可能会干扰星子流，又或者那些超级撞击事件的发生并非必然。但不管怎么说，以上问题确实已经提供了足够的理由，让我们去探寻其他的可能性。

迁移的星体

在远离任何行星陷进的区域，超级地球的巨大质量可能导致其发生快速迁移。这种情况是否会导致超级地球从远得多的区域向太阳方向发生迁移？

关于超级地球形成于远离太阳的区域这个想法，既有好处也有坏处。超级地球和迷你海王星这两类行星在质量上没有明确的分界线，这表明它们可能属于同一类，经由同一种机制形成。太阳系中的海王星形成于冰线之外的区域，那么认为热的迷你海王星，以及岩石质的超级地球也可能形成于相似的区域位置上，这样的想法应该是合理的。那些岩石行星就是那些未能获得大量大气的版本，其原因要么是自身质量太小，要么是其形成时，距离气体物质被蒸发消失的时间太近了。

这样一来，也就将它们的形成与热木星联系到了一起。在所有的案例中，巨行星都应该是在冰线之外形成的，那里有着大量可用于构建行星的物质。在远离恒星的地方，行星的希尔半径较大，因而可以快速增加质量，吸引大量气体，并避开会导致大气层丢失的剧烈撞击。

这样也可以解释为何我们的太阳系中缺乏超级地球。木星和土星的U型来回迁移运动阻止了天王星和海王星的迁移。如果没有它们挡路，那些较小的星子就有可能奔着太阳而去了。通过迁移的方式，我们可以解释各类不同行星的形成，避免了多种行星形成机制并存的局面。

但是，这种对于迁移机制神奇力量的断言仍然是相当大胆的。因为这意味着大型行星体之间的再组织是一种常见现象。热木星基本上是向内侧迁移的，但仅有大约1%的恒星周围存在热木星。另一方面，热的超级地球被认为存在于大约50%的恒星周围。要想让这么多行星都改变轨道，那么迁移现象就不能仅是可能的，而必定是在行星系统的形成机制中占据重要地位的。

但也有与这一结论相矛盾的观测事实。和木星和土星发生迁移时的情况一样，穿行于气体盘中的相邻行星之间的相互引力作用最终会导致共振轨道的产生。位于较外侧的行星在两种情况下会与较内侧的邻居行星相遇，要么是在迁移的过程中，要么是当内侧行星在原始行星盘的最内侧边缘停下的时候。此后它们将逐渐产生共振轨道，即它们两者之间的轨道公转周期会呈某个整数比。这种情况已经在数个系外行星系统中被观察到，如 Gliese 876。但是在另外一些系统，如 Kepler-11 以及 HD 40307 内，则没有观察到类似的现象。这是否意味着在这些系统内，迁移必定没有发生？

尽管共振轨道现象可以支持迁移理论，但也并非一锤定音。原因之一便是 I 型迁移是一个非常复杂的过程。正如我们此前在谈到行星陷阱时所看到的那样，这一阶段的迁移对于行星周围的气体状态非常敏感，它还取决于行星本身的质量。行星的质量越大，对气体盘施加的引力影响也就越明显。质量较大的行星通常迁移的速度会更快，直到它们有能力在气体盘中打开一个缝隙并减速，随后开启 II 型迁移。然而在气体盘中的某些区域，行星的引力作用以及周遭气体的状况可能会导致迁移方向发生短暂逆转。这就意味着迁移的路径会高度取决于行星当前的质量、周遭气体的状态，以及近邻其他行星所施加引力影响等诸多因素[1]。

这种"个性化"的迁移路径让气体盘最终蒸发消失时行星所处的位置有了更多的灵活性。针对此种逆向迁移的计算机模型显示，在超过 5 倍地球质量的行星中，会出现一定范围内的逆向迁移。那些生长速度足够快，因而符合条件的星子，将有潜力发育为热木星。于是这些质量最大的行星向恒星靠拢的速度减慢了，停留在了比质量更小的超级地球稍远一些的位置上。这一点与观测结果是相符的，

---

1. I 型迁移对于周遭环境的高度敏感性使其成为一个非常棘手的问题。

热木星所处的位置要比超级地球更加靠外侧一些。同时这也可以解释热木星的相对稀缺性，因为只有生长速度足够迅速，才有机会出现逆向迁移，并获取更多的物质。这种路径上的变数也让共振的发生变得更加困难，行星之间的间距也就不那么规则了。

除此之外，超级地球的迁移也得到了其他机制的支持。一种观点认为，最开始的时候这些行星其实是处在共振轨道中的，但后来在气体盘蒸发消失之后，由于大量残余岩石的撞击而被打破。这一点参考了我们太阳系中巨行星的演化历程：在将大量小型星子散射出去的时候，巨行星本身的轨道也发生了变化。还有一种可能：近距离围绕恒星运行的超级地球们可能受到了某个未被发现的、处于稍外侧轨道上的巨行星引力的扰动。这样的一颗巨行星可能由于距离过于遥远而难以被探测到，但它的存在确实可以扰动超级地球的轨道，从而打破原先存在的共振。

然而，当我们将超级地球发生迁移的想法确定地摆上桌面之后，一个新的问题出现了：如果迁移是产生超级地球的主要途径，是否在任何一个拥有近距离行星的恒星系统中，都可以支持一个类似我们地球这样的宜居世界的存在？

土星是我们的救星吗？如果没有这颗气态巨行星的存在，木星或许就会步飞马座51b之类的后尘，向内迁移并最终一头撞向太阳。天王星和海王星也很有可能紧随其后，它们可能迁移到内太阳系并成为"超级地球"。随着它们向内迁移，这些巨行星可能将我们宝贵的地球轰成碎片。

地球到太阳的距离是1天文单位，这一点对于地球的宜居性至关重要。这一日地距离意味着地球接收到的热量刚刚好适合我们的生存，不会太热也不会太冷。如果由于外侧巨行星的迁移，导致地球无法在今天这个位置形成，那么地球上可能永远也不会出现生命。

那么，如果一个行星系中有近距离围绕恒星运行的热木星或者超级地球，类似地球这样的世界还能存在吗？如果答案是不能，那么在我们搜寻地外生命的过程中，就可以直接将一半的行星系统排除掉了。若果真如此，那么宇宙中的生命可能真的是非常罕有的了。

行星内迁移很有可能是一场潜在的灾难性事件。发生迁移的行星施加的引力影响会将内行星系区域的岩石物质抛射出去，将那里的大量星子推向恒星，并鲸吞剩余的小型星子。类地行星所在的区域将被洗劫一空，构建行星所需的原始物质片甲不留。

假设一颗年轻的行星在迁移发生之前就形成了，那么迁移的巨行星施加的突如其来的引力影响也会将它甩入一条新的轨道，就像一颗彗星一样。这样的轨道形状可能很"扁"，这就意味着行星在其完成一圈公转期间，与恒星之间的距离会出现很大的变化。这样的结果就是这颗行星上的季节将变得非常极端，在一年当中会间隔出现极端高温和极端低温。当然这并不是说在这样的环境下不可能存在水体甚至演化出生命，但毫无疑问难度就要大得多。

尽管前景黯淡，但仍然存在一丝希望：如果在被迁移行星"洗劫"之后能够剩下足够多的尘埃和岩石物质，那么类地行星还可以"重新开始"！究竟有多少物质可以被剩下，以便让类地行星重新开始，取决于迁移的巨行星扫过这片区域时的速度有多快。I型迁移的速率不稳定性让这样的估算变得十分困难，但可以肯定的一点是：一颗在类地行星形成区域徘徊不前的迁移行星，其清除的岩石物质要比一颗快速通过此处的迁移行星要多。

而那些被踢出去的岩石星子，最终在气体吸积盘等的作用下，也有可能会回到较为圆形的轨道上来。因为一个"扁"椭圆轨道上的星子将不得不在接近圆形轨道上运行的气体物质之间穿行。与这些气体与固体物质之间的速度差将对其产生强大的拖拽力，使这些岩石星子回到接近圆形的轨道上，继续形成行星的进程。

　　被踢出去的行星也并非毫无希望，它们同样可能会回到一个接近圆形的轨道上来。沿着一个"扁"椭圆轨道运行的行星，在接近恒星和远离恒星时会受到不同的引力影响。正如在古在－里多夫机制作用下热木星发生向内迁移一样，这种变化的引力机制将再次让行星轨道回到接近圆形。气体盘施加的阻力也将阻止行星维持其椭圆的轨道，从而帮助其回到接近圆形的轨道上来。

　　在迁移行星的浩劫之后重新恢复，甚至还会带来某些优势——这些第二代形成的行星体可能在气体盘被蒸发消失时，质量还没达到火星的水平，因此也就不会发生向内的迁移。于是也就不再需要类似前文中提及的"行星陷阱"机制去阻止这种迁移的发生了。而迁移行星造成的大范围物质抛射，也可能将一些水冰物质送入行星系内部区域，从而让富含水体的世界得以形成。这样的结果将是高温行星在非常接近恒星的轨道上运行，而具有宜居环境（尽管经历过痛苦的历史）的行星世界，就隐藏在它们的外侧。

一个未解之谜

　　高温超级地球的成因迄今仍是一个有趣的问题：它们是从冰线外侧迁移而来的吗？或是诞生于由于热木星或气体拖拽作用而被向内行星系区域抛射的星子和岩石物质之中？

　　揭开这个谜团的途径之一是搜寻较外侧行星的微弱信号。一颗在较近和较远轨道上均有行星分布的恒星，其发生过强烈行星迁移的可能性就要小一些，而相比之下，所有行星都集中在近距离轨道上的恒星，这种可能性就要大一些。一颗形成于远离恒星环境下的行星，其成分中可能含有大量水冰。这将可能产生富含水汽的厚厚的大气层，而我们的下一代望远镜将有望观察到这种信号。但不管如何，在我们最终揭开行星和星子形成的曲折身世之前，我们最常见的这类行星，将依旧是一个谜。

第七章
水、钻石还是岩浆？不为人知的行星菜谱

在飞马座 51b 的发现被宣布的两周年之后，天文学家们对于观察恒星的晃动信号已经非常熟练了。这种晃动往往暗示行星的存在，结果便是 6 颗新的系外行星被发现。它们全部都是与飞马座 51b 相似的热木星，巨大的质量和极度接近恒星的轨道，使它们成为最容易被"逮住"的目标。

其中最后的三颗系外行星的发现是在 1997 年一同被宣布的。其中一颗的编号是 HR 3522b，这是一颗比木星稍小一些的行星，公转周期 14 天。尽管在杂志论文中，这颗行星被使用"耶鲁亮星星表"（HR）中的编号进行表达，但它后来有一个更加常见的名字：巨蟹座 55b，意思是在巨蟹座第 55 颗恒星周围发现的第一颗行星。这颗行星的发现很快引起关注，因为它是在我们太阳系之外发现的最早的几颗行星之一。但这还不是这一行星系统的唯一头衔。事实上，巨蟹座 55b 是在一个诡异程度远超我们想象的行星系统中，被发现的第一颗行星。

在巨蟹座 55b 被发现后的十年内，它的恒星周围又先后被发现存在 4 颗行星。这让巨蟹座 55 成为第一颗被发现周围拥有 5 颗行星的恒星，它也是最早被发现周围存在质量与海王星接近的"超级地球"的三颗恒星之一；巨蟹座 55e 的质量大约是地球的 8 倍（海王星质量的 48%），其轨道公转周期竟然只有 18 小时，这意味着它到恒星的距离仅有水星到太阳距离的 5%。

对巨蟹座 55 进行的观测发现，这颗恒星属于一个双星系统，它的恒星"伴侣"是一颗质量稍小的红矮星，两者之间相距超过 1 000 天文单位。这颗伴星质量太小，距离太远，不足以破坏它的"大个子同伴"周围的行星形成，但它所施加的周期性引力影响似乎正彻底改变这一行星系统。

这是一种与我们在本书第五章节提到的古在 – 里多夫机制相似的机制：来自伴星的引力作用将热木星推到了非常接近恒星的位置。对于巨蟹座 55 周围的行星们而言，相互之间的引力将它们紧紧"捆绑"在一起，于是整个行星系统会发生缓慢的整体翻转，就像是一组同步的泳者，整齐划一。如果有机会站在这些行星的地表仰望夜空，你将看到随着整个行星系做"后空翻"，夜空中的星座会发生缓慢更替。当然，要想看到这种变化，你需要活得足够久，因为完成一次完整的翻转需要大约 3 000 万年。

但让这个系统真正显得怪异的，是其中的那颗超级地球：巨蟹座 55e。和该系统中的其他行星一样，巨蟹座 55e 也是因为其对恒星施加的引力作用，借助视向速度方法被发现的。在 2011 年，美国宇航局的斯皮策空间望远镜观测到这颗超级地球从恒星的前方穿过（凌星现象）。对于该行星系统而言，这又是一项"首次"，因为巨蟹座 55 是一颗肉眼可见的明亮恒星。于是，作为该行星系统内最靠里侧的一颗行星，巨蟹座 55e 成为历史上被发现的第一例与一颗肉眼可见的恒星发生凌星现象的系外行星。对凌星现象的观察可以获得行星体的半径及轨道倾角数据，从而精准测算这颗行星的质量。结果显示这颗超级地球的半径比地球大 120%，也就是地球半径的 2.2 倍。

有了质量和半径数据之后，我们就可以很容易计算出巨蟹座 55e 的密度数值是 4 g/cm³。尽管这一密度数据暗示其应当是一颗"迷你海王星"，但对于一颗大气成分主要是氢和氦的气体星球而言，这一密度值还是太高了。一颗拥有 8 倍地球质量的"迷你海王星"的密度应当在 1.3 g/cm³ 左右[1]。但如果这是一颗类似地球那样的岩石星球，那么 4 g/cm³ 的密度数据又显得太低了。地球的密度大约是 5.5 g/cm³，如果其质量增加 8 倍，由于内部挤压作用，其密度将达到 8.5 g/cm³。这就意味着巨蟹座 55e 不是一颗气态行星，它太小了；但同时它也不是一颗岩石星球，它太大了。那么，它到底是什么？

如果这颗超级地球是一颗岩石星球，那么它的成分就应当和我们的类地行星类似。这就意味着其主要是由铁和硅酸盐物质组成的。对于某个给定的质量，可能的最小类地行星应该是一颗完全由纯铁物质构成的星球，而可能的最大情况则是一颗完全由轻质硅酸盐岩石构成、不含任何铁的类地行星。但这两种极端情况出现的可能性都是非常非常低的。我们类地行星的各种元素成分冷凝结晶的温度相当接近，因此会形成一种构建类地行星的混合物质。即便太阳系中温度最高、含铁量最大的水星，其质量中仍然有大约 30% 属于硅酸盐地幔。但即使是在这样最不可能的极端情形，也难以解释巨蟹座 55e 的情况。

面对巨蟹座 55e 的半径和质量数据，如果我们摒弃类地行星和气态行星之间的清晰界线，考虑一种"混合型"的行星，会如何？这样一颗行星将含有一个比地球的地核大得多的岩石内核，并有能

---

1. 在本书第六章，我们提到过一个粗略的法则，即以 1.5 倍地球半径为界，如果超过这一界线的一般多为气态星球，而不是岩石星球。

力保存以氢气和氦气成分为主的厚厚的原始大气。由于这些气体密度极低，即便这一大气层仅占到行星质量的 0.1%，也可以中和巨蟹座 55e 的密度数据。

这样一种"混合型"行星的想法简直是完美的——如果不考虑巨蟹座 55e 仅有 18 小时的公转周期的话。这颗行星上的一年时间长度还不如地球上的一天，这意味着这颗行星距离它的太阳仅有不到 0.016 天文单位。如此靠近一个熊熊燃烧的巨型核引擎的后果，是据估算其地表温度大约为 2 000 摄氏度。在如此极端的高温下，这颗行星将难以阻止其大气层中氢气和氦气的逃逸。在短短数百万年内，其大气层就将散失殆尽，在行星形成的时间尺度上，这是很短的时间。因此，要说我们观察到的是一颗带有原始大气层的巨蟹座 55e，这种可能性是相当低的。

那既然排除了拥有类似海王星大气的可能性，还有什么是密度比岩石小，但仍然足够"重"，因而可以保留在行星上的？答案可能是一种奇特状态下的水。

如果巨蟹座 55e 最开始形成于冰线之外，那么在其形成时，其成分中应当含有大量冰物质。随着它向恒星迁移，其大气中的氢气和氦气成分将会散失，留下一个被数千公里厚、富含水汽的大气层包裹的岩石内核。但一颗运行在如此接近恒星的轨道，且处于高温炙烤下的行星，却被水汽所覆盖，这种想法的确有些荒诞。这颗行星上的水，当然不会是你每天从厨房水龙头里放出的那种凉凉的液体。与之相反，巨蟹座 55e 上的水可能是以一种被称作"超临界水"的极端罕见状态存在的。

超临界流体存在于极端的高温高压环境下。比如说，当燃料从火箭尾部喷射出来时，其就处于某种超临界状态。在这种状态下，液态和气态之间的界线变得模糊，这是一种介于两者之间的中间态。

在这样一个星球上，你无法说清海洋是否和天空连成了一体。如果你能够设法存活下来，那么你将发现自己悬浮在某种超临界物质构成的"迷雾"之中。

于是，这是一个极端高温，一年只有 18 个小时，被一层巨厚的、类似液体的气体物质包裹，公转轨道还会发生周期性倒转的奇异世界。但对于巨蟹座 55e 的成分，还有更加奇异的解释：或许那里并不存在什么超临界水，相反，这颗超级地球可能是一颗钻石星球！

从大小上看，巨蟹座 55 是一颗和我们的太阳非常相似的恒星，但两者之间的成分却并不完全相同。巨蟹座 55 似乎含有更多的碳。在抵达晚年之前，恒星的成分几乎全部是由氢和氦组成的，仅含有很少量的其他元素，如碳、氧、镁、硅和铁等。太阳的碳含量大约是氧的一半，这一特征一般会用碳氧之间的比值来表达，即 C/O=0.5。相比之下，在 2010 年对巨蟹座 55 进行的观测显示其碳含量要比氧更高一些，C/O=1.12。恒星之间的这种成分差异非常重要，因为形成原行星盘的正是同一批物质。也就是说，如果一颗恒星是富碳的，那么凝结形成其周围行星体的尘埃颗粒很有可能也是富碳的。这种情况可能会产生与我们所知的类地行星非常不同的行星世界。

尽管碳对于生命非常重要，但让人意外的是地球的碳含量却很低。地球质量的 90% 是铁、硅、氧和镁，其中大部分的铁都位于地球的内核，剩余的元素则构建了主要是硅酸盐成分的地幔和地壳。碳只占到极小的比例，在地球质量中的占比不超过 0.2%。之所以比例如此低，是因为碳只会在低温的外太阳系才会冷凝成为固体。而在类地行星诞生的区域，它主要还是以气态形式存在。当太阳开始驱散周遭气体盘时，碳元素也一并被驱散了。正如我们在本书第四章中讨论地球上海洋的可能起源时一样，地球一开始可能是缺失碳元素的，只是后来通过接纳来自外太阳系的陨星撞击才获得了一些补充。

假定在原始尘埃盘中碳元素的丰度上升，达到匹敌（甚至超越）氧元素的程度，那么构建行星的固体材料将会发生变化。当碳原子占据主导地位时，硅原子将开始与碳原子结合，而不是和氧原子结合，其结果是形成固态的碳化硅，而不是硅酸盐。诞生于这种尘埃盘之中的行星将主要是由碳和碳化硅组成的，而不再是含氧化合物。

如果巨蟹座 55e 果真是由这种富碳物质组成的，那么外部的那层低密度大气成分也就不再需要存在了，因为针对观测得到的质量数据，一颗由铁、碳和硅组成的固体星球就可以导出与观测值相符的半径数据。这下我们不但不再需要超临界水的存在，相反，巨蟹座 55e 上可能连一滴水都没有。

在一个富碳的原始尘埃盘中，氧会被碳捕获并结合形成有毒的一氧化碳。只有很少的氧会和氢结合从而形成水。这样一来即便是在行星系外侧区域也可能无法形成水冰。从事富碳环境下星子形成机制计算机模拟研究的美国宇航局喷气推进实验室（JPL）的科学家特伦斯·约翰逊（Torrence Johnson）对此感到难以接受，他说："在雪线之外，竟然没有雪。"

行星系统中水的缺乏意味着，即便巨蟹座 55e 运行在一个允许形成更加适宜气候的轨道上，由于其富碳的性质，它也可能难以支持我们目前所知的生命形式的生存。约翰逊的合作者、美国康奈尔大学的科学家乔纳森·鲁尼恩（Jonathan Lunine）曾幽默地指出："讽刺的是，如果构成生命的主要元素碳的含量过多，那么它就会夺走形成水的氧，而后者是我们所知的生命形式至关重要的一种溶剂。"

除了没有水之外，一个"碳世界"究竟看上去是什么样的？它的地壳可能是由石墨构成的，大致就是你用的铅笔芯里的物质。在这颗行星的地表之下，巨大的压力将产生一个主要由钻石构成的地幔。在地球上，地幔中相当多数量的碳同样是以钻石形式存在的。在接近地壳的深度上，由于压力下降，经氧化而转为碳酸盐。之所以我们现在没有在宝石堆里打滚，是因为地球上碳的丰度很低，在地球总质量中占比不到0.2%，而相比之下氧的质量占比则超过50%。而在一个"碳世界"中，由于钻石大量存在，当发生火山活动时，这些钻石可能会从地下喷射出来。

如果这样的星球上果真存在液体，那么这种液体也应当是碳基物质，比如沥青组成的大海。其大气成分可能主要由一氧化碳和二氧化碳组成，同时富碳物质形成的降雨会导致整个天空总是被一层厚厚的霾所笼罩。这只是一种乐观的估计。事实上，这样的星球可能根本就不存在大气层。

地球的内部是一台活跃的机器。地壳被分裂为几块刚性块体，称为板块。在地壳下方是地幔层。尽管地球看上去是固体的，但如果从数百万年为尺度的地质历史上看，地幔其实存在极为缓慢的流动。这种运动构成一种"传送带"，推动板块发生移动。当两个板块相互远离，其下方的地幔物质就会被暴露出来并冷却形成新鲜的地壳。在板块向其他板块下方俯冲的地带，年代较久，厚度较厚的板块将会被熔化，这一过程常会在交界处引发火山活动。这种地壳和地幔的运动驱动了地球大气和营养成分的循环，甚至产生了地球的磁场。但如果将地球的地幔物质替换成钻石，这一关键的循环发生将变得困难得多[1]。

1. 地幔中存在软流层，这里的物质在高温高压下处于半熔融状态，被认为是岩浆的来源地。地质学上认为地幔物质对流构成了板块漂移和海底扩张的驱动力。板块张裂带的洋中脊是新的大洋板块地壳诞生处，而板块碰撞带的海沟是大洋地壳的消亡处。此处大洋板块发生向下俯冲，并最终在地幔软流层中消亡。——译注钻石具有极高的黏度，这是一个与流体摩擦有关的参数，控制着流体的易流动程度，比如糖浆就要比水的黏度更高。相比之下，钻石物质构成的地幔，黏度要比硅酸盐组成的地幔高出大约 5 倍。如果一颗行星内部碳的含量超过 3%，其地幔运动的难度将导致板块运动出现急刹车。

缺少了板块运动，行星表面就像被盖上了一个严严实实的盖子，火山形成的难度将大大上升。尽管听起来爆发的火山数量变少是一件好事，但实际上这也阻碍了大气层的发育生长。这样的结果就是一颗死气沉沉的星球，上面到处都是钻石，却没有大气层。

另外，石墨构成的地壳也可能让这颗星球变得太热。即便运行在地球现在的轨道上，石墨的黑色也将吸收而不是反射太阳光。和以绿色和蓝色为主的地球相比，这样一颗行星就像是停在佛罗里达州停车场里的一辆黑色汽车[1]。这样一来其地表液态水的存在就会成为一个问题，即便它之前通过某种方式产生了海洋，可能也难以长久维持。

当你考虑到所有这些事情之后你就会发现，一颗由漂亮钻石组成的行星，其诱惑仍然不足以让一颗富碳星球成为一个有吸引力的选项。

但就在巨蟹座 55e 将被正式官宣为一个碳质地狱之前，它的富碳性质却遭到了质疑。问题就出在测量一颗恒星的 C/O 比值是一件非常棘手的工作。如果说得更具体一些的话，那就是测量一颗恒星的氧含量尤其困难。

---

1. 佛罗里达州位于美国南部，纬度很低，气候炎热，所以去超市的时候，争夺位于树荫下的停车位是必须的——不管那个停车位距离超市入口有多远。

恒星有一个极端高温、密度极大的内核,外部包裹一层温度稍低、密度很低的气体大气层。以太阳为例,其内核的温度可以高达1500万℃,而其外部大气层的温度则在5500℃左右。这一外层大气被称作恒星的光球层(photoshpere)。光球层的温度仍然非常高,但这一温度已经低到可以让原子留住它的核外电子了。这些电子分布在原子核外不同的能级之上。随着太阳内核产生的辐射涌出,外层电子将吸收对应波长的能量并向更高能级发生跃迁。何种波长会被吸收,取决于原子外层电子占据的不同能级,即取决于不同的原子种类。通过对恒星的星光进行分析,查看其中缺失哪些波长,我们就可以反推恒星中含有哪些原子。

但当两个不同的原子吸收的能量波长非常接近时,困难便出现了。要想将两者区分开十分困难,于是对这两种原子含量的估算就出现不确定性。而在巨蟹座55的C/O比值测定的案例中,通常测定的氧原子的波长与镍原子的波长极为接近。在2013年,这颗恒星的数据被重新分析。这次科学家们不再纠结于分辨氧原子和镍原子的主要吸收线,而是将氧原子的三条不同吸收线与镍原子的信号做比对。这样得到的结果是这颗恒星的C/O比值要比最初测定的1.12低得多,大约是0.78。当C/O比值接近0.8时,原行星盘中的硅化合物中的氧可能会被碳所替换。因此,这一新的数值刚好又把巨蟹座55放到了能否成为一个"碳世界"的门槛线上。答案取决于一项极具挑战的观测工作。

对于那些希望看到一个"碳世界"的人们而言,还有一个办法可能可以挽救局面:尽管恒星和原行星盘的组成物质是相同的,但是随着时间推移,原行星盘中的固体颗粒成分会发生变化。

当我们在第一章中探索太阳系原行星盘形成机制的时候,我们曾经指出,原行星盘中尘埃颗粒的化学成分主要取决于温度的不同。

在接近太阳的位置，铁化合物和硅酸盐等只有在高温下才会蒸发比较多的物质。易挥发的成分，比如水，在这一位置上会保持气态，直到"冰线"之外，温度降低到一定程度才会结晶。另外这种从气态向固态的转变并非在一瞬间发生。通过对落到地球上的陨石进行的年龄测定结果显示，构建我们行星的固体颗粒并非一下子形成，而是在长达 250 万年的时间里先后冷凝析出。这么长的时间已经足够原行星盘中的情况发生变化，从而让富碳星子的形成并非那么不可能。

当 C/O 比值低于 0.8，原行星盘的碳大部分时间都是以气态形式存在。硅会抓住氧并形成硅酸盐颗粒，而碳则无人问津。这一过程会逐渐消耗氧气，于是 C/O 比值逐渐上升。因此在原行星盘晚期形成的固体颗粒物中的碳含量可能相当高，于是石墨和碳化硅等开始产生。

这就意味着，即便原行星盘中的气体的初始 C/O 比值低于神奇的数字 0.8，其最终仍有可能产生大量的固态碳物质。计算显示哪怕 C/O 比值低至 0.65，一样可以导致富碳星子。这样一来，不但巨蟹座 55e 仍可以是一个"碳世界"，而且它可能并不孤单。

对太阳系周边近邻恒星开展的观测显示，大约有多达 1/3 的恒星 C/O 比值可能在 0.8 以上，因而可能拥有奇异的"碳行星"。即便考虑到氧原子丰度测量的难度，这些观测数据可能最终被证明是一种高估，但碳行星的数量仍然不会是小数目。两颗被发现 C/O 比值明显较高的恒星，其周围都发现有气态巨行星的存在。恒星 HD 189733 位于狐狸座，距离地球大约 63 光年。它周围的气态巨行星属于热木星类型，公转周期 2.2 天。恒星 HD 108874 位于后发座，距离地球大约 200 光年。它拥有两颗木星大小的行星围绕运行，且距离稍远。HD 108874b 的轨道和日地距离相当，运行在 1 天文单位的距离上；另一颗行星的轨道距离则大约是 2.68 天文单位。作为气态行星，这两颗行星中的任何一颗都不拥有固态表面。然而，如果它们拥有卫星的话，那么那些卫星可能会是更加富碳的世界。

岩石菜谱

　　如果巨蟹座 55e 避免了成为一颗"碳行星"的命运，那么硅将会和氧结合，形成硅酸盐岩石。这一点听上去非常的"类地"。但是很快你就会发现，并非所有的岩石都"生而平等"。

　　硅酸盐是由硅、氧，以及其他某种元素结合形成的。在地球的地幔部分，这一"其他元素"通常是镁（有时候也会是铁）。矿物的具体混合比例取决于镁和硅之间的相对丰度比例，一般用 Mg/Si（镁/硅）比值来表达。太阳的 Mg/Si 比值比 1 稍微高一点点，意味着这两种元素的原子几乎一样多。在地幔中，这种情况造成了辉石（每个分子中包含一个硅原子和一个镁原子）和橄榄石（每个分子中包含两个镁原子和一个硅原子）两类矿物的混合。对近邻恒星进行的调查显示，它们的 Mg/Si 比值差异很大。这种情况下可以形成主要成分是硅酸盐的类地行星，但它们内部的矿物成分可能存在差异。

　　如果一颗行星的 Mg/Si 比值低于 1，那么其硅的丰度就要超过镁。硅会和镁结合产生辉石矿物，但剩下的硅则会和其他元素结合，如钾、铝、钠和钙等，从而产生一类被称作长石的矿物。长石是组成地球地壳部分的常见矿物，因此在一颗镁元素匮乏的行星上，组成其地幔的岩石成分可能会和地球上组成地壳的物质成分很相似。而在另一方面，如果镁的含量超过了硅，那么富镁的橄榄石和镁方铁矿就会比较多。

　　之所以矿物成分的差异很重要，都是因为那关系到地幔层的流动性质。这张地幔物质菜谱就像用面粉和黄油制作糕点，如果你混合的比例不对，那么最终得到的东西就会不那么能支持生命生存。

　　如果巨蟹座 55e 上形成了硅酸盐，那么它的命运可能是缓慢运动的地幔物质。恒星巨蟹座 55 的 Mg/Si 比值被测定仅为 0.87，这使其产生的任何硅酸盐中镁的含量都会偏低。这种富含长石、类似地壳岩石的成分会赋予这颗行星的地幔物质一种超过地球岩石的黏稠性。这可能引发爆发性的火山喷发，因为岩浆过于黏稠，其中溶解的气体难以析出，只能在喷发时被熔融的岩石携带着一同爆发出来。

　　而在另一端，则是围绕鲸鱼座 τ 运行的那些富镁的行星。该行星系统位于鲸鱼座，距离地球大约 11.9 光年。作为一颗距离太阳相对较近的恒星，鲸鱼座 τ 周围的那些行星长期以来一直都是科幻作品所青睐的对象。

　　尽管还存在一些争议，但有证据显示在这颗恒星周围存在 5 颗超级地球。偏内侧的三颗行星距离恒星较近，但较外侧两颗行星的地表温度可能和地球的地表温度相类似。然而鲸鱼座 τ 的 Mg/Si 比值是 1.78，这使其比太阳要更加富镁，超过 70%。如果这些行星都是岩石质地，那么它们的地幔物质中将会含有富镁的橄榄石和镁方铁矿等矿物。和长石不同，这些矿物的黏度要比地球的地幔岩石更低。这将对这些行星的内部产生更明显的扰动，并对板块运动产生影响。或者，也有可能存在一个巨厚的富镁地壳层，它太厚了以至于根本无法裂开并产生板块。而如果火山活动存在的话，岩浆中的气体很容易从中析出，因此这里的火山喷发将不会是爆发式的，而会是平静的溢流式喷发。

　　尽管目前我们尚未完全理解这些不同的地质情况将如何对行星

产生影响，但有一条是可以明确的：一颗岩石质地的类地行星，并不等同于地球。

爆炸性发现

巨蟹座 55e 的情况继续让天文学家们发狂。这是一颗拥有钻石地幔的"碳世界"，还是一颗拥有富硅表面，同时被一种既不是液体也不是气体的奇异海洋所覆盖的星球？

但随着 2016 年英国剑桥大学的一项最新观测结果的发表，事情又出现了新的转折。当天文学家们使用斯皮策空间望远镜对巨蟹座 55 进行观测时，它们并不仅仅观测巨蟹座 55e 从恒星前方经过，也就是发生凌星现象时的情况，也会对这颗行星从恒星后方经过的情况进行观察。不管是从前方还是后方通过，恒星都出现了亮度的下降。而当行星没有在恒星前方，也没有在恒星后方时，人们所观测到的则是恒星和行星本身所发出的暗弱辐射之和。当凌星现象发生时，行星会遮挡一部分的恒星表面，从而造成恒星亮度下降。而当相反的情况发生时，恒星会遮挡住行星，此时由于行星的光芒被遮挡，亮度会出现第二次下降。第二种情形一般被称作"掩星"（occulation），或者"次蚀"（secondary eclipse）。

行星发出的光来自它反射恒星的光芒,加上自身产生的热辐射。由于行星的温度要比恒星更低，其发出的辐射大量位于波长较长的红外波段，这也正是斯皮策空间望远镜的主要工作波段。通过对这种热辐射在掩星期间发生的变化进行观测，可以测算得到行星的温度数据。

2012 年到 2013 年对巨蟹座 55e 进行的掩星观测发现了一些极不正常的情况：这颗行星发出的热辐射竟存在幅度超过

300% 的上下起伏！按照这一数据计算得到的行星表面温度在 1 000~2 700 ℃，温度变化的最大幅度超过 2 000℃。这还没完，每次这颗行星从恒星前方通过时对后者造成的亮度下降幅度也都不一样。这就表示这颗行星每次遮挡的恒星表面积大小是变化的，就好像这颗行星的大小会变化一样。

这种令人难以置信的高温下存在的剧烈温变情况引出了一种全新的设想：火山。在这样的高温环境下，几乎任何类型的岩石都会熔化。这样的结果就是：没有什么被奇怪的水体或沥青覆盖的行星了，那里存在的是一个沐浴在岩浆中的世界。地壳完全熔化，剧烈的喷发作用将大量岩浆抛射到大气层当中。

这种情形在我们的太阳系中并不陌生。木星的第三大卫星：木卫一，是我们这个行星系统内火山活动最为活跃的星球。这颗卫星上的火山喷发将物质抛射到距离地表 300 多公里的高空。木卫一距离太阳很远，造成木卫一地壳层深部熔融并驱动火山活动的能量来自其高偏心率轨道产生的潮汐加热[1]。来自木星和两颗近邻卫星木卫二和木卫三的引力作用会出现较大幅度的变化，导致木卫一发生变形，幅度超过 100 米。这一幅度比地球上海洋中潮汐涨落的落差值高出 5 倍以上。而对于巨蟹座 55e 而言，除了由于距离近带来的恒星酷热之外，来自恒星和近邻其他行星的引力作用也会塑造一个类似的高偏心率轨道，导致行星发生变形并诱发严重的火山活动。

如果巨蟹座 55e 上火山爆发产生的喷溅物到达大气层中很高的

---

1. 我们在本书第五章中论述热木星 WASP-17b 时提到过潮汐加热问题。由于这颗行星的高偏心率轨道，在轨道周期内恒星对其施加的引力强度会出现较大的变化，导致行星体出现变形和内部摩擦加热。这一点我们会在后续章节中进一步详细讨论。

高度，那么其下层的大气将会被遮蔽。于是我们从外部观察到的就是这颗行星上高度更高、温度较低的外层大气，以及由于进入高空之后降温的火山灰，于是我们会低估这颗行星的温度。而当火山活动逐渐平息时，遮蔽将逐渐消散，温度更高的低层大气将再次显露出来。因此观察到的这种温度剧烈变动可能是火山活动的结果。火山灰也同样可以解释为何这颗行星每次从恒星前方经过时，恒星亮度变化不一。当它的大气中充满火山灰时，其对背后恒星光芒的阻挡作用就会更加高效，从而让我们高估其半径数值。

为了与观测到的最新温度和半径数值相吻合，巨蟹座55e上火山爆发时的物质抛射高度必须超过太阳系中的任何一座火山。如果是遍布全球各地的火山喷发，那么它们爆发时火山灰的平均抛射高度必须达到1 300~5 000公里。而如果要想让一座火山来达到同样的效果，那么其火山灰的抛射高度必须达到惊人的10 000~22 000公里，这已经是这颗行星本身半径值的1~2倍了。相比之下，木卫一上火山爆发时火山灰的抛射高度大约是300~500公里，相当于木卫一半径的16%~27%。不过，因为巨蟹座55e毫无疑问是一颗极端星球，我们本来也不该对此感到惊讶。

如果这一火山假说被证明是正确的，那么它也将帮助我们了解这颗行星的组成成分。假定我们取最小值作为这颗行星真实半径的估算值（对应一个没有充斥火山灰的大气层），那么此时这颗行星的密度数据就和一颗主要由硅铁组成的类地行星对得上了。但这颗行星与地球之间仍然鲜有相似之处，这是一个被高温岩浆覆盖的世界。即便如此，火山假说并不能排除"碳世界"或"超临界水世界"的可能性。要想得到确切答案，我们必须对这颗行星的火山喷射物或大气成分进行探测。

尼库·玛胡苏汗（Nikku Madhusudhan）是最先提出巨蟹座

55e 可能是一个"碳世界"的剑桥大学研究组成员和首席科学家，他表示："这正是科学的乐趣所在——线索可能来自意料之外的某个角落。目前的观测结果为我们利用当前和即将拥有的大型望远镜研究岩石系外行星的状况打开了新的篇章。"

岩浆世界

这是一个艰难的决定，但巨蟹座 55e 作为一个遍布火山的岩浆世界，其前景可能要比它作为一个充斥雾霾的碳世界更加糟糕。但它并非第一个被猜测可能是高温炼狱的行星。

在 2009 年 2 月，科学家报告发现在距离地球大约 489 光年外的麒麟座，有一颗行星发生了凌星现象。这颗行星被称为 CoRoT-7b，这是以做出这项发现的法国空间望远镜的名字"COnvection, ROtation et Transits planétaires"（英语"COnvection, ROtation and planetary Transit"）命名的。CoRoT 空间望远镜被设计用于搜寻凌星周期短于 50 天的短周期系外行星，这项任务随着 CoRoT-7b 的发现而圆满完成。这颗行星围绕恒星公转的周期是 20 小时，其与恒星间的距离仅相当于水星到太阳距离的 4%[1]。

但和巨蟹座 55e 的情况不同，CoRoT-7b 的密度数据似乎更容易解释。就在其凌星现象被观测到的同一年，科学家通过视向速度法测定了它的质量。CoRoT-7b 的质量稍小于地球质量的 5 倍，其半径约为地球的 1.7 倍，这样得到的密度数据约为 6 g/cm³。对于一颗拥有大约 5 倍地球质量的行星而言，如果其主要是由铁和硅酸盐

1.CoRoT-7 比太阳和巨蟹座 55 都要更小一些。这使其周围最靠内侧的行星可以比巨蟹座 55e 更接近恒星，却仍拥有稍长一些的公转周期。

地幔组成的，那么这个密度数据就偏小了。但如果它的铁含量较低，或者它的半径数据稍稍存在高估，那么就解释得通。从密度数据上看，这显然不可能是一颗气态行星，因为数值太高了，因此 CoRoT-7b 也就成了在太阳系之外第一颗被确定为岩石质地的行星。

　　与地球在密度上的接近引发了一些新闻报道（必须承认，其中也包括 NASA 发的一部分新闻稿），表示这颗行星是截至当时人类发现的"和地球最为相似"的行星。如果只考虑两者的物质组成，或许这话并没有大错，但这颗行星的地表温度超过 2 000℃，实在让这样的比较显得牵强。如果可以站在这颗行星的地表，你在天空中看到的"太阳"将比站在地球上看到的太阳大上 300 倍以上！当然你连站立本身都会很困难，因为在这样的高温下，几乎所有岩石都已经熔化了，那是一个岩浆的海洋。CoRoT-7b 不仅是首个被确认的岩石质系外行星，也是第一个被确认的岩浆世界。

　　类似 CoRoT-7b 或巨蟹座 55e 这样的岩浆世界都距离它们绕转的恒星非常近，这让它们处于潮汐锁定之中。这样的行星会永远以同一面朝向恒星。月球与地球便处于潮汐锁定状态，因此我们在地球上永远只能看到同样的半个月球。历史上人类目睹月球的另一面是在"阿波罗 8 号"任务期间，在那次任务期间还拍摄了那张被称作《地球升起》的著名照片。

　　当一颗行星（或卫星）在恒星（或行星）的引力下形状发生扭曲变形时才会发生潮汐锁定。一颗球形的行星在近距离恒星强大引力的作用下会发生变形，成为近似橄榄球的椭球体形状。以行星为例，由于恒星引力作用，朝向恒星一侧的行星表面将出现一个隆起，当这颗行星试图自转时，恒星的引力将会对这个隆起区产生向后的拖拽作用。这将迫使行星在自转的同时始终确保这个隆起正对恒星，其结果便是潮汐锁定。

　　行星（或卫星）的引力同样也会造成恒星（或行星）的变形扭曲。在 CoRoT-7b 的案例中，由于行星与恒星之间悬殊的质量差异，这种反作用基本可以忽略。但另一方面，月球对于地球产生的引力作用却可以在地球上的陆地和海洋中产生起伏，我们称之为潮汐。地球引力在月球正面产生的隆起高度大约是 0.5 米。

　　如果行星的轨道不是圆形，那么在其公转一周期间，恒星对其施加的引力作用强度会不断变化。这将造成行星体的变形，并诱发火山活动，就像我们在木卫一和巨蟹座 55e 的表面看到的那样。这种情况甚至也有可能出现在 CoRoT-7b 上，因为在其轨道更外侧还存在另外一颗行星。这一质量更大的行星施加的影响可能造成 CoRoT-7b 的轨道偏心率变大，导致后者在接近或远离恒星时出现变形扭曲。如果的确如此，那么 CoRoT-7b 的表面很可能会和巨蟹

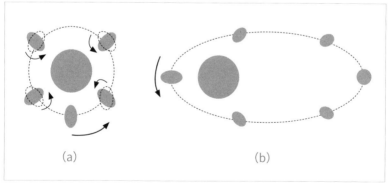

图 11： 引潮力： （a）一颗在近距离上公转的行星（或卫星）将会在恒星（或行星）引力的作用下发生变形扭曲。恒星的引力作用于行星表面的隆起区，最终使行星永远以同一面朝向恒星，称为潮汐锁定。 （b）运行在高偏心率轨道上的行星，由于受到的恒星引力会随着距离变化而不断变化，导致行星内部产生潮汐加热。 （注：图中的变形程度有夸张）

座 55e 一样，是一个火山剧烈活动的炼狱。

　　恒星与行星之间的距离越远，这种变形影响就越弱。于是恒星对行星表面隆起区的拖拽作用就不会那么明显，潮汐锁定也就无法形成，这也是为何地球没有被太阳潮汐锁定的原因。而如果两个相互绕转的天体质量相当，那么它们可以形成彼此之间的潮汐锁定。这正是冥王星与它的卫星冥卫一目前出现的情况：这两颗星球彼此面对面，就像一对跳伦巴舞的搭档。

　　被恒星潮汐锁定的行星是一个分裂的世界，它有一面是永恒的白天，而另一面则是无际的黑夜。热量在白天和黑夜之间如何分配，主要取决于行星本身，尤其是它的大气层能够多好地进行对流并传输热量。由于 CoRoT–7b 距离地球非常遥远，我们目前尚无法探测到它的大气层或它的任何温度变化。如果它的大气层能够让温度分布变得均匀，那么其地表温度大约将是 1 500℃。如果热量无法被均匀分配，那么其白昼的一面温度将高达 2 300℃，而夜晚的一面温度将低至 −220℃。这将造成这颗星球的分裂：在昼半球是一个岩浆的海洋，而在夜半球却是一个黑暗的岩石世界。

　　昼半球沸腾的岩浆可能会赋予这颗星球以稀薄的大气。但这远远无法与地球的大气层相比，因为其主要成分是汽化后的岩石物质。随着高度的上升，这些岩石气体将逐渐冷凝并以碎石雨的形式落回地面。这些碎石的类型与温度有关，在不同高度上会冷凝形成不同成分的岩石。这种效应将在垂直方向形成一个巨型的分选机制——一个行星尺度的分选机，其原理就和利用不同温度从原油中分离不同组分的机器设备相似。行星化学家小布鲁斯·菲格雷（Bruce Fegley, Jr）在美国华盛顿大学从事这一机制的模拟研究，他对此进行了描述："就像水汽形成云朵并降下雨滴，那里的情况是岩石蒸汽形成'岩石云'并降下各种不同类型的鹅卵石。"看来 CoRoT-7b 既没有固态地表，也没有一个适宜的气候系统。

在 CoRoT-7b 的发现被宣布两年之后，开普勒空间望远镜也确认了它的首个系外岩石行星发现。这个星球名为 Kepler-10b。这颗行星的密度与地球岩石相似，公转周期为 20 小时。又过了两年，又一颗高温岩石行星 Kepler-78b 被发现，它围绕恒星公转的周期仅有 8.5 小时。这些行星被归入一个亚类，称作"高温超级地球"（甚至有比地球质量更小的）。它们的特点是拥有与地球相似的成分，但公转周期非常短，一般只有几天。这些处于熔融状态，可能还存在强烈火山活动的星球，与地球之间根本毫无相似之处。这样的岩浆世界可能并不非常普遍，但它们的数量显然已经表明，如果要想寻找地狱，那它就存在于我们的银河系之中。但说到由于自身奇异的组成成分造成其各项特征的不同寻常，却并非类地行星的专利。

白色行星

天文学家第一次观测 Gliese 436b 时，遇到了之前研究巨蟹座 55e 时类似的问题：测量得到的半径和质量数值似乎无法落到任何一种主要的行星类别里去。这颗行星距离地球大约 33 光年，位于狮子座，围绕恒星公转的周期是 2.5 天。其质量大约比海王星大 30%，大致相当于地球质量的 23 倍，而其半径数据大体和海王星相当，大约为地球半径的 4 倍。如此，它的密度就太大了，不太可能拥有一个主要成分是氢气和氦气的大气层，但如果是岩石行星的话，这个密度值又太小了。于是，最有可能的解释似乎就是"热冰"了。

和之前谈到巨蟹座 55e 时提到的"水世界"方案一样，这听起来有些诡异：冰可以存在于比水星到太阳的距离还要近 13 倍的地方

（相当于水星到太阳距离的 7%），接受高温炙烤。但在这颗行星巨大质量所带来的巨大压强环境下，水冰可以形成一种非常特殊的形式，即便其地表温度超过 300℃，仍然可以保持固体状态。

为了获得构成其质量的足够冰物质，Gliese 436b 必定形成于冰线外侧，并在后来向内迁移。其外部包裹的大气也必定在恒星的高温炙烤下蒸发殆尽，只残余一个稀薄的大气层，或者是同样奇异的超临界水体。

就在 Gliese 436b 的情况似乎可以盖棺定论之时，最新观测数据再次让人们措手不及。对这颗行星大小的最新分析数据显示，Gliese 436b 要比原先的估计还要大 20%。如此，这颗行星就变成了与海王星成分类似，是一颗外部被一层厚厚的大气层所包裹的气态巨行星了。

这还没完，它还打算继续带给人们惊喜。海王星的蓝色调来自其大气中的甲烷成分，这种分子是由一个碳原子和四个氢原子相互结合而形成的。而当斯皮策空间望远镜对这颗行星进行观测时，却探测到了一氧化碳的成分，甲烷的含量则非常低。这种情况令人困惑，因为一颗气态巨行星厚厚的大气层中应当会存在丰富的氢可以与碳原子结合，从而形成甲烷。尽管氧也同样存在，但在这颗行星的大气温度环境下，碳应该会更倾向于形成甲烷的形式才对。但令人意外的是，那些碳竟然会选择与氧结合，从而使这个大气层中的甲烷含量比理论预计的数值低了 7 000 倍。这究竟是怎么回事？

对于这一现象，人们已经提出了很多种假设，试图给出解释。比如或许大气层中存在甲烷，但它的信号可能被其他含量高得多、分子量大得多的物质淹没了。但如果是那样的话，这颗行星的密度应该会超过其测量数值。于是在 2015 年又提出了一个新的设想：或许这颗行星的大气层里根本就没有氢气！

具体的想法是这样的：Gliese 436b 的大气中曾经拥有含量正常的氢气，但由于过于靠近恒星而被蒸发殆尽了。作为质量最轻的元素，氢气是所有大气成分中最容易散失的一种。氢气可以逃脱，但行星的引力会束缚住其他更重的元素。于是，由于大气中缺乏氢气，碳原子便与氧原子结合形成了一氧化碳。与此同时，氢气一旦逃离，剩下的大气层中含量最高的成分就应该是氦气。这样一颗新的"氦行星"，最终的演化将会和我们太阳系中行星的情况大相径庭。

考虑到接近恒星运行，与海王星相似的系外行星数量巨大，"氦行星"可能是一种相当普遍的类型。这类高温气体行星并未完全丢失掉自己的大气，但也并非毫发无损，而是像 Gliese 436b 那样，选择性地丢失氢气。这种渐进的剥蚀过程将不会很快，持续时间可能超过 100 亿年，这大约相当于我们太阳系年龄的两倍。随后，这些氦行星就将成为银河系中的古老流浪者。它们看上去不会像海王星那样是蓝色的，它们大气层中的氦气将会是白色的。

系外行星带给我们的惊奇还在继续。正如行星科学家，那篇提出 Gliese 436b 可能拥有氦气大气层的论文合著者莎拉·赛格尔（Sara Seager）在 2015 年时指出的那样："只要在物理学和化学的基本原理范围之内，人们所能想象到的任何类型的行星都有可能存在，就在那里，宇宙中的某个地方。"她说，"行星的质量、大小和轨道方面表现出惊人的多样性，因此我们预计它们大气层的情况也应该如此（多样）。"

对于巨蟹座 55e 而言，这番话很快就得到了印证。

没有空气的行星

2016 年晚些时候，那个曾经提出巨蟹座 55e 上存在火山活动的剑桥小组正在对来自斯皮策空间望远镜的数据进行分析。这次他们并没有将这颗行星消失在恒星身后时热辐射发生的变化进行对比，而是决定全程追踪这颗行星微弱的热辐射信号，走完一个完整的轨道周期。巨蟹座 55e 有一面永远面对着恒星，在穿过恒星表面的时候，望远镜观察到了它的黑夜面。随着它继续绕转并消失在恒星身后的一瞬间，它将暴露出它白昼一面的半球。这样的观测结果会得到两个完全不同的温度数值。

观测显示，这颗行星昼半球的气温在 2 500℃左右，这一数值落在天文学家们此前预估的温度最大值和最小值之间的范围内；夜半球的气温是 1 400℃，比昼半球低了大约 1 100℃。夜半球这样的温度依旧是非常热的，但如此巨大的温差仍然说明这颗行星上热传播的情况非常差。在巨蟹座 55e 上，热的地方一直热，冷的地方就会一直冷。

极端的温差说明巨蟹座 55e 没有大气层。如果它存在大气层，那么如此剧烈的温差将会在大气层中产生强劲的风，将热量输送到寒冷的夜半球。或许这颗行星此前是有大气的，但在高温的炙烤下逐渐消失了。

但几乎和这个结论完全相反的是，天文学家们又发现一个异常之处。这颗行星上温度最高的点，并非位于白昼半球的中央，而是在偏东侧的地方。这表明，这颗行星上至少存在一种机制可以传输热量。一种可能性是岩浆。如果巨蟹座 55e 真的是一个岩浆世界，那么流动的岩浆可能造成热点的变化。而在夜半球，岩浆都会凝固，任何流动都无法发生。

这样一幅画面与巨蟹座 55e 的数据吻合得很好：一个熔融岩浆覆盖的世界，没有大气层，半个星球是永恒的烈日高悬，另一半却是无垠的黑暗世界，两个半球之间的温差超过 1 000℃。这不是一个带上手提箱就能去旅行的地方[1]，但好在它没有闹出那么多幺蛾子——至少在哈勃空间望远镜观测到它的大气层之前，的确如此。

和恒星的外层大气一样，行星大气中的原子也会吸收光线。穿过行星大气的恒星星光中某些特定波长的缺失可以成为我们探查行星大气的"指纹"。而由于行星体积较小，加上大气比较稀薄，探测系外岩石行星的大气层是一项非常困难的任务。要想进行尝试，必须等到这颗行星发生凌星，并且这颗恒星必须很亮且距离也近。此前曾经尝试对另外两颗超级地球的大气层进行探测，但都没能成功。但在 2016 年 2 月，好运却降临了。哈勃空间望远镜对巨蟹座 55e 的观测数据，首次揭示了一颗超级地球存在大气层的迹象。

既然通过特定波长缺失的方法检测到大气层的存在，那么巨蟹座 55e 又如何可能出现两个半球之间温差超过 1 000℃的情况呢？这种情况下应该会形成一股强风，在高温的昼半球和低温的夜半球之间将热量进行再分配啊。一种可能的解释是，这颗行星拥有一个非对称的大气层。

这种认为大气层会集中分布在其中一个半球的想法听上去要比"热冰星球"或"气态液体星球"的想法更加疯狂。但其实这是可能的——如果设想这层大气会在温度更低的夜半球发生冷凝的话。如此一来这颗行星就只有在昼半球拥有蒸发为气态的大气层了。而当这些气体流向夜半球时就会冷凝并落到地面上去。

---

1. 而且，你的手提箱是会熔化的。

关于这种大气的案例之一就是蒸发的岩石气体。如果在昼半球有部分岩浆被汽化进入大气层，它们会在夜半球重新冷凝并降落到地面上来。这种可能性能够存在本身就表明了岩浆行星上不可思议的高温环境。这种想法甚至可以解释这颗行星昼半球部分"热点"的移动，它可以是由昼半球部分大气的运动，而非岩浆的流动所造成的。

但这种想法很快被否定了，因为哈勃望远镜的观测显示该大气层的主要成分是氢和氦。这一点本身就让人非常意外，因为这些轻质气体按道理是最容易被蒸发掉的。巨蟹座 55e 不应该还能保留住这些原始的气体，这一点更增加了这颗行星的神秘性。先不管这个，退一步讲，如果这些气体的确存在，那即便是在非常低的温度环境下它们都仍然会是气态。于是在巨蟹座 55e 的两个半球之间形成环流按道理应该不会出现问题。

哈勃望远镜提供的唯一一条额外线索是，它还检测到了氰化氢成分。这种由氢、碳和氮原子结合而成的化学物质作为液态形式出现时，是阿加莎·克里斯蒂的小说里最爱用的毒药。或许这种气体与这颗星球上的大气环流有关，但目前还无人可以确定这一点。

有趣的是，氰化氢的存在也提示了巨蟹座 55e 的物质组成。这种氢－碳－氮结合的成分只可能在一个富碳行星的大气中出现。这一点让巨蟹座 55e 作为一个"碳世界"的图景再次回到了我们的视野当中。如果的确如此，那我们在对这个目的地的描述中还可以再增加关于有毒气体的叙述，以防有人觉得那里的钻石地幔仍然很有吸引力。

巨蟹座 55e 的案例是"人不可貌相"的最佳诠释。其地表环境显而易见的恶劣程度证明了：如果一颗行星大小和地球相似，且围绕一颗与太阳相似的恒星运行，光凭这几点还不足以断定它就是一个宜居的星球。但这仍然不是最奇怪的。太阳并非银河系中唯一的恒星种类，它还没死。

第八章　死亡恒星周围的世界

　　乔斯琳·贝尔·巴内尔(Jocelyn Bell Burnell)可能是最有名的"因为没有获得诺奖"而出名的人了。在 1967 年的夏天，她一直忙于建设一个占地面积相当于 57 个网球场，包含 2 048 台天线的射电望远镜阵列。这台望远镜采集到的数据将用于这位剑桥大学的年轻学生撰写她的博士毕业论文。但不久之后，这台望远镜取得的发现却将让她的名字在整个天体物理学界如雷贯耳。

　　在对望远镜获得的数据进行分析的两个月之后，贝尔留意到一个奇特的信号。这是一个射电脉冲，每 1.337 秒重复出现一次，非常精准。它的周期太过精确，以至于贝尔和她的导师安东尼·休伊什（ Antony Hewish ）开始怀疑这是不是由地外生命发出的信号。这个信号复现的精准程度甚至可以媲美原子钟，似乎表明这个信号是由某种掌握了先进技术的文明所发出的。于是贝尔和休伊什将这个信号源命名为LGM-1，这是"Little Green Men 1"的缩写,意思是"小绿人 1 号" [1]。

1."小绿人"是西方社会对于外星人的一种刻板印象，大约从 20 世纪 50 年代 UFO 事件相关报道较多见诸于报时开始被较高频率使用。这种想象中的外星人形象往往浑身皮肤是绿色的，有些头上还带有天线。——译注

这个想法很快就将接受检验：贝尔在天空的另一个方向检测到了相同的信号。如此，信号的来源分布就太广了，不可能是源自同一个地外文明世界；与此同时，完全不同的生命形式之间也极不可能会使用完全相同的信号。贝尔表示自己对于这个结论感到释然，因为对于自己行将结束博士学位的攻读来说，在这种时候发现外星人可不是啥好事！可是那里到底是什么东西，其精度竟然可以媲美原子钟？答案是一颗死亡的恒星。

恒星的引力始终希望让恒星塌缩，但这一企图被恒星内部熊熊燃烧产生的辐射能所抵消——这些能量让恒星内部的原子运动速度更快，从而抵挡塌缩的发生。恒星内部的热量产生并不需要柴火，而是将较轻的原子合并为较重的原子，这种过程称作核聚变。

由于较轻的原子，其原子核之间的正电荷排斥力较小，因此相比较重的原子核而言，较轻的原子核更加容易发生聚变。于是，恒星的核聚变首先是用氢原子聚变为氦原子开始的。但即便这样仍然需要高到离谱的温度，以便让原子核之间碰撞的速度足够高，以克服它们相互之间的电荷排斥力。在太阳的核心，温度可以高达1 500万摄氏度。而氦核一旦形成，其较重的质量就会使其向核心沉降，留下较外层的氢继续发生聚变。而当一颗恒星最终耗尽其燃料储备，引力终将胜出。而接下来会发生什么，取决于恒星的质量。

对于一颗质量与太阳接近的恒星，其氦核将在其自身引力作用下被压缩。这会导致温度升高，此时恒星将开始膨胀。随着外层的膨胀，温度将下降，恒星发出的光将变得偏红，此时的恒星被称作"红巨星"。最终，恒星核心区域的温度将达到1亿摄氏度，此时氦开始聚变为碳。更重的质量使这些碳进一步下沉，并产生一个密度更高的核。我们的太阳没有足够的质量去对这个碳核进行压缩，并使其温度升高到足够产生进一步核聚变的程度。相反，来自这个内核的高温将把垂死的太阳的外层大气抛散出去，只留下一个质量大约为太阳一半，但大小却只和地球相当的致密内核。这就是"白矮星"。

但对于一颗质量超过 8 倍太阳质量的恒星，它的终章则要激烈得多。更大的质量将压垮内核，并促使碳进一步发生聚变形成更重的元素。当铁最终产生时，核聚变反应将会终止，因为铁的聚变将不会产生能量，反而会吸收能量。这就意味着恒星的"燃烧"无法持续下去。此时的恒星已经无法继续对抗塌缩，引力获胜，恒星发生内爆，这就是"超新星爆发"事件。

如果超新星爆发后留下的内核拥有足够大的质量，引力将成为一股不可阻挡的力量。恒星将进一步塌缩，直到连光线都无法逃脱其引力范围。一个黑洞诞生了。而如果留下的内核质量在 1.4~3 倍太阳质量，那么就没有足够的质量去完成上面的整个过程。在这样的情况下黑洞将无法形成。但这个内核将会被剧烈压缩，以至于其原子核内部的质子和电子将合并成为中子，其结果便是一个"中子星"：这是宇宙中密度最高的恒星。

这些恒星"尸骸"的直径已经从最初的数百万公里骤降为大约 20 公里，但一颗的质量却达到太阳质量的 40% 左右。从地表向内核，其原子核中中子的含量越来越高，最终连原子结构本身被破坏，只剩下一锅"中子汤"。一块方糖大小的中子星物质，如果放在地球上，其质量将超过 1 亿吨，这几乎相当于全世界所有人的体重。

当一颗恒星收缩成一个城市大小的中子星，其自转（角动量）特性将会被保留下来。结果有点类似于你坐在办公椅上转动时将手臂收拢到胸前。在这两种情况下，你和恒星的转动速度都会加快[1]。

1. 我打赌你刚刚坐在办公椅上试着转了一下——因为我也刚刚这么做了。

但对于一颗在直径上发生如此剧烈收缩的中子星来说，其自转周期将会缩短到以秒计。

尽管中子星的主要成分是电中性的中子，但其物质组成中仍然会含有大约 10% 的质子和电子，从而得以保存其磁场。恒星塌缩造成了磁场的压缩，强度也被同步放大，中子星的磁场强度可以比地球磁场高出 1 万亿倍。这样的磁场在高速自转的中子星表面撕开裂口，将其"地壳"中的质子和电子带出并沿着磁感线向两极运动。在沿着磁感线运动过程中，这些带电粒子会改变方向并释放射电辐射，同时还会释放可见光，以及能量高得多的 X 射线、γ 射线等辐射[1]。在两极，磁感线交汇到一处，强烈的辐射将会被聚集为一股裹挟着星风、射向太空深处的喷流。

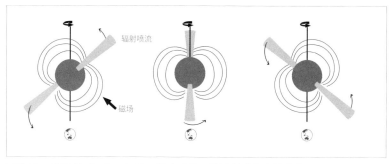

图 12：脉冲星（pulsar）是一类中子星，其辐射喷流会随着中子星的自转而扫过地球。我们将观察到一个规则的闪光信号，仿佛大海上的灯塔。

中子星的磁场南北极并不一定和其自转轴指向一致。这一点在

---

1. 正如我们在第六章中所看到的那样，带电粒子可以产生磁场，也可以感受到磁场作用。

地球上也是如此，地球的南北磁极与地球自转轴之间存在大约 11 度的夹角。这种偏离导致中子星发出的辐射喷流会像海上的灯塔一样，随着其自转周期性扫过其周围空间。假如地球刚好位于其扫过的路径上，那么这颗中子星每自转一周，地球上都能观察到一次脉冲信号。当初被乔斯林·贝尔误认为是"小绿人"的，正是这种脉冲信号。

1868 年，在与英国《每日电讯报》（*Daily Telegraph*）的科学记者对话时，贝尔曾被问到这类奇怪的闪烁信号源应该叫什么名字。这位科学记者提议用"脉冲星"（pulsar）这个名字，与"类星体"（quasar）一词相对应[1]。最开始贝尔就是打算过用她的望远镜来研究类星体这种明亮且稳定的射电源的。这个名字被沿用了下来。一种全新的天体类型被发现了。

在确定了该信号源是一颗高速旋转的脉冲星之后，贝尔和导师休伊什将他们发现的第一个神秘天体的名字从 LGM-1 改为 CP 1919，这里"CP"是指"剑桥脉冲星"（Cambrige Pulsar），而"1919"是指这个天体的赤经[2]度数。此后不久，这个天体便拥有了我们今天所使用的官方正式名称"PSR B1919+21"，"PSR"的意思是"脉动射电源"（Pulsating Source of Radio），多出来的"+21"

---

1. 类星体：极度明亮的活动星系核，一般认为其本质是一个星系核心的超大质量黑洞被周围的气态吸积盘所环绕。当吸积盘中的气体朝向黑洞坠落，就会释放巨大能量。类星体辐射的功率非常巨大，最强大的类星体辐射功率可以达到银河系整体的数千倍。——译注

2. 赤经（right ascension）/赤纬（declination）：赤经和赤纬是天赤道坐标系内的两个坐标参数，赤经通过天球两极并与天赤道垂直，其数值由春分点向东度量，单位是时、分、秒，但有时也会用度来表示。此处"1919"意思是赤经数值是 19h 19m；而赤纬与地球上的纬度相似，是纬度在天球上的投影。赤纬的单位一般是度，天赤道计为0度，向北递增为正数，向南递增则为负数。本案例中"+21"表明该天体位于天赤道以北。——译注

是它的赤纬数值，而字母"B"表达的则是该坐标所使用的坐标系历元差异[1]。

1974 年，休伊什由于脉冲星的发现而被授予诺贝尔物理学奖。乔斯林·贝尔在这项发现中所做的贡献未能得到承认，这一点长期以来都存在争议。但贝尔本人却非常大度地接受了这个结果，她调侃道："我猜想就是因为没打算拿诺奖，所以我的研究才做得好！"在她随后的职业生涯中，贝尔女士获得了其他许多非常有声望的奖项，并担任了英国皇家天文学会以及英国物理学会的主席。与此同时，脉冲星的发现变得越来越不寻常。

20 世纪 70 年代末，人们在距离贝尔和休伊什发现的脉冲星仅有几度的地方发现了一个新的射电源。最开始人们认为这可能是一颗新的脉冲星。但对其进行监视后发现，这个源似乎是一个稳定的射电喷流，而非灯塔那样的闪烁信号。

由于担心如果一个脉冲星转动足够快，其信号中的闪烁可能会被忽略掉，因此在 1982 年 3 月进行了专门的搜寻。此次搜寻针对的是自转周期最短达 4 毫秒（即每秒转动 250 次）的脉冲星。当时已知自转周期最短的脉冲星位于蟹状星云内，自转周期是 33 毫秒。因此此次搜寻的脉冲星，其自转周期将比这还要短 10 倍左右。然而，搜寻并没有发现脉冲星闪光的信号，直到那年的秋天。

最终，设在波多黎各岛上的阿雷西博射电望远镜捕捉到了一个脉冲信号。这台口径 305 米的射电望远镜非常有名，是一位"电影明星"：它曾在根据卡尔·萨根的小说《超时空接触》改编的同名电影中出镜，作为搜寻地外智慧生命的利器；还曾经在詹姆斯·邦

---

1. 具体地说，"B"表示当时所用的是 B1950.0 历元；现今大多使用 J2000.0 历元，两者之间可以换算，"PSR B1919+21"也叫"PSR J1921+2153"。——译注

德系列电影《007 之黄金眼》的最后高潮部分出现。1982 年，当这台望远镜以每半毫秒一次的惊人频率对天空成像时，它成功捕捉到一个创纪录脉冲星的灯塔闪烁信号。这颗新发现的脉冲星的自转周期仅有 1.558 毫秒，对应的每秒自转达到惊人的 642 圈。这比蟹状星云脉冲星快了 20 倍，这一纪录一直保持了 1/4 个世纪。

　　尽管毫秒脉冲星的发现解决了射电辐射的来源问题，但也引出了其他问题。由于脉冲星在射电以及其他波段不断释放能量，因此随着时间推移它们的自转速度会逐渐放慢。于是，年轻的脉冲星的自转速度会比年老的脉冲星更快。由于毫秒脉冲星是已发现转动速度最快的，这就表明它们应该非常年轻。但其他证据却给出了相反的结论。

　　如果你目睹一颗脉冲星的诞生，你应该会看到它的周围到处都是超新星爆发留下的痕迹，一次这样的爆炸会导致恒星外层气体被剥离。从一颗死亡恒星向外扩散的气体被称作"超新星遗迹"，一般可以维持 1 万年左右可见。蟹状星云[1] 便是一颗超新星爆发后所形成的超新星遗迹，其年龄大约 960 岁。而那些毫秒脉冲星的年龄应该远比这更加年轻，但奇怪的是其周围却看不到气体残留的痕迹。

　　更加奇怪的还在后面：脉冲星自转衰减的速度似乎极端缓慢。脉冲星自转模型预测，这类年轻的脉冲星的自转速度应该会出现迅速的衰减，对于毫秒脉冲星，它极高的自转速度应该在短短几年内就会衰减。但对其自转速度的观察却发现其衰减速度要比预测的慢得多，反推其年龄甚至可能达到 2.3 亿年左右。这可比此前发现的

---

1. 蟹状星云: 即梅西耶天体列表中的第一号（M1），也叫金牛座 A，它是一个超新星爆发遗迹，距离地球大约 6 500 光年。中国古籍中记录下了公元 1054 年这颗超新星爆发时的景象，称之为"天关客星"。——译注

任何一个脉冲星都要古老得多。这可能吗？一颗不断向太空辐射能量的脉冲星，在转动最快的同时竟然也是最古老的？最后人们发现，事实的真相是这颗脉冲星吞食了它的伴星。

毫秒脉冲星的故事开始于一对相互绕转的双星系统。尽管这两颗恒星相互绕转，但它们之间却并不对等，其中一颗恒星的质量要比另一颗大得多。对于恒星而言，质量大并不是什么好事，因为更大的质量意味着其内部更快地耗尽燃料。因此这两颗恒星中质量较大的那颗将会更快地抵达其正常生命的终点，并发生超新星爆发。在如此近的距离上发生如此剧烈的爆炸，质量较小的那颗恒星将遭受严重冲击，但如果它能够幸存下来，它将发现自己的伴星成了一颗中子星。

尽管中子星非常小，但是其质量仍然非常大。于是它的伴星将继续感受到其引力影响，两者也将继续相互绕转。如果这颗中子星的磁极正对地球，那么其辐射喷流就会扫过地球，成为一颗我们所说的"脉冲星"。随着时间流逝，这颗脉冲星的转动速度开始下降。在大约 10 万年的时间里，这颗脉冲星的射电信号将逐渐减弱，并最终归于沉寂。但在这一过程中，这颗脉冲星的质量并不会减小，因此它和伴星之间的相互绕转轨道也并不会改变。但此时，它的伴星也即将抵达生命的终点。

两颗恒星的引力作用在周围一定空间范围内占据主导地位，该区域被称作"洛希瓣"。洛希瓣的概念与此前讨论天体演化时提到的希尔半径相似。但不同于围绕恒星的球体，洛希瓣的形状更像是两个尾部相连的水滴。在这个交界点上，来自两颗恒星的引力强度刚好相互抵消，就像两个山谷之间的边缘地带。只要你往某个恒星的方向多移动一步，那颗恒星的引力就会将你拉向它；而如果你朝反方向稍稍移动，你则会落入另一颗伴星的引力控制之下。

　　随着质量较小的那颗成员逐渐耗尽氢燃料，它将变成一颗红巨星。此时这颗恒星的体积将大大膨胀，其半径将超越它自身的洛希瓣范围，部分进入中子星的控制区。这种"溢出"机制就和本书第六章中，热木星透过"溢出"机制产生"克托尼亚超级地球"的情况相似。

　　随着红巨星的外层物质不断向中子星转移，后者将同步获得额外的角动量并造成自转加速。随着越来越多的红巨星伴星物质被吸收进来，这颗中子星的自转周期终于缩短到了令人难以置信的毫秒级。撞击到中子星表面的物质会被加热到 1 000 万度的极端高温。这样的超高温物质发出的辐射不会是红外线，而是能量更高的 X 射线。如果这些信号被地球接收到，那么这样一对双星将会被称为"低质量 X 射线双星系统"。

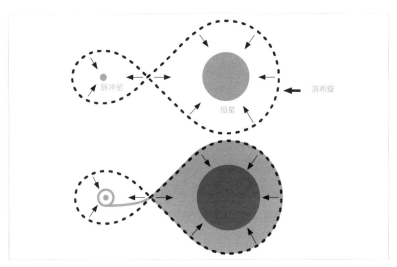

图 13：一个双星系统中的洛希瓣。该系统由一颗正常恒星以及一颗脉冲星组成。洛希瓣范围内的物质受到其对应中心恒星的束缚。当那颗正常恒星变成红巨星时，其外层气体可以溢出其洛希瓣范围并抵达脉冲星，这将使后者自转速度加快并最终成为一颗毫秒脉冲星。

　　最终，这颗红巨星的外层大气将会被中子星汲取殆尽，于是形成一颗白矮星和一颗毫秒脉冲星相互绕转的情况。这种脉冲星的自转速度重新加速并形成毫秒脉冲星的情况被称作"再生脉冲星"。在自转周期精准度方面，毫秒脉冲星甚至比常规的脉冲星更甚，因此即便是其周围小质量天体对其施加的影响也可以被探测到。

第一颗系外行星

　　飞马座 51b 常常被认为是人类发现的第一颗系外行星。但事实上，这颗热木星只是人类发现的第一颗围绕"类太阳"恒星运行的系外行星。人类发现首颗系外行星的头衔，应该归属于围绕毫秒脉冲星 PSR B1257+12 运行的两颗行星。

　　脉冲星 PSR B1257+12 的发现本身就挺不寻常，因为它不是由一台全新的望远镜发现的，而是由一台坏掉的望远镜发现的。1990年，阿雷西博望远镜——就是那台发现了第一颗毫秒脉冲星的设备——需要进行维修。当时在其结构中发现了裂隙，没有人想要冒险，尤其是在数年之前，美国格林班克的一台 90 米口径的望远镜正是由于结构损坏而突然垮塌。在维修期间，阿雷西博望远镜仍然可以使用，只是它不再能追踪天空中的某个天体，而只能朝向一个固定的方向进行观测。这一情况极大限制了这台望远镜能够开展观测的目标范围，导致申请该望远镜工作时间进行观测的项目锐减。当时正在阿雷西博天文台工作的波兰天文学家亚历山大·沃尔兹森（Alex Wolszczan）看到了机会。他的计划是搜寻天空中尚未被发现的毫秒脉冲星，这一方案几乎要连续一个月占据这台当时世界上最大型射电望远镜大约 1/3 的观测时长。在正常情况下，这一计划几乎肯定会被否决。但是由于当时望远镜的使用需求下降，加上沃尔兹森就在阿雷西博工作，他的这项申请被批准了。

沃尔兹森这项搜寻的结果是发现了两颗新的脉冲星。其中第一颗位于一个双星系统内，其伴星也是一颗中子星。最开始他认为这颗脉冲星比较有意思，但沃尔兹森很快就注意到，他发现的第二颗脉冲星的自转时间有问题。

通过沃尔兹森的观测，PSR B1257+12 成为第五颗被发现的毫秒脉冲星，其自转周期是 6.2 毫秒，意味着它每秒转动 161 圈。然而，当沃尔兹森试图测算从地球上观察该脉冲星射电喷流出现的频率时，数据却怎么都对不上。这对于一颗毫秒脉冲星而言尤其不正常。作为一颗再生脉冲星，这些中子星已经相当古老，相比那些更加年轻，或是自转速度更慢的中子星，它们受到星震等因素的影响较小，而这类因素常常会对自转速度产生扰动。一种可能性是：这种异常是由于这颗脉冲星的轨道受到了其伴星的影响。由于这两颗恒星相互绕转，它们与地球之间的距离会出现轻微变化，因此导致了脉冲信号抵达地球时间的同步变化。但观测却并未找到其伴星存在的任何证据（这一点本身对于一颗再生脉冲星来说就很奇怪），并且这颗脉冲星信号的时间误差又非常轻微，似乎不像是一颗恒星级的邻居影响所造成的。那如果是一颗质量更小的伴星呢？似乎也说不通，因为如果真是这样，那在这颗脉冲星经历红巨星阶段时就应该已经被蒸发毁灭掉了，或者也应该挣脱了脉冲星的引力束缚而离开了，因为在超新星爆发的过程中其质量会出现下降。

沃尔兹森接下来想到的是这颗脉冲星的位置测量是否有误，因为如果位置数值有误，那么它到地球之间的距离也就变化了。这样的误差会导致脉冲信号抵达地球的时间估算出现偏差，从而彻底动摇他各项计算的基础。为了获得更精准的测量，沃尔兹森联系了美国国家射电天文台的戴尔·法瑞尔（Dale Frail），当法瑞尔正在该机构下属的甚大天线阵（VLA）工作。坐落于新墨西哥州的甚大天线阵由 27 面互相独立的大型天线组成，排布为一个巨大的"Y"字形。这些天线采集的数据可以被综合起来，从而达成极高的测量精度。

就在法瑞尔忙着测定那颗脉冲星位置的时候，一条重磅新闻登上了各大媒体头条：在另一颗脉冲星的周围发现了一颗行星！相关文章登上了 1991 年 7 月 26 日出版的《自然》杂志封面，标题写道：首颗太阳系外行星被发现！

这项发现是由英国天文学家安德鲁·林恩（Andrew Lyne）和马修·贝尔斯（Matthew Bailes），以及博士生赛楠·谢马尔（Setnam Shemar）共同做出的。被发现周围存在行星的脉冲星是 PSR B1829-10，这是一颗常规脉冲星，距离地球大约 3 万光年，位于盾牌座。这颗脉冲星的信号偏差暗示其周围存在一个行星级伴星，质量大约是地球的 10 倍，公转周期大约是 6 个月。

这条新闻让沃尔兹森心情复杂。围绕脉冲星运行的行星这一想法终于变成了摆上桌面的事实，他现在很想知道自己是不是错失了创造历史的机会。有没有可能脉冲星 PSR B1257+12 的奇特运动背后也是因为受到了行星的影响？这的确也是他考虑的可能性之一，但到这时候他还没有足够的证据去重复这项发现。

法瑞尔也读到了关于系外行星发现的新闻。他将更新过的毫米脉冲星位置数据传真给了沃尔兹森，并打趣道："你可别也找到什么行星！"沃尔兹森很快根据新的位置数据更新了他的模型，然后不得不回复了一封邮件告诉法瑞尔，他刚刚发现了两颗行星。

这两颗行星的质量大致都相当于地球的 4 倍左右，公转轨道周期分别为 65 天和 98 天，分别在两侧围绕着恒星运动。当将这两颗行星产生的引力效应考虑在内之后，沃尔兹森对于这颗毫秒脉冲星的频率计算结果便完美地吻合上了。

就在沃尔兹森和法瑞尔发表他们撰写的论文之前，有关这两颗行星发现的消息走漏了风声。1991 年 10 月 29 日，英国《独立报》（*Independent*）在其报道中基于林恩的评论，暗示在一颗脉冲星周围发现了两个新的行星。但这篇报道对于这项发现所用的措辞相当谨慎，指出："沃尔兹森教授尚不准备对其研究工作发表评论，因为那样做将可能影响相关成果在科研期刊上进行发表的机会。他还指出，其他天文学家尚未有机会对其结果进行验证。"《独立报》的这篇文章之后，很快科学杂志《新科学家》(*New Scientist*) 也发表了一篇报道，时间是 1991 年 12 月 14 日。尽管听上去对这项发现显得更有信心，但这一有关最初几颗太阳系外行星发现的短篇报道却令人意外地平淡无奇。报道文字缺乏生动性的深层原因，可能还是对于如此怪异的行星是否真的已经被发现抱有怀疑，或者是在等待相关同行评议科研论文的发表。即便沃尔兹森还有一些顾虑，但他和法瑞尔合作的论文还是在 1992 年 1 月 9 日出版的《自然》杂志上刊登出来了。在脉冲星 PSR B1257+12 周围发现了两颗行星的消息终于被官宣了。

这项发现官宣的时间正值美国天文学会冬季会议召开前夕，这是国际天文学界的一项重要日程。那一年的会议在美国亚特兰大市举行，两个在脉冲星周围发现行星的小组都受邀在会议期间先后做报告。林恩将做有关首个系外行星发现的报告，随后沃尔兹森将汇报他们发现的两颗行星的情况。然而林恩所作的却并非原先计划的那个报告。在现场所有听众面前，林恩承认自己的计算中存在一个错误：在脉冲星 PSR B1829−10 的周围并不存在行星。引起他警惕的是这颗行星长达 6 个月的公转周期。这个数字刚好可以被地球的公转周期整除，这种明显的巧合暗示这颗脉冲星的位置准确度上可能存在问题，它看上去似乎存在的晃动效应可能是由于地球自身的运动造成的。尽管研究团队已经尽可能小心谨慎，但仍然未能察觉这一错误。在修正这一错误之后，这颗脉冲星的"闪光信号"便不再存在异常了，它的周围并不存在隐藏的其他天体。林恩最后说道："我们感到非常尴尬，真的非常抱歉。"

林恩在本次会议召开之前几天才发现这个错误，但仍然决定出席此次国际会议并宣布了自己的错误。这样的坦白让他的听众们震惊，但随后更多的是对林恩能够当众承认自己错误所表现出来的诚实与勇气的尊敬。当他的演讲结束时，人群中掌声雷动。这正是科学本来应该有的样子：尝试，改进，并不断调整自己的想法以符合新的数据。

而作为林恩之后发言的人，对于沃尔兹森，这是一个艰难的时刻。光是一颗再生脉冲星的周围存在行星这样的想法就已经非常难以置信了，而现在，第一项关于在这样的系统中发现行星的结果已经被证明是错误的。不过，因为有法瑞尔利用 VLA 阵列测定的毫秒脉冲星高精度位置数据，他最终避免了重蹈覆辙：围绕脉冲星 PSR B1257+12 的行星是真实存在的。

这项发现经受住了检验。6 个月之后，人们利用格林班克的 43 米口径射电望远镜对脉冲星 PSR B1257+12 进行了独立观测，结果确认了这颗毫秒脉冲星的信号周期中存在的震荡现象，从而支持了这样一种结论，即这两颗行星的存在并非实验误差所造成。

在随后的几年时间里，沃尔兹森继续对这两颗围绕脉冲星运行的行星进行监测，细细搜寻来自这颗脉冲星的信号中任何可能存在的隐藏细节。然后在 1994 年，他找到了：还有另外一颗天体围绕这颗脉冲星运行，它比先前的两颗行星更小，轨道也更靠内侧。这个信号很微弱，难以捕捉，因此此前一直都没能注意到它。

这一发现也的确激起了一些质疑声。就像最开始发现脉冲星周围行星的那次一样，这第三颗行星的轨道周期也和我们太阳系中的某一种周期对得上：那就是太阳的自转周期。在接近太阳系边缘的位置上，美国的先驱者 10 号[1] 飞船已经检测到太阳风中存在的震荡现象。太阳风是从太阳表面发出的带电粒子流。这种震荡与太阳的自转周期能够对上，同样也可以和这颗被认为存在的第三颗行星的公转周期对上。一种担心是：这颗脉冲星的信号可能受到了太阳风的扰动，导致信号出现强弱震荡，让人误以为是一颗行星产生的信号。

太阳风削弱脉冲星信号的能力取决于其发出射电波的频率。于是沃尔兹森开始在不同的射电波段观测脉冲星波束的信号强度，看看其是否发生了变化——第三颗行星的低吟仍在那里：这是一颗真实存在的行星。

这颗新发现的行星只有月球的两倍大小，轨道周期大约 25.4 天。这么小的一颗行星竟然可以被远在 2 000 光年之外的距离上探测出来，这本身就是毫秒脉冲星信号无与伦比精确性的最好证明，即便是最细微的变化也能够被检测出来。原则上说，这项技术极其敏感，即便是质量与一颗较大的小行星相仿的行星体也应该可以被探测出来。然而 20 多年过去了，沃尔兹森发现的这颗月球大小的行星依旧是人类发现的最小系外行星。

在脉冲星周围发现行星是一个大新闻，但它却留下了一个显而易见的问题：一颗死去已久的恒星周围，怎么会存在行星系统？

---

1. 先驱者 10 号：美国发射的一艘行星际探测器，于 1972 年 3 月 2 日升空，1973 年 12 月 3 日从距离木星大约 13 万公里处飞过，成为人类首个近距离探测木星的探测器；随后它一直朝着太阳系之外飞行，最终将会离开太阳系，进入恒星际空间。——译注

沙罗曼蛇行星

一颗脉冲星的周围要存在行星，最容易想到的方式就是和我们太阳系一样，也就是在这颗恒星早期尚处正常阶段时形成。对于这样一个行星系统，最大困难在于行星如何在这颗恒星变为脉冲星的过程当中幸存下来。

根据加州理工学院的两位科学家 E. 斯特尔·芬尼（E. Sterl Phinney）和布拉德·汉森（Brad Hansen）提出的"沙罗曼蛇[1]假说"（Salamander Scenario），近距离围绕恒星运转的行星体首先需要在恒星变为红巨星并迅速膨胀时，能够确保自己在被恒星外层大气吞噬的情况下幸存下来。对于行星而言，被恒星吞入体内并非什么惬意的 Spa 疗养。这些行星面临被蒸发消失，或者更进一步坠入更深处高温区域的危险。至于红巨星膨胀的表面能够向外扩张多远，则取决于恒星的质量大小。以地球为例，我们的行星运行在距离太阳 1 天文单位的位置上。当太阳演化进入红巨星阶段时，我们将有可能被吞噬。而脉冲星 PSR B1257+12 的前身恒星质量要比太阳大得多，那三颗围绕它运行的行星当然会被吞入肚中。

更大的问题在于当这颗恒星发生超新星爆发的时候。在此过程中巨量的恒星物质抛射意味着最终剩下的只有这颗恒星先前质量的很小一部分。质量的巨大损失将引发引力的突然下降，而这应该会导致其周围小型天体比如行星体的逃离。除非这样的爆发是非对称的，也就是当超新星爆发发生时，剩下的中子星被推向这些行星的方向并非常幸运地将后者重新"捕获"，如此方能避免前面提到的

---

1. 沙罗曼蛇：一种西方神话中的生物，代表火元素，形似蜥蜴，身上有五彩的斑点，散发火焰，产于高温的火山口之中。——译注

局面。坦白说，这种情形看起来非常不可能，尤其考虑到要捕获多达三颗行星。

最后一个问题是围绕脉冲星 PSR B1257+12 运行的三颗行星，它们几乎运行在相同的轨道平面上，这一点表明它们从诞生起，其轨道几乎就没有发生大的改变。如此相同的轨道平面也让另一种捕获假说变得非常不可能发生。这种假说认为假如一颗脉冲星和另一颗恒星运行到非常接近的位置时，后者周围的行星有可能会转移到脉冲星周围运行，而这都发生在危险的超新星爆发之后。但问题就在于，如果这三颗围绕 PSR B1257+12 运行的行星果真是从它们原先的恒星那里被抢过来的话，那么它们现在围绕脉冲星的轨道应当是随机而紊乱的。但这并非我们观察到的情况。我们所需要的是一种不那么暴烈的演化理论，而不是爆发或者重新捕获之类的内容。

门农鸟行星

如果脉冲星周围的行星在一个规整的、形似盘状的平面内运行，那么有可能是在这颗恒星变成脉冲星之后，其周围产生了一个新的原行星盘，并且在这个新的尘埃盘中产生了行星。这一理论被称作"门农鸟假说"（Memnonides Scenario）。这种古希腊神话中的神鸟是在勇士门农死去之后，从他的葬礼灰烬中诞生的。

关于一个新生尘埃盘的设想符合对脉冲星 PSR B1257+12 的观测，但却同时引出了一个问题，那就是构成这一原行星盘的物质的来源是哪里？最开始的原行星盘当然早就已经烟消云散，因此这颗脉冲星需要找到能够产生行星的新的物质来源。

一项可能的来源可能是先前红巨星最外层的物质，它们在超新星爆发时被抛射出来。如果这些物质未能摆脱爆炸剩余的恒星内核的引力影响，那么它们将会重新回落并围绕新诞生的脉冲星转动。假设这些物质的转动速度足够快，从而使其不会落到脉冲星表面，那么一个新的物质盘便形成了。至于究竟有多少红巨星的外层物质能够被"回收"并用于构建原行星盘则并不确定。但如果最开始的恒星质量足够大，那么将有足够多的物质能够回落并产生围绕 PSR B1257+12 周围的那种小型行星体。

比较难以解释的是 PSR B1257+12 是一颗毫秒脉冲星，但它的周围却似乎并未发现有伴星存在的迹象。如果我们需要这颗伴星提供的外层物质来加速脉冲星，使其自转速度达到亚秒级，那么那颗伴星现在也应该会以白矮星的形式存在。可是它在哪里？以及它与这些行星的形成之间有无关联？

最有希望的一种理论是将它失踪的伴星与整个行星形成机制联系起来。根据这一恐怖的设想，这颗伴星已经被脉冲星撕碎，而那个原行星盘正是由被撕碎的伴星物质所形成的。

摧毁伴星的方式之一是在超新星爆发期间。假如这次爆发是不对称的，那么新产生的这颗脉冲星将可能会在推力作用下一头撞向自己的伴星。这样的一次撞击将有可能让伴星碎裂并形成围绕脉冲星的原行星盘。恒星之间发生碰撞的案例极为罕见，但同样的，围绕脉冲星周围存在的行星也并不常见。

或者还有一种可能，那就是这颗脉冲星会将自己的喷流对准自己的伴星，并摧毁对方。这种情况下的脉冲星被称作"黑寡妇脉冲星"，因为有一种同名的蜘蛛也以吃掉自己的伴侣出名。这种恐怖的死亡恒星在非常近的距离上与它的伴星相互绕转，其发出的剧烈辐射会让伴星蒸发并形成围绕自己的物质盘。在脉冲星 PSR J1311–3430[1]

---

1. 带有"J"的脉冲星名称使用了更最新、更精确的位置坐标来表示它们在天空中的位置。

的周围，此时便正在上演着这样的"杀人现场"。

在 2012 年，一颗暗淡的恒星被发现其颜色似乎存在变化：从明亮的蓝色变成暗淡的红色。它所在的位置同时也是一个强烈的伽马射线源，而射电信号却是时有时无。

如此高强度的辐射令人怀疑这个故事的幕后主角可能是一颗脉冲星。人们面临的挑战是如何从这一伽马射线辐射中提取到灯塔般的周期性特征脉冲信号。由于伽马辐射的能量很高，相比射电波段，脉冲星在伽马射线波段的辐射量要低得多，因此很难从中捕捉到那种快速的闪烁信号。但利用美国宇航局费米伽马射线空间望远镜在长达 4 年时间里采集的数据进行的细致分析最终得到了回报。这颗改变颜色的恒星果真在围绕一颗脉冲星运行，这也是第一颗纯粹凭借其伽马射线闪烁被发现的脉冲星。

PSR J1311–3430 是一颗自转周期为 2.5 毫秒的脉冲星，每秒转动 390 圈。这颗脉冲星与其伴星之间的距离之近令人难以置信，两者之间相互绕转的间距仅仅比地月距离大 40% 左右。这使其轨道周期仅有 93 分钟，还不如英国上班族平均每天的来回通勤时间来得长。正是由于在如此近的距离上受到脉冲星辐射的照射，那颗恒星的颜色才会出现那样的变化。

这颗恒星面朝脉冲星的那一侧会感受到来自那颗死亡恒星的剧烈辐射。这会使其地面温度迅速上升到 12 000 摄氏度以上，超过太阳表面温度的两倍，并因而发出蓝光。而它的背面温度则相对较低，发红光，对应的温度值大约在 2 700 摄氏度。随着这颗恒星的自转，从地球上就会看到红蓝颜色的变化。

脉冲星伴星的存在也解释了这颗恒星为何如此暗淡。这颗恒星非常小，质量仅有木星质量的 12 倍左右。由于它近旁的脉冲星是一颗毫秒脉冲星，这颗恒星在早期必定已经将其外层的大量物质贡献给了那颗脉冲星，从而加快了其自转速度。剩下的可能只是一个氦核，它的质量可能已经太小，无法进一步塌缩形成白矮星。因此，来自脉冲星的剧烈辐射直接将这颗恒星降级成了一个接近行星级别的天体，它解体后的躯体残骸围绕脉冲星运行，形成了一道屏障。于是来自脉冲星的射电信号一部分就被这道屏障遮蔽或吸收了，只留下能量更高的伽马射线信号穿透出来并被地球上的观测者看到。随着恒星继续蒸发，大量物质可能会逐渐在脉冲星周围冷凝形成一个物质盘。这样的结果便是，我们将会看到一颗单独存在的脉冲星，其周围围绕着一个初生的尘埃盘，正准备孕育新一代的行星体。

而如果脉冲星和它的伴星距离没有这样近，那么这颗伴星就不会被摧毁，它会最终死去并形成一颗白矮星。由于地处自己的洛希瓣内部，这颗白矮星将得以安然无恙地围绕脉冲星运行。但这样的安全不是永久性的，原因和引力波有关。

100 年前，阿尔伯特·爱因斯坦预言空间中应该会产生涟漪。他将宇宙视作一张拉紧的橡皮布，大质量物体会在上面产生凹陷。引力正是这种空间弯曲产生的结果，迫使质量较轻的物体向着质量较大的物体运动，因为后者会在空间中产生深深的凹陷。而随着这些物体的运动，这块橡皮布也会产生一种震荡并向四周传开，这就是引力波。

2016 年 2 月 11 日，人类宣布首次观测到引力波。这个消息可能是科学史上保密工作做得最差的一次，关于人类已经成功探测到引力波的"流言"在前一年年底便已经传得到处都是。做出这项发现的是设在美国的 LIGO 探测器，它检测到两颗黑洞合并时发出的信号。作为宇宙中密度最大的天体，黑洞合并所产生的引力波信号属于可以想象到的最强烈的引力波信号之一。再往下才能轮到其他天体类型之间的互动所产生的此类信号。

当一颗脉冲星与一颗白矮星相互绕转，它们对空间的持续性扰动将成为一种稳定的引力波来源。这些引力波会带走轨道运动的能量，从而导致这两颗天体之间的距离越来越近[1]。随着两颗天体越靠越近，脉冲星的引力将压缩其近旁质量更小的白矮星的洛希瓣范围，直到其第二次发生"溢出"。

尽管白矮星并未像脉冲星那样将自己压缩到成为一颗中子星的程度，但它极高的密度也将使其行为不同于普通物质。当白矮星由于物质被脉冲星抽走而导致其损失一部分质量时，它将会膨胀而不是收缩。这样一来，就有更多的白矮星物质将会发生"溢出"并被脉冲星吸走，最终将会在脉冲星的周围产生一个物质盘，其中有可能会孕育出新一代的行星。

一个从死亡恒星的灰烬当中诞生的原行星盘具有几项有趣的性质。这样一个物质盘的寿命非常短暂。由于暴露在脉冲星的剧烈辐射之下，这个物质盘的温度将迅速升高，并促使其向外扩展，随之而来的便是其物质密度的不断下降，直到失去孕育行星的能力。估算认为这类"再生"原行星盘的寿命大致在10万年左右，而相比之下，类太阳恒星周围的原行星盘寿命一般可以达到1 000万年。如此短的寿命使其中难以产生气态巨行星，但却有可能产生类地行星。这或许可以解释脉冲星PSR B1257+12周围的那三颗行星的存在。

由超新星爆发残骸或破碎的白矮星物质所组成的盘面，会拥有奇特的物质组成。产生白矮星的恒星前身，其内部的核聚变进程通常停止于氦元素，由其构成的物质盘应该会非常富碳。这样形成的

---

1. 轨道能同时也驱动着潮汐加热。在第五章中，我们提到过"浮肿"的热木星WASP-17b由于受到恒星引力的来回拉扯，产生潮汐加热。

类地行星可能会类似于我们在本书第七章节中提到的"钻石行星"。

尽管不适用于 PSR B1257+12 周围行星的情况，但值得指出的是，还有一种非常奇特的办法可以直接在一个死亡恒星的周围构建出一颗单个的钻石星球。要做到这一点，我们需要将一颗恒星直接转变为一颗行星。

变为行星的恒星

2009 年 12 月，人们发现一颗自转周期为 5.7 毫秒的脉冲星，换句话说，就是每秒转动 175 圈。由于我们知道必须存在第二颗恒星，才能将其加速为一颗毫秒脉冲星，于是科学家们仔细搜寻天空，寻找其伴星的蛛丝马迹。但最终，这样的搜寻却一无所获：脉冲星 PSR J1719–1438 似乎孑然一身。

发现这颗脉冲星的设备是位于澳大利亚境内的帕克斯射电望远镜。这台 64 米口径的天线设备最有名的是曾在阿波罗计划期间接收了尼尔·阿姆斯特朗历史性登月期间的大部分通话。但对于天文学家们而言，这台设备之所以有名，更多是因为它是世界上最成功的脉冲星搜寻纪录保持者。这里提到的这颗脉冲星距离地球 4 000 光年，位于巨蛇座。差不多两年之后，还是帕克斯望远镜，与位于英国境内焦德雷尔班克天文台的 76 米口径的洛威尔望远镜联手，揭示这颗脉冲星极端奇异的伴星。

这颗脉冲星信号中轻微的变化表明它仍然处于一个双星系统之中，绕转周期为 2 小时 10 分钟。然而这颗伴星的质量却小得出奇——其质量仅和木星大致相当。那么这究竟是一颗恒星还是一颗行星呢？

由于极短的绕转周期，这两颗天体是紧挨在一起的，相互间的距离仅有大约 60 万公里，这一数字比太阳的半径还要小！由于没有发出 X 射线辐射，因此这颗伴星此刻应该并没有物质流向脉冲星。这就意味着这颗伴星的大小必然可以使其身处其洛希瓣范围内，考虑到其目前与脉冲星之间的距离，其半径最高不会超过 5 倍地球半径。因此这颗伴星应该是一颗木星质量的"超级地球"。一个拥有厚重氢气大气层的气态巨行星绝无可能被压缩到这么小的半径。这样一来便只剩下一种可能，那就是它是一颗非常小的白矮星。

白矮星比中子星更轻，一颗典型的白矮星相当于将 2/3 的太阳质量压缩为地球大小。要想质量和木星差不多大，就意味着 PSR J1719–1438 身旁的那颗奇异伴星此前必定已经将高达其自身质量 99.8% 的物质贡献给了它的脉冲星伴星。由于白矮星内部物质的奇异特征，质量的损失将导致白矮星半径的增大。但即便遭受了如此巨量的物质损失，这颗白矮星最终还是避免了彻底消失的命运。

随着白矮星物质被转移至脉冲星，这两颗天体的引力都会随之发生变化，两者的洛希瓣形状与大小也将出现相应的改变。如果这两颗伴星之间的距离刚刚好，那么这样的调整将让白矮星有机会退回到它自己的洛希瓣范围内，从而中断向脉冲星转移物质的过程。这是一个微妙的平衡游戏。假如两颗星之间的距离过远，那么白矮星永远不会向脉冲星转移物质；但如果两者相距过近，那么这样的物质转移将一直持续，直到将白矮星彻底吃干抹净。

组成这颗白矮星的主要物质是碳，并且密度极高，其平均密度大约是 23 g/cm^3，远远超过地球 5.5 g/cm^3 的密度值。在这样的密度下，碳将会结晶，构建出一个真正的钻石世界。

这一定是整个宇宙中最奇异的场景：一颗由钻石构成的行星，围绕着一颗城市大小的伴星运行，而这颗伴星，曾是一颗恒星。

第九章　双日世界

　　在第一颗系外行星被发现之前十多年，有一台望远镜一直在密切搜寻天空，寻找着我们的太阳系在宇宙中并非独特的证据。但这样的搜寻工作常常得不到严肃的对待。这样的怀疑并非因为科学家们认为在其他恒星的周围不存在行星，而是认为使用现有的技术，要想找到这些行星似乎是不可能的。

　　到目前为止，对系外行星的搜寻基本还是集中在天体测量学方面，也就是通过对天空中恒星位置变化的精确测量，从而探知其周围行星的存在。这样做的问题在于，即便是木星对太阳角运动产生的影响，从 16 光年的距离外观测也仅有大约 0.0 000 003 度。这一数值比从地球上拍摄的夜空图像解析度还要低 1 000 倍以上。

　　最接近发现的一个事件是在巴纳德星（Barnard's Star）周围发现两颗木星大小行星的消息，巴纳德星是一颗红矮星，距离地球大约 6 光年，位于蛇夫座。根据与拍摄于 20 世纪 60 年代的照相底片上该星位置的比对，显示其出现了大约 1 微米的偏差。但后来发现，这一偏差的出现似乎和望远镜镜片被清洗的时间相对应。到头来，这项发现反而再次证明了要想发现系外行星有多的不现实。

　　通过观测恒星视向速度上"晃动"效应的前景似乎也好不到哪里去。在其周期为 12 年的轨道运动中，木星对太阳造成的速度变化大约是 13m/s，这还是假定在完全侧视木星轨道，以便确保观测效果最大化的情况下得到的结果。在 20 世纪 70 年代，对恒星视向速度的观测极限大约也就在 1km/s 的水平上。这就意味着即便是木星大小的系外行星也将难以被探测到。即便是热木星（在那个年代，这还是一种难以想象的存在）也会被错过。

视向速度测量技术方面的突破由戈登·沃克（Gordon Walker）和他带的博士后研究员[1]布鲁斯·坎贝尔（Bruce Cambell）在 20 世纪 70 年代末做出。他们的做法是在入射的恒星光线与望远镜上的探测器之间加入一个充入一种已知气体的容器。这些气体就像恒星的大气层那样，其中的气体原子会吸收特定波长的光。这样就会产生特征性的黑色条带并叠加在恒星光谱之上。当恒星由于其周围的行星影响而在其光谱上出现蓝移或红移时，这些气体产生的黑色条带就可以作为一个静止参考点，用于测量这些变化——就像测量尺上的零点。这样做的优势在于参考点以及恒星的星光可以被同时观测和记录，避免了此前由于仪器设备难以在不同的观测中保持绝对静止，造成的测算结果出现巨大误差。

沃克和坎贝尔起初选择使用氟化氢作为参考气体，因为这种气体的吸收谱线之间的间隔较为明显，便于清晰识别。但它也有不利的一面：氟化氢气体剧毒，还具有腐蚀性，因此每次观测结束以后都必须重新向容器内加注气体。在 2008 年的一份报告中，沃克指出："坦率地讲，这相当不安全。"

但安全性差并不影响它的成功。这项技术让视向速度测量精度提升了 100 倍，使其测量下限提升至接近 10m/s 的水平。尽管天文学家们最终会抛弃危险的氟化氢，转而使用碘气体，但借由氟化氢

---

1. 博士后研究员是新近完成博士论文的初级研究员。

气体达到的观测精度已经足以让科学家们在第一颗脉冲星周围的系外行星被发现之前 10 年就开展这样的搜寻工作。事实上，那一期间也的确有非常接近发现系外行星的机会，但是很遗憾地错失了。

装有氟化氢气体的装置被安装到了设在夏威夷莫纳克亚山顶的 3.6 米口径加拿大一法国一夏威夷望远镜上。假设可被探测到的系外行星大小应该和木星接近，轨道周期超过 10 年，基于这一设想，沃克、坎贝尔和天文学家史蒂芬森·杨（Stephenson Yang）在长达 12 年的时间里每年安排几个夜晚对 23 颗恒星进行了观测。在 1988 年，该团队报告了六年来的观测结果：有 7 颗恒星表现出某种扰动，似乎暗示其周围存在行星，其中一颗是仙王座 γ。研究组在这颗恒星的周围发现了一个天体，但是因为听上去太过怪异，这个想法被否定了，而这种情况在系外行星发现的早期司空见惯。

对仙王座 γ 的观测显示这是一个双星系统，距离地球大约 45 光年，位于仙王座。这两颗成员恒星之间相互绕转的周期超出了该搜寻计划的观测期，因此研究人员只观察到了一部分的运行周期。但透过这一段轨道，可以推算出两者相互绕转的周期大约是 30 年。同时它们的运行中还存在一个大小约为 25m/s 的额外"晃动"，周期大约是 2.7 年。在他们于 1988 年发表的论文中，将这一情况认为是"可能存在的第三个天体"，但当该搜寻项目在 1995 年结束时，研究团队描述这一情况的措辞变得更加谨慎了。

仙王座 γ 双星系统内质量较大的那颗成员恒星被认为是一颗巨星，临近生命的终结并开始向外膨胀。这样的老年恒星会非常不稳定，其外层大气非常容易发生震荡，并产生类似于周围行星扰动的晃动信号。在一个双星系统内同时存在行星的想法也似乎非常不现实，而且这颗可能存在的气态巨行星似乎运行在离恒星非常近的轨道上，比太阳系内所有行星都要近。当时的氛围下，人们对于搜寻系外行星这件事就抱有非常大的怀疑，何况情况又如此怪异，怎么可能是真的？但是这次他们都错了。

又过去了 10 年，对仙王座 γ 开展的新的观测证实，这两颗成员恒星之间相互绕转的周期实际上要比原先设想的长两倍，并且那颗质量更大的恒星还没有变成一颗危险的巨星。于是一切质疑都消散了，在 2003 年，人们正式宣布在仙王座 γ 周围发现一颗气态巨行星，其质量大致在木星质量的 3~16 倍（这一误差主要是由于无法确定其轨道的倾斜角度）。它围绕质量较大的那颗恒星运行，距离大约 2 天文单位，运行周期大约 2.48 年。如果这一发现在 1988 年宣布，那么这将成为第一颗被人类发现的系外行星。但不管如何，这一发现奠定了必要的前沿技术基础，而这一技术将在未来让我们发现数以千计的新世界。

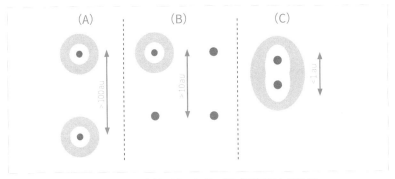

图 14：双星系统周围原行星盘的形成。如果两颗成员恒星之间的距离超过 100 天文单位（au），那么在两颗恒星的周围都可以各自形成物质盘，但是只要两颗恒星之间的距离小于 1 500 天文单位，那么在这些物质盘中的行星形成就会受到对方的干扰；而在 10~100 天文单位，两颗成员恒星相互之间会干扰对方周围物质盘的形成，这种情况下，物质盘可能会在质量较大的那颗恒星周围产生，或者两颗恒星周围的物质盘全都被破坏掉；而当两颗恒星之间相隔很近时，就会在它们周围形成一个共同的物质盘。

如果仙王座 γ 是一个单独存在的恒星，那么它周围可能存在行星的迹象或许还会受到更加认真的对待。但对于行星形成机制来说，伴星的存在真的会是一个问题吗？

在金牛座方向，有一个包含数以百计新生恒星的巨大气体云，被称作"金牛－御夫复合体"（Taurus–Auriga complex）。这里的恒星都非常年轻，年龄基本都在 100 万 ~200 万年。这些恒星的周围要想出现行星，那么它们的周围都应当被尘埃物质盘所包裹。一项对 23 颗这类年轻，并且围绕至少一颗伴星运行的恒星开展的观测显示，其中大约有 1/3 的周围都存在物质盘，这一比例大约是单颗恒星情况的一半。看起来，伴星的存在对行星形成真的不是什么好事情，即便是在行星开始形成之前就已经如此。

至于究竟有多坏，则要取决于两颗成员恒星之间靠得有多近。在彼此相距小于 30 天文单位的恒星周围很少观察到物质盘的存在，在很少的例外中，观察到的是将两颗恒星一并包裹在内的物质盘。反过来，如果两颗恒星相距超过 300 天文单位，则两颗恒星各自的物质盘似乎不会受到伴星的干扰。而如果距离值处在两者之间的话，物质盘被观测到的频率也下降了。这表明伴星的存在会加速原行星盘的消散。

如果伴星的存在可以阻碍原行星盘的形成，那么似乎可以预料它对于行星的形成会产生更大的影响。针对开普勒空间望远镜所观测恒星开展的调查显示，两颗恒星之间必须相距在 1 500 天文单位以上，才能避免彼此对对方行星形成机制的干扰。在低于这一距离值的双星系统中的确存在行星，但其出现的频率显著低于那些单独存在的恒星。

一颗伴星究竟是如何得以产生如此巨大的影响？在一个双星系统中，形成于年轻恒星周围的原行星盘同时也会感受到来自伴星向外侧的引力拖拽影响。这将导致盘面出现扭曲，并使其向伴星方向出现凸起。由于物质盘的转动速度会比双星系统相互绕转的速度更快，这个凸起的位置会领先于伴星。来自伴星的引力作用会试图将这个凸起"拉回"到与自己同一直线上，从而产生一股拖慢物质盘自转速度的力。正如在行星迁移过程中出现的情况那样，自转速度的减慢会让物质盘中的气体和尘埃向内运动，从而导致物质盘的大小开始收缩。这种结果被称为伴星的"潮汐截断"。这样的拖拽效应在地球上同样可以看到：月球的引力在地球表面产生一个凸起。其结果是地球的自转逐渐变慢，导致我们不得不时不时地添加一个闰秒[1]。

潮汐截断效应进一步压缩了物质盘中可以产生行星体的时间。一个更加紧凑的物质盘将会更加靠近恒星，使其暴露于高温之下并加速其吸积过程。这可能解释了为何相比单个恒星，双星系统中原行星盘的存在时间似乎更短。过于接近伴星也会导致物质盘温度的升高，从而阻碍尘埃物质冷凝，也就减少了可以产生行星的物质供应。

对于那些幸存下来的原行星盘，近旁的伴星可以通过星子的方式带来灾难。随着两颗恒星相互绕转，一颗恒星的引力作用可以让其伴星周围正处于形成过程中的星子的轨道变成长椭圆形，并像陀螺仪一样在其母星周围出现进动[2]。被拉升的轨道会大大提升撞击速

1. 闰秒（leap second）：由于地球自转的不均匀性和长期变慢的趋势，会使基于地球自转的世界时和基于原子钟、更加精准的原子时之间出现偏差。为了调和两者，当两者差距达到 0.9 秒时，就将世界时向前或向后拨 1 秒，称之为"闰秒"。——译注

2. 进动 (Precession)：是指一个自转的物体受外力作用导致其自转轴绕某一中心旋转的现象。——译注

度，从而导致颗粒物之间更多是碰撞破碎而不是聚集黏合。这就阻碍了较大型星子和行星胚胎的孕育和形成。

这些困难加剧了一种怀疑，那就是认为在仙王座 γ 周围不可能存在行星。一种声音质疑在发生潮汐截断之后的物质盘中是否还存在足够多的气体物质可以允许气态巨行星的形成。如果答案是不能，那么这项观测就有可能是错误的。事实上，对发生潮汐截断的时间点进行的分析结果认为，其中只存在刚好足够一颗行星形成的质量，而要想产生第二颗气态巨行星是不可能的。

仙王座 γ 周围存在气态巨行星这一点，可能也为原行星盘的快速消散提供了另外一种可能的解释。如果这个物质盘质量足够大，那么行星可以通过吸积盘失稳机制产生，从而避免破坏性的高速撞击问题。在双星系统中，失稳机制产生行星甚至可能会更加方便，因为一个质量更大、更加紧凑的物质盘将有更大可能出现分裂，而来自伴星的引力作用也会有助于诱发失稳现象。

但就在人们认为似乎找到了一个可能可以解释双星系统内行星形成机制的理论时，一颗新的行星出现了，并将这种想法击得粉碎。这颗行星就是 OGLE-2013-BLG-0341LBb。

弯曲光线的行星

OGLE-2013-BLG-0341LBb，这颗星球不仅名字怪异，发现它所使用的也是一种完全不同的技术。找到这颗行星所依据的不是恒星的"晃动"，或者星光中出现的轻微暗淡，而是引力导致的光线弯曲。

平常我们并不会感觉到光线受到引力影响，但爱因斯坦宣称，宇宙中的大质量物体会导致空间弯曲，而光线将沿着这些弯曲路径运行。一个比较形象的比喻就是在一张拉伸的橡皮布上，一颗保龄球会在中间压出一个凹坑，此时丢入一个快速运动的乒乓球，它的运行路径会受到这个凹陷的影响而发生弯曲。同样，在大质量天体的边缘，光线的运行路径也将发生弯曲[1]。

这一理论在 1919 年发生的日全食期间首次得到验证。英国物理学家亚瑟·爱丁顿（Arthur Eddington）意识到，利用日全食期间日面被月球遮挡的短暂瞬间，可以观察背景恒星的光线是否会被太阳引力场弯曲。如果星光发生了弯曲，那么日食期间的恒星位置和夜晚太阳不在时候的恒星位置之间将存在轻微偏差。爱丁顿的测量发现，这两者之间存在大约 0.000 45 度的偏差，其数值与爱因斯坦的预言相符。这项发现将爱因斯坦的理论推向国际舞台的聚光灯之下。尽管人们非常兴奋，但爱因斯坦本人却对自己受到的关注不以为意，当有记者问他"假如爱丁顿的观测否定了您的理论，你会是什么感觉"时，爱因斯坦说："我只会为亲爱的上帝感到遗憾，因为我的理论是正确的。"

光线的弯曲可以暴露一个大质量天体的存在，比如一颗暗淡的恒星或是行星。这项技术被称作"微引力透镜"，因为一个隐藏的天体扮演了一个透镜的角色，使光线发生弯曲。在平常的透镜中，比如你的眼镜镜片，穿过其边缘的光线的偏转程度要比穿过其中央部位的偏转程度更大，这让光线得以聚焦到一个点上。然而引力透镜的情况则与此相反，穿过其中央部位的光线弯曲程度更大。这样的结果是光线会聚集成一个环，而不是一个点。这样一个"光环"会出现在透镜的周围，被称作"爱因斯坦环"。而如果这个"透镜"

---

1. 我们在本书第八章中接触过这个概念，当时我们讨论了在爱因斯坦的"橡皮布"宇宙中，大质量天体会产生时空"涟漪"，也就是引力波。

质量极为巨大，比如一整个星系，那么爱因斯坦环将清晰可见；而在较小质量的情况中，比如一颗恒星，这样的环将无法看到。但是，当背景恒星从这个透镜体背后通过时，其亮度会出现变亮和变暗的过程，因为这个环结构要比单颗的背景恒星亮度更高。

由于任何有质量的物体都会造成光线的弯曲，围绕扮演透镜的恒星运行的行星就会影响这一过程。这一额外的"小透镜"会让背景光源在明暗变化的过程中强度出现一个额外的微小增量。正是这种额外的增量让科学家们找到了 OGLE-2013-BLG-0341LBb。

OGLE 是"光学引力透镜实验"（Optical Gravitational Lensing Experiment）的英文缩写，这是星系巡天项目最棒的缩写之一。OGLE 项目由波兰华沙大学组织，大部分观测工作则由设在南美洲智利境内的拉斯坎帕那斯（Las Campanas）天文台完成。尽管 OGLE 的主要设计目的是用于暗物质观测，但这台设备已经发现了接近 20 颗系外行星。OGLE-2013-BLG-0341LBb 正是这台设备在对银核（bulge）方向开展天体搜寻工作时被发现的，银核是银河系的核心区域，那里的恒星密集分布。正是由于是在"bulge"方向被发现的，因此其命名中才有了"BLG"这三个字母；另外，"2013"代表的是该观测季开始的年份，而"0341"则仅仅是一个简单的数字序号。再往后，大写字母"L"表明这一天体是经由引力透镜（lensing）的方式发现的，从而将其与 OGLE 通过凌星方式发现的其他天体区别开来；至于大写字母"B"，则是因为这颗系外行星所围绕运行的恒星并非单个的恒星，而是一对距离非常接近的双星中的一颗。

当背景恒星从该系统后方通过时，引力透镜效应产生了三次增亮事件，其中两次较明显的增亮事件对应该双星系统中的两颗恒星，第三次较小的增亮事件则对应一颗行星。分析显示这是一对暗淡的矮星，相互之间以 15 天文单位的间距绕转，这一距离大致介于土星和天王星到太阳的距离之间。被发现的这颗行星则围绕其中的一颗恒星运行，距离与日地距离相当，大致为 0.8 天文单位，质量约为地球的两倍。尽管这颗行星到恒星的距离相比地球到太阳的距离稍稍近一些，但它的温度要低得多。这是因为其绕转的恒星质量仅有太阳质量的 10%~15%，亮度则仅相当于太阳的 1/400。如此，我们看到的便是一颗黑暗而寒冷的行星世界，地表温度可能在 –213℃左右。这一温度比木星的冰卫星——木卫二的温度更低。因此，尽管这的确是一颗岩石行星，但它并不"类地"。

不过，尽管 OGLE–2013–BLG–0341LBb 和地球并不相似，但它证明了在拥有近距离伴星的恒星周围同样可以产生行星。在如此"拥挤"的环境里，这颗行星究竟是如何获得足够物质的，仍然是一个值得讨论的开放式问题，但这方面已经有了一些很有希望的理论。一种简单的解决方案是：或许沿椭圆轨道高速运行的星子撞击问题并没有像我们之前想象的那么严重。气体产生的拖拽效应或许会部分抵消近邻伴星施加的引力摄动影响，并让星子得以保持住自己的近圆轨道。第二种可能的方案是某种机制，类似本书第二章中所提到的"流体不稳定性"，星子们可能会聚集到一起，并在重力作用下发生塌缩。

还有一种有趣的可能性，那就是或许这两颗伴星之间的距离并非一直都这么近。恒星诞生于星团之中，互相挤在一起。这样就可能产生有三颗甚至更多恒星围绕共同质心运行的恒星系统。这样的系统可能是不稳定的，它们相互之间的引力摄动效应会改变彼此的轨道运行速度，直到整个系统瓦解并将其中一颗恒星"踢"出去。给予一颗恒星足够大的能力，使其能够逃离这一系统的结果就是让留下来的几颗恒星彼此之间靠得更近。如果 OGLE–2013–BLG–

0341LB 原先属于一个三合星系统的一部分，那么当该系统降级为一个双星系统时，它与另一颗恒星之间的间距可能会缩小多达 100 天文单位，从而形成今天的状态。因此这颗行星的形成可能并未受到来自伴星的过多干扰，并且当两颗恒星之间的距离缩短时也继续在其轨道上运行。

遗憾的是，或许我们再也没有机会再次观察到 OGLE-2013-BLG-0341LBb 了。背景恒星与该行星系统透镜之间已经相互远离，要想再次观测到它，需要等待下一次的精准对齐。我们知道这个冰冷的世界就在那里，但我们从地球上可能再也没有机会看到第二眼了。

尽管情况令人沮丧，但我们还有另一个相似的系统可以让我们反复开展研究。这一前景令人兴奋，因为这颗行星围绕运行的双星系统，是距离地球最近的双星系统之一。唯一的缺点是，这颗行星是否真的存在，可能还存有疑问。

距离地球最近的双星系统

在距离地球仅 4 光年之外，半人马座 α 系统是除太阳以外距离地球最近的恒星，也是夜空中第三亮的星。肉眼看去这是单个的恒星，但事实上这却是一个三合星系统，其中包括一对靠得很近的双星，以及一颗距离较远的矮星。与 OGLE-2013-BLG-0341LBb 可能曾经身处的那个设想中可能存在过的三合星系统不同，第三颗恒星更小的质量以及更加遥远的距离，让半人马座 α 三合星系统得以保持其稳定。位于核心位置的那对双星被分别命名为半人马座 αA 以及半人马座 αB，它们两者的质量都与太阳相当，彼此之间间隔大约 11 天文单位，大致相当于土星到太阳的距离，并以大约

80 年为周期相互绕转。这剩下的第三颗恒星就是比邻星（Proxima Centauri），是三颗恒星中最接近地球的一颗，但与那对双星之间的距离则达到 15 000 天文单位。

每个人都希望比邻星的周围存在行星。因为它距离地球如此之近，启迪了许多小说家和剧本作家去幻想那里存在的文明世界：从变形金刚的家乡赛博坦星球，到《银河系漫游指南》中售贩最佳品质"泛银河系含漱爆破液"的城市[1]。

因此，当 2012 年有人宣布观测到半人马座 αB 星存在的轻微晃动迹象时，所有人都非常兴奋。这颗恒星的视向速度变化暗示其周围存在一颗质量与地球相当、运行周期为 3.2 天的行星。尽管这么短的公转周期表明这是一颗熔融的岩浆世界，但它的存在本身就证明了一点，那就是在半人马座 α 系统中行星的形成是可能的，并且燃起了这样一种希望：在更外侧区域，或许还存在温度更加适宜的行星。但并非所有人都被说服了。在半人马座 αB 周围探测到的晃动效应极为微小，几乎已经到了检测灵敏度的极限。如此逼近检测极限的微弱信号，真的是真实存在的吗？

要想从望远镜数据中提取到由于行星存在而产生的晃动信号，首先必须将其他所有可能对恒星视向速度产生影响的干扰因素全部剔除掉。这颗恒星的表面就是一个干扰信号的主要来源之一。由于耀斑和黑子现象，恒星的亮度将随之出现变化。这些现象加到一起时，产生的干扰要比我们寻找的信号强得多，因此在数据提取过程中即

---

1. 在漫威动画里，赛博坦星球被从半人马 α 星系中"踢"了出去，成为一颗所谓的"流浪行星"。本书将在第十一章讨论这一话题。（中国著名科幻作家刘慈欣的代表作《三体》中，三体人的故乡同样是在半人马座 α 星系中的一颗行星上。——译注）

便犯下最微小的失误，也有可能会导致发现行星的"假阳性"结果。

出于谨慎，相关数据被用一种不同的方法进行了分析以剔除恒星产生的干扰信号。如果这颗行星果真存在，那么它的信号应该在两种不同的分析方法中都会显现。然而当采用新方法进行分析时，行星的信号却消失了。

最新的结果并没有完全排除在半人马座 αB 星周围存在行星的可能性，但却为这一发现打上了一个重重的问号。不过幸运的是，和 OGLE-2013-BLG-0341LB 的情况不同，这项观测可以重复进行以获取更多数据。目前面临的困难主要是半人马座 αA 正逐渐运行到从地球视角看过去比较接近其伴星的位置上。这就意味着观测者必须继续等待，直到两颗伴星之间的间距再次扩大，那时候我们才能最终确定"泛银河系含漱爆破液"是否确实在我们的菜单之上。

寻找塔图因星球

科幻电影中最具象征意义的镜头之一就是《星球大战》中沙漠行星塔图因（Tatooine）的地平线上空两颗太阳悬空的画面。这是一个拥有两颗太阳的世界，塔图因星球并非围绕一颗恒星运行，而是同时围绕一个双星系统中的两颗恒星运行。这种情况被称作"环双星"（circumbinary），或 P 型轨道，对应先前提到过的"环恒星"，或 S 型轨道，后者顾名思义就是行星只围绕双星系统其中的一颗恒星运行。尽管在《星球大战》系列影片上映时，这种"双日世界"还仅仅是一种设想，但现在我们知道，这种情况是完全有可能发生的。

与围绕单颗恒星的情况不同，环双星行星的运行轨道距离恒星会更远一些。这样就减小了它对恒星运动的影响，如此要想通过视向速度方法对其进行探测难度就会增加不少。因此，探测这类行星还是需要观察其从其中一颗恒星面前经过，或是其引力作用对双星的轨道运行周期产生的影响这样的方式来开展。

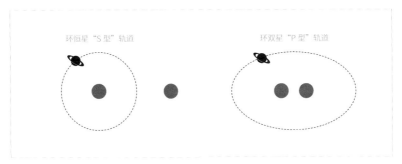

图 15：双星系统中的行星。在双星系统其中一颗恒星周围的原行星盘中形成的行星，最终将会运行在环恒星 "S 型" 轨道上；而形成于包裹两颗恒星的物质盘中的行星，最终就会沿环双星 "P 型" 轨道运行。

2011 年，Kepler-16b 的发现让这两项观测方式都得到了验证。该系统距离地球大约 200 光年，位于天鹅座。这里的两颗恒星之间距离近得非常夸张，间隔仅有 0.22 天文单位，比水星到太阳的距离还要近。这两颗恒星都要比太阳小，质量分别大致相当于太阳的 69% 和 20%。这两颗恒星太暗，靠得太近，以至于观测时无法将两者区分开来。最终其双星属性是通过观察互相掩食导致的整体亮度周期性变化推算出来的。

当开普勒空间望远镜对其进行观测时，其亮度数据中出现的一种额外减弱信号引起关注。这一减弱信号与两颗恒星之间的相互掩食不相符。这一额外的亮度减弱信号暗示存在第三颗尚未被发现的天体，它遮蔽了一部分恒星的光芒。这种额外信号出现的周期并非恒定，暗示其可能沿环双星轨道运行，由于双星之间的相互运动，会导致其发生凌星的时刻出现变化。

尽管脑海中已经有了塔图因星球这样的设想，但此时我们还并不能直接判断这颗神秘天体就是一颗行星。或许它是第三颗恒星，就像比邻星那样，在远得多的距离上围绕着双星系统运行。但在测算这颗神秘天体对双星系统轨道的影响之后，这种担忧被消除了。就如同我们在第六章中讨论过的凌星时刻出现变化，第三个天体的引力作用也会导致双星中两颗恒星相互掩食的时刻出现轻微变化，而这种变化的幅度大小取决于这第三个天体的质量大小。测算得到的质量数据显示，这的确是一颗行星。

这个世界上的天空将会和塔图因星球上看到的类似，只是它不是岩石行星，温度也没有那么高。Kepler-16b 的大小与土星相似，围绕双星运行的周期约为 229 天。从公转周期上看，它的一年长度和金星差不多，但由于它围绕运行的恒星质量要小得多，也暗弱得多，接收到的热量就要少得多，因此推算其地表温度仅有大约 –73 ℃。凌星和双星互相掩食时刻的变化可以让我们推算出这颗行星的质量与半径，显示其密度为 0.964 g/cm^3。这一数值比土星要高（土星的数据是 0.687 g/cm^3），但远低于类地行星的数据。这或许是一个混合世界，物质组成中一半是岩石和冰物质，另一半则是由氢与氦组成的浓厚大气层。

其实如果更正式一些的话，Kepler-16b 应该被命名为 Kepler-16（AB）b，从而更好反映其围绕一个双星系统运行的事实。不过，由于在这种情况下并不会引起什么歧义，通常"AB"就直接被省略了。

围绕两颗恒星运行的行星常见吗？还是说 Kepler-16b 这样的属于特例？在这颗行星刚刚被发现时，后一种想法当然是可能的。

与环恒星轨道的情况一样，包裹两颗恒星的原行星盘自然要受到来自两颗恒星的引力影响。这种双重引力作用就有导致原始星子之间相互撞击速度加快的风险，将阻碍行星的形成。除此之外，如果行星形成的位置，或者迁移后的位置过于接近双星，那么双星相互绕转时，由于相对位置变化产生的引力变化将十分明显，从而影响行星轨道的稳定性。这样的结果就是这颗行星最终将会坠入恒星焚毁，或者被彻底踢出系统之外。

或许 Kepler–16b 大致位于可能引发失稳的临界边界附近。同时，Kepler–16b 系统中的两颗恒星大小相差很大，因此其中较大的一颗会更靠近双星的共同质心；也因此，当与它的伴星以及周围的行星共同运动时，其只会发生轻微的位移，从而让 Kepler–16b 产生的引力拖拽效应显得更加不明显。这或许可以进一步证明，这颗环双星行星的发现可能真的只是出于幸运。

除了成因方面的问题，还有探测方面的问题。相互掩食的双星已经会产生周期性的明暗变化，这一信号强度远超一颗行星在凌星时产生的遮掩信号。另外，恒星表面的黑子也会是一个问题，黑子引发的恒星亮度轻微下降，其效果与凌星效应是很相似的。

还有，环双星行星发生凌星的周期并非固定的周期，这就让我们很难确定这种亮度减弱效应是否确实是由一颗在轨道上运行的行星所造成的。当围绕单颗恒星运行时，行星的每次凌星时刻都是精准可预测的，其精准度如此之高，以至于这种周期性中出现的轻微变化可以被用于寻找其他尚未被发现的隐藏行星。然而围绕双星运行的行星发生凌星的对象却是不断运动着的。行星的运动，加上双星系统中两颗恒星之间的相互绕转让这种精准的周期性被打破了。Kepler–16b 第三次从双星系统中较明亮的那颗恒星前方通过的时间，比根据第一次和第二次通过的时间进行的预测晚了足足 8.8 天。这是一个巨大的差异，尤其是当将它与由其他行星引力摄动效应所引发的周期变化幅度进行比较时就更加明显了：后者造成的时间偏差一般也就几分钟，最多不会超过几个小时。

还有最大的问题没说：这颗行星甚至可能永远也不会再发生下一次凌星了。由于两颗恒星不断变化的引力效应，这颗行星在完成一圈公转时不一定会回到它最初出发时的位置。相反，它的轨道将发生渐进性的改变，这样一来，这颗行星慢慢地可能就不再从恒星前方经过了。Kepler-16b 的长期演化模型显示，这颗行星从 2018 年年初开始就不再会与那颗较大的恒星发生凌星现象，而下一次再发生凌星可能要等到 2042 年。至于那颗较小的恒星，这颗行星从 2014 年 5 月开始就不再与其发生凌星，并且在未来 35 年内都不会发生了。

但尽管有这么多的困难，观测者们仍然孜孜不倦地搜寻着天空。驱动他们的，绝不仅仅是"双日世界"的神秘魅力。结合凌星现象，以及两颗恒星之间相互掩食时间上出现的差异，我们可以对行星各项性质进行非常高精度的测量。以 Kepler-16b 为例，对这颗行星的质量与半径数值测算都达到了惊人的精度，误差分别仅为 4.8% 和 0.34%。能够得到如此高精度的测量数据，让在环双星行星的搜寻工作中遇到的一切困难都变得值得了。

正如我们后来看到的那样，下一项新发现已经呼之欲出。开普勒空间望远镜对 750 对近距离相互绕转，且绕转的周期不超过一个地球年的双星系统进行了观测，搜寻其中可能隐藏的行星凌星信号。这项搜寻工作取得了成功：在 Kepler-16b 的发现官宣仅仅 4 个月之后，又有两颗环双星行星被发现了。

这两颗新发现的目标编号分别为 Kepler-34b 和 Kepler-35b，都是气态巨行星，大小与土星相近。Kepler-34b 围绕两颗类太阳恒星运行，这两颗恒星相互绕转的周期是 28 天，而行星围绕这对双星公转的周期则是 289 天。与此同时，Kepler-35b 则围绕两颗质量稍小的恒星运行，每一颗的质量都大致相当于太阳的 80%~90%，这两颗恒星相互绕转的周期是 21 天，而行星绕双星公转的周期则是 131 天。

　　所有这三颗被发现的环双星行星，其公转轨道平面都与双星绕转的轨道平面高度吻合（偏差不超过 2%）。这表明这些行星最开始就形成于围绕这对双星转动的物质盘当中。如果这颗行星是外来捕获的，那么它们的轨道倾角将会"随机"得多，就像太阳系中那些围绕太阳运行的彗星那样。在全部三个案例中，三个系统中都分别只有一颗行星存在，它们证明了围绕双星运行的行星是可能的。那么，有没有可能在双星的周围存在一整个行星系呢？

　　这个问题的答案，在同一年的秋天就出现了。Kepler-47 是一个双星，其成员包括一颗大小与太阳相仿的恒星，以及一颗更小的伴星，后者的大小仅有前者的 1/3，而亮度更是只有前者的 1%。这对双星彼此靠得非常近，间隔仅 0.08 天文单位，相互绕转一周的时间仅有 7.45 天。起初，这一双星系统似乎是独自存在的，它们彼此间绕转的周期性似乎并未受到某个未知天体的干扰，但它们亮度的变化却暗示了一个隐藏天体的存在。事实上，至少有两颗行星从双星中较大的那颗恒星前方经过，从而发生了凌星现象。

　　由于未能测到该双星的运动变化，也就让对行星的质量估算难以进行。但同时这也表明周围的行星不可能是木星那样的气态巨行星，因为如果是那样，其引力效应将会对双星产生影响。凌星期间进行的半径测量数据也支持了这一判断。偏内侧的那颗行星的半径大约是地球的 3 倍，轨道周期是 50 天；而在更远离恒星的位置上的第二颗行星稍大一些，半径大约为地球的 4.5 倍，公转周期大约 303 天——它们的确是气态行星，但不像木星那么巨大。

偏内侧那颗行星如此靠近恒星,表明其应该属于"迷你热海王星"类型,质量可能相当于海王星的一半,并且拥有浓密的大气层。第二颗行星的大小与海王星接近,气候也会更加温。尽管这两颗行星都没能提供一个固体表面可以让人站在上面欣赏落日美景,但该系统中至少存在两颗行星的事实,说明在这样的地方存在一整个塔图因星球那样的行星系是可能的。

到了 2015 年年初,人们已经找到了十几个环双星行星。考虑到在搜寻这些行星时遇到的巨大困难,可以认为有 10 倍数量的塔图因星球在搜寻时被遗漏了。"双日世界"或许并非稀松平常,却也没有那么罕见。然而,不管是围绕单颗恒星,还是围绕双星系统,都有一些案例会让即便是"双日世界"也黯淡无光。

玛土撒拉

Kepler-16b 常常被报道为第一颗"塔图因"世界,但它却不是首个被发现的环双星行星。就和第一颗被发现的系外行星一样,第一颗被发现的环双星行星,同样围绕死亡恒星的尸骸运行。

就在沃尔兹森与戴尔·法瑞尔发现脉冲星周围的行星的一年后,人们距离地球大约 12 000 光年外的天蝎座发现了一颗毫秒脉冲星。正如我们此前讨论过的那样,如此高的转速表明其周围存在伴星。于是人们开始在其闪烁信号中搜寻相关线索,结果发现了一颗白矮星,以及一颗绕转的行星。

这颗行星与沃尔兹森与戴尔·法瑞尔发现的超级地球大小的行星完全不同——这是一颗气态巨行星,质量比木星大 2.5 倍。另外,它并非近距离绕着脉冲星公转,而是在大约 23 天文单位的距离上,围绕脉冲星和白矮星构成的双星系统公转。这个距离大致与天王星或海王星到太阳的距离相当。

这项发现颠覆了先前所有关于脉冲星周围的行星形成理论。脉冲星周围的原行星盘被认为来自被撕碎的伴星物质，但这颗脉冲星周围的伴星显然仍然存在。即便认为其一部分的质量被剥蚀并形成了物质盘，又怎么可能在如此远的距离上产生一颗如此大质量的行星？另外，这颗行星运行的轨道平面相对于该双星绕转的轨道平面之间也存在倾角，显示这两者并非一起形成。所有这些都指向一个结论：这是一颗被捕获的行星。

这颗脉冲星和它的白矮星伴星所在的位置并非银河系中一片孤立的区域。相反，这一双星系统置身于一个古老的星团之中。当一团气体物质塌缩并产生恒星时，它往往不会只形成一颗恒星，而是会形成一大群靠得很近的恒星——星团。这样的星团规模可大可小，小的可能包含几十颗恒星，而大的甚至有可能含有数十万颗恒星。由于产生于同一片气体云团，这些恒星的年龄都是相同的，只是由于自身质量的不同，导致它们的预期"寿命"会有长有短。随着时间推移，星团中的成员恒星们一般会逐渐疏远，从而产生看似单独存在的恒星、双星，或是小群的恒星。然而那些最古老，规模也最大，包含数以百万计恒星的星团会保存下来，并维持着恒星紧密抱团的形态，这就是"球状星团"，它们是在银河系仍然年轻的时候形成的。脉冲星 PSR B1620-26 所在的正是这样一处球状星团。

包含 PSR B1620-26 的球状星团名为 M4（即"梅西耶"4 号）。这是全天最容易被观测的星团目标之一，使用小型望远镜就能看到其模糊的、视张角与月亮相当的星群外观，其位置非常接近天蝎座最亮的恒星心宿二。这一星团大约拥有 7 万倍太阳质量，直径约 75 光年，年龄大约 128 亿年。如果那颗围绕脉冲星 PSR B1620-26 的行星最开始是在其中的一颗年轻恒星周围形成的，那么它的年龄将和星团差不多。而如果真是如此，那么这颗行星将是人类迄今发现的最古老的行星之一了。这让这颗行星有了一个绰号叫作"玛土撒拉"（Methuselah），这是《圣经》中建造方舟的诺亚的祖父的名字，据传他活到了不可思议的 969 岁。

这种恒星拥挤在一起的星团环境，或许可以用来解释这颗围绕一对死亡恒星运行的行星的存在。这颗行星可以是在一颗正常的年轻恒星周围的原行星盘中诞生的。随后，这颗恒星带着它的行星系从恒星密度最高的星团核心区域通过。在这里，恒星之间的距离太近了，不同恒星之间的相互作用变得非常频繁。就在此时，这颗恒星经过一对已经死亡的恒星附近，这两颗恒星已经走完了它们的生命历程，变成了一颗脉冲星和一颗白矮星。于是这三颗恒星之间发生了相互作用，白矮星的位置被那颗携带有行星的恒星代替了。从此，这颗脉冲星的伴星变成了一颗正常恒星，而它带来的行星也转而开始围绕这个新的双星运行。

最终，这颗行星最初的母星也走到了自己生命的尽头，它变成了一颗红巨星。它的最外层气体物质开始溢出并流向近旁的那颗脉冲星，最终在气体物质消耗殆尽之后，成了一颗新的白矮星。但这些事件都没有对绕转的那颗行星产生重大影响，因为这颗恒星的质量不够大，因而不会产生超新星爆发。于是，我们看到了一颗行星围绕着两颗早已死去的恒星残骸运行的画面。但是，即便是 PSR B1620-26b 也还不是最奇怪的那个。

住在伴星的体内？

在巨蛇座方向、大约 1 670 光年远的地方，存在一个由一颗活着的以及一颗已经死亡的恒星组成的双星系统，这就是巨蛇座 NN，它由一颗白矮星以及一颗正常的红矮星组成。这两颗恒星相互绕转的周期是 3 小时 7 分钟，间隔是 0.004 天文单位。这个距离太近了，以至于天文学家们相信这颗红矮星曾经一度就住在它伴星的体内！

尽管一颗太阳大小的恒星死亡并变为一颗白矮星的过程，相比更大质量恒星的死亡过程要平静得多，但对于它的伴星而言这依旧是一个十分危险的过程。随着濒死的恒星膨胀为一颗红巨星，其最外层大气不仅可能蔓延到伴星附近，甚至可能将后者包裹。就像一颗巨大的双黄蛋一样，现在其中的一颗恒星将在另一颗恒星的"体内"运行！此时，我们说这两颗恒星拥有了"共有包层"（common envelope）。在这种情况下，在"体内"的那颗恒星在运行时将受到周围恒星物质向后拖拽的力，速度下降，轨道逐渐向内衰减。而轨道衰减过程会释放能量，这会将包裹它的气体层抛射出去，并暴露出红巨星的白矮星内核。

由于被包裹在红巨星内部，共有包层内的恒星极难被观测。但由一颗白矮星以及一颗靠得非常近的伴星所组成的双星系统被认为在过去可能曾经历过共有包层的阶段。而这正是巨蛇座 NN 的情况，它的两颗成员恒星之所以靠得如此之近，可能就是在那颗白矮星经历红巨星阶段时，其体内的气体物质对伴星的拖拽效应将两者的距离拉近所致。被整个吞噬对产生行星系统并不具有建设性，但再一次地表示：宇宙不在乎。

和 Kepler-16b 的情况相似，巨蛇座 NN 的两颗成员恒星会相互掩食，意思是从地球视角看过去这两颗恒星会互相遮挡对方。这种相互掩食过程中出现的轻微变化让天文学家们艰难地得出一个看似非常不可能的结论：这个双星系统可能并不是孤独的。

巨蛇座 NN 的轨道出现的轻微扰动是由其周围的两颗行星造成的。这两颗都是质量巨大的气态巨行星，质量分别是木星的 7 倍和

2 倍，距离双星分别为 3.5 天文单位和 5 天文单位，公转一圈的时间则分别是 7.7 年和 15.5 年。这些行星是和双星一起形成的吗？还是说它们是在共有包层被抛弃之后才产生的？

　　第一种情况会遇到一个问题，就是在恒星死亡的过程中行星该如何存活下来？尽管不像超新星爆发那么剧烈，但红巨星外层物质的散逸会让整个双星系统丢失高达 75% 的质量。在 PSR B1620–26b 的案例中，这样的质量损失之所以能够被避免，是因为其中的脉冲星将散逸出去的恒星物质再次引入了自己的吸积盘之中。但质量更小的巨蛇座 NN 无法做到这一点，它的质量将会丢失，使其难以束缚住围绕它运行的行星体。因此更有可能的是这两颗行星的年龄要比恒星年轻得多。

　　如果被抛射出去的红巨星外层物质最终在双星系统周围形成物质盘，那么在其中产生第二代行星的可能性是存在的。如果巨蛇座 NN 的情况的确如此，那么这两颗行星应该非常年轻。该双星系统内的白矮星温度非常高，达到 57 000 ℃，这表明其在形成之后尚无足够的冷却时间。这就将这颗白矮星的形成时间（也就是那两颗行星的年龄上限）限定在不超过 100 万年。如此快速的形成，表明这两颗气态巨行星不是经由稳定的核吸积过程产生的。相反，这些行星必定形成于更为快速的吸积盘失稳过程，而原材料便是被抛射出去的恒星外层物质。

　　巨蛇座 NN 是一个极端的系统：行星诞生于被抛射出去的恒星外层物质，而这层物质包裹着两颗恒星。事实上，这个系统太过诡异，我们不得不在这里做一下提醒。另外还有两个双星系统，两颗成员恒星同样靠得很近，同样相互掩食，掩食时间上同样存在轻微变化。和巨蛇座 NN 一样，这应该也是由行星造成的影响。但对这些行星轨道进行的分析显示它们不可能保持稳定，它们将很快就坠入恒星或者被踢出系统。这就暗示存在某种未知事件，是它造成了对双星系统轨道的扰动。巨蛇座 NN 周围行星的轨道是稳定的，但与相似系统的对比暗示，仍然存在其他可能的解释。这类紧密靠拢的双星可能隐藏着未知的秘密，并且它可能与行星毫无干系。

姊妹星

对于那些在双星系统内单个恒星周围形成的行星而言，系统内的另一颗伴星可能会扮演恶人的角色，破坏它诞生的过程。那么有没有这样一种可能：双星系统内的两颗成员恒星各自都拥有自己的行星系统？

答案是肯定的，但再一次地，这要取决于这两颗恒星相互之间的间隔有多远。如果两颗恒星间隔很远，那么两颗恒星的周围各自产生行星，不会相互影响，与单独存在的恒星无异。但如果两颗恒星之间的距离小于 20 天文单位，那么围绕双星的气体物质将会被吸引向质量较大的那颗恒星周围。如果靠得更近，那么类似塔图因星球那样的环双星行星将会产生。由两个行星系构成的"姊妹行星系统"到目前为止被认为是相当罕见的现象。截至 2016 年初，只有 3 个（也可能是 4 个[1]）双星系统被发现两颗恒星各自拥有自己独立的行星系统。其中一个案例尤其引人注意，这就是 WASP-94 双星系统。

WASP-94A 和 B 距离地球大约 600 光年，位于显微镜座。对 WASP-94A 的观测显示其亮度存在周期性变暗，暗示其可能存在一颗行星，并且这颗行星发生了凌星现象。这颗行星是一颗热木星，

---

1. 这里存在疑问的是双星系统 Kepler-132，目前尚不清楚该系统中存在的 4 颗行星究竟是围绕哪一颗恒星运动。

其轨道周期不到 4 天。为了了解这颗行星的质量，研究人员借助视向速度法对 WASP-94A 的特征性晃动情况进行了观测。观测得到了肯定的结果，但同时它的伴星也被观测到存在类似的晃动现象：WASP-94B 周围同样存在一颗热木星，只是它不发生凌星现象。

这两颗恒星相互间隔 2 700 天文单位，如此大的间隔表明它们两者互相之间应该不会对伴星周围的行星形成产生影响。因此这样两颗热木星的存在尽管很有趣，却也在情理之中——如果不考虑这两颗行星诡异的轨道的话。

既然形成于同一团气体云，那么其中恒星的自转、两颗成员星相互之间的绕转，以及周围的行星的转动方向都应该是一样的，也应该都大致处在同一个平面内。然而这两颗行星的公转平面之间却存在夹角，因此只有一颗行星会发生凌星现象。这还没完，天文学家发现那颗发生凌星的行星的运行竟然是逆向的，它围绕 WASP-94A 的运行方向，与这颗恒星的自转方向是相反的。

我们此前目睹过类似的偏离现象。在本书第五章中，我们讨论过一颗恒星伴星如何颠覆一颗行星的轨道，从而产生一颗拥有高倾角，甚至逆行轨道的热木星的情况。有一种可能是，WASP-94A 和 B 这两颗恒星间隔已经足够远，因而不会对彼此近旁的行星形成构成干扰，但却仍然可以颠覆这些行星的轨道。或者，这两颗行星可能曾经是围绕同一颗恒星运行的。但它们之间的一次近距离互动导致其中的一颗被"踢"了出去，并开始围绕另一颗恒星运行；还有一种可能，那就是还存在其他我们尚未发现的行星，它们的引力摄动效应让围绕 WASP-94A 的这颗热木星轨道产生了巨大的倾角。在目前阶段，究竟哪一种理论是正确的，仍然无法确定。

多日世界

正如半人马座 α 和比邻星的情况所展示的那样，伴星的数量并不局限于二，它还可以有更多。有超过两颗的恒星共享一个物质盘的可能性很低，但围绕其中某颗恒星运行的行星，可能会发现自己的天空中有超过两个的太阳。

与半人马座 α 星一样，HD131399 也是一个三合星系统，同样位于半人马座，距离地球大约 340 光年。半人马是西方古代神话中一种半人半马的生物。同样地，这一系统同样由一对双星，以及第三颗单独存在的恒星组成。但以上也就是两者之间全部的相似之处了。

HD131399 的三颗恒星中，单独存在的那颗恒星是其中质量最大的一颗，其质量比太阳还要大 80%。而那对双星则包括一颗太阳大小的恒星以及一颗更小的矮星，它们就像一对哑铃那样，绕着单独的那颗大质量恒星运行。这对双星与第三颗恒星之间间隔大约 300 天文单位，而在它们中间还存在一颗木星大小的行星体。

这颗与木星类似的气态巨行星围绕那颗单独存在的大质量恒星运行，距离大约 82 天文单位，大致相当于太阳到冥王星距离的两倍，这就使其完成一圈公转（也就是一年）的时间长达 550 个地球年。如果有可能在这颗行星周围的一颗卫星表面生活，那么由于这颗行星上一个季节的长度就超过了 100 年，我们活一辈子都挨不过它的一个季节。这颗行星距离全部三颗恒星都非常遥远，因此一直以来它都没有被发现，不管是透过凌星法还是观察恒星运动受到的扰动。你可能想不到，这颗行星是通过直接成像的方式被发现的。

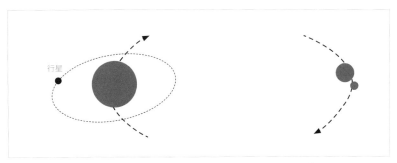

图 16：行星 HD131399Ab 围绕该三合星系统中单独存在的那颗大质量恒星运行。剩下的两颗恒星组成一个双星系统，并同样围绕这颗大质量恒星运行。

　　行星诞生于剧烈的撞击或者快速的气体物质塌缩过程，因此新生的行星温度都是非常高的。通常情况下，这些热量会被恒星的巨大光热所淹没。但如果这颗行星足够大，足够年轻，并且距离恒星足够远，那么这种热信号就可以被探测到。行星有多热取决于它的年龄和质量。假定该系统的年龄与恒星的年龄相同，我们便可以通过对这颗行星温度的观测来推断其质量。在系外行星研究领域，直接成像是一项正在快速发展的技术，但即便是对于那些最先进的望远镜，这也仍然是一项极具挑战性的任务。HD131399Ab 的质量大约是木星的 4 倍，在 2016 年被官宣之时，它属于被直接成像的质量最小的系外行星之一。

　　在 HD131399Ab 长达几个世纪的轨道旅程中，大约有一半的时间里，从地面向天空看去所有三颗恒星都会靠得非常近，每天都能看到三个太阳升起和落下；而在另外半年，这三个太阳似乎又开始渐行渐远，直到达到此升彼落的地步：最大的那个太阳升起时，另两个较小的太阳刚好正在落下，反之亦然。在大约 140 年的时间里，这颗行星上实际不存在真正的黑夜。但尽管天上总有一个或两个太阳，HD131399Ab 的地表却并不那么明亮。它和这三个太阳之间的距离太远了，即便最大的那个太阳，看上去的亮度也只相当于地球上看太阳亮度的 1/600 左右，感觉就是天空中一个很小但很亮的光点。而那对双星看上去则只是两个挨得很近且更为暗淡的亮点而已。

在为在线杂志 Slate 撰写文章时，天文学家兼科学作家菲尔·普莱特（Phil Plait）曾经设想过生活在这样一个世界上的文明可能会如何进化发展。目睹整个天空在升起和落下，这样一个文明会发展出类似托勒密地心说这样的理论模型吗？但天空中那对双星就在那里相互绕转，如此明显的反例，他们又会怎么想？

在如此远的距离上，HD131399Ab 不太可能是在其目前所在的轨道位置上形成的。有一种可能是还存在其他尚未被发现的行星，是它们的作用让这颗气态巨行星迁移到了目前的位置。再或者，HD131399Ab 过去可能是围绕那对双星运行的环双星行星，但后来受到某个恒星或行星的摄动影响而改变了轨道。这种奇异情景再次证明了恒星是绝佳的行星工厂，在任何情况下都是。

在距离地球大约 150 光年远的巨爵座（Crater），存在一个四合星系统，编号 HD98800。它包括两对双星，彼此相隔仅有 50 天文单位并相互绕转，翩翩起舞。如此近的间隔就相当于在太阳到柯伊伯带之间的空间内塞进 4 个太阳。在这一系统中目前尚未发现任何行星的存在，但在其中一对双星的周围已经确认存在物质盘。

碎屑盘是由细小的碎屑物组成的物质盘，碎屑物是行星产生时剧烈的撞击作用留下的，就像家具厂中散落一地的木屑。和原行星盘不同，它们出现在行星形成过程行将结束之时。这些温暖的尘埃颗粒可以在红外波段被斯皮策空间望远镜这样的专用设备观测到。

在这一不同寻常的双星系统周围，斯皮策空间望远镜观测到一个分裂为两部分的碎屑盘。其中外圈距离双星大约 6 天文单位，而内圈距离则仅有 1.5~2 天文单位，而在两者之间则是一道缝隙。

这道缝隙可能表明这里存在一个尚未被观测到的行星。这个隐匿的行星清除了自己公转轨道上的碎屑物和小石块，清理出一条干净的轨道。但这也并非唯一可能的解释，因为产生这些碎屑物的撞击事件并不一定可以产生行星大小的星球。很有可能，这一过程下产生的最大的天体也就只有小行星大小。如果是这种情况，那么这个空隙的成因有可能是四颗恒星之间复杂的相互引力作用。不过，假如这里真的存在一颗行星，那么在它的天空中可以看到四个太阳。其中的两个会比从地球上看太阳的距离稍远一些，而另外两颗则大致位于冥王星轨道的位置上。

宇宙中还存在更加复杂的恒星系统。比如在大熊座（Ursa Major），距离地球大约 250 光年之外，人们已经发现了一个五合星系统。这个系统分为两对双星，以及一个单独存在的恒星。与此同时，双子座中的亮星北河二实际上是一颗六合星。尽管在这些系统中尚未探测到行星的存在，但如果真的存在这样的世界，那么在那里的天空中将会看到的，可能是连科幻作品都不曾想象过的景象。

第十章　行星犯罪现场

2006 年，太阳系失去了一颗行星。10 年过去，有传言说太阳系可能又获得了一颗新的行星。一般认为，这场风波是由美国天文学家迈克·布朗（Michael Brown）引发的。

但事实上，在这两个事件中太阳周围运行的天体并未增加，也未减少。而之所以出现这些风波，与在太阳系遥远的边疆地带发现的一群天体有关。

很早之前，人们就知道在海王星轨道外侧存在岩石小天体带。柯伊伯带包围着冥王星的轨道，但起初人们认为这里的天体比起冥王星要小得多。布朗的团队给这种观点画上了句号：他们发现了阋神星、鸟神星和妊神星，它们的大小都和冥王星不相上下。于是我们开始面对这样一种前景，即随着观测技术的进步，未来我们将要在太阳系的行星名单上加入数以千计的小型行星。为了防止这种情况的发生，国际天文学联合会决定设立一种新的天体类型。冥王星和阋神星、鸟神星以及妊神星一起，被重新归类为矮行星。

但做出这一改变的正当理由，也绝不仅仅是为了避免增加过多新行星的现实情况。这些新发现的天体与类地行星或者气态巨行星都不同。从水星到海王星，所有这些行星都是它们所在轨道区域的主宰。除了被它们的引力束缚而围绕它们转动的卫星之外，没有任何大小与之相仿的天体和它们共享轨道区域。但在冥王星位于柯伊伯带内的轨道附近却充斥着和它大小相仿或者更小的天体。之所以出现这样的差别，是因为类似地球这样的行星已经通过撞击或散射机制将其附近区域内的小天体消灭殆尽。于是我们说，这些行星的轨道是"清空"了的。而冥王星和其他矮行星却未能清空其轨道周围区域，于是也就造成它们所处的空间环境与大型天体周围存在显著的不同。

太阳系中所谓"清空"机制未能发挥作用的第二处地点是小行星带。这里分布着数以百万计的岩石碎块，但也有个头较大的，比如直径 900 公里的谷神星。在 1801 年它被首次发现时，和冥王星一样也一度被认为是一颗行星。但当小行星带被发现后，人们发现谷神星周围有很多大小与它接近的天体，包括智神星、灶神星和健神星的直径都超过了 440 公里。相比之下，目前已知运行轨道与地球轨道相交的最大天体是小行星 Ganymed[1]，其直径仅有大约 41 公里，比地球直径小了足足 300 倍。而且实际上，将这颗小行星与地球相比并不公平，因为它并非形成于地球附近，而是形成于小行星带，只是之后才向内侧运动到了今天的位置。正是由于身旁有太多较大的天体存在，谷神星也同样被归入了矮行星行列，与冥王星和其他几个运行在海王星轨道外的天体做伴。

但柯伊伯带附近的那几个天体之所以被归入矮行星，并非仅仅因为它们过于拥挤的轨道。它们围绕太阳公转的轨道也并非圆形，而是拉长的椭圆形，并且相比其他行星的公转轨道平面，这些天体

<hr/>

1. 原文如此。小行星 Ganymed，即第 1036 号小行星。它是一颗阿莫尔型小行星，表明其轨道近日点位于地球轨道外侧，只会接近，但并不会穿越地球轨道。这个小行星的名字很容易与木星冰卫星之一的木卫三（Ganymede）混淆。——译注

的公转轨道平面存在较大的偏离。

正如开普勒在 17 世纪初所发现的那样，所有行星的轨道都不是完美的圆形，而是椭圆形。轨道具体有多么"拉长"则用参数偏心率来衡量。地球围绕太阳公转的轨道非常接近于正圆，其轨道偏心率仅有 1%；相比之下，火星公转轨道的偏心率是 10%，而木星轨道的数字则是 5%。这样的低偏心率轨道并不让人感到意外。当星子之间发生慢速碰撞时，孕育行星体的效率是最高的，高速的撞击只会引发反弹和破碎，并不利于行星的诞生。在圆形轨道上，大量岩石以相似的速度运动，它们之间更容易发生慢速碰撞。

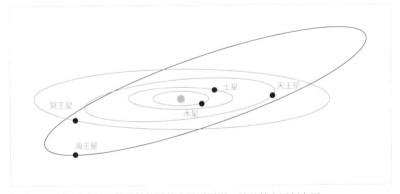

图 17：太阳系内行星的公转轨道基本呈近圆形，并且基本运行在同一公转平面内。但冥王星的轨道是拉长且倾斜的。轨道被"拉长"的程度（即圆形轨道被压得多么"扁"）用"偏心率"来度量，而公转轨道的倾斜程度则用"倾角"来度量。冥王星的轨道偏心率达到 25%，轨道倾角是 17 度。

与其他更大的天体相比，冥王星的轨道偏心率达到 25%，轨道偏离太阳系平面角度达到 17 度。正是由于这种拉长型的轨道，冥王星与太阳之间的距离在其 248 年的公转周期内会发生巨大的变化，事实上有 20 年的时间冥王星比海王星到太阳的距离还要近。上一次发生这种现象是在 1979 年 2 月 7 日，并一直持续到 1999 年的 2 月 11 日。

由于在长椭圆轨道上产生行星会面临巨大困难，因此具有高偏心轨道的天体不太可能是在它们当前的轨道上形成的。相反，必定有某种力量将它们推离了它最初形成时的位置。史蒂芬·凯恩说："这就像目睹一个谋杀现场，就像法医检查墙上血迹的喷溅情况。"他说："你知道有一些不好的事情发生了，但你必须弄清楚是什么原因导致的。"而在冥王星、阋神星、鸟神星和妊神星的案例中，"凶手"就是海王星以及其他几个气态巨行星。

柯伊伯带中距离较近的几个天体，如冥王星和妊神星，都处于与海王星之间的共振轨道上。冥王星与海王星之间存在 3∶2 共振关系，也就是说冥王星公转 3 圈刚好对应于海王星公转 2 圈。正是由于这种模式，这两颗星球可以安全地穿过对方的轨道而不会相撞，因为它们总是会在一个固定的（不会导致相撞）位置上穿过对方的轨道。妊神星和海王星之间可能也存在强度更弱的 7∶12 共振关系。透过我们在前文第五章中讨论过的古在 – 里多夫机制，这种共振关系会导致这些矮行星的轨道被拉伸且倾角变大。

在更远的地方，鸟神星与海王星之间不存在共振关系。这颗矮行星的高倾角轨道被认为是由于在太阳系形成晚期，受到气态巨行星的影响被"踢"出去时形成的。与此同时，阋神星的超高偏心率和大倾角轨道则是因为它挨了海王星"一脚"，将它"踹"到了今天的轨道上。

在阋神星轨道之外，柯伊伯带的外侧边缘地带，海王星的引力影响在这里逐渐式微。继续向外，在非常非常遥远的地方，就到了奥尔特云。这里存在大量的小天体。它们处在一种太阳引力束缚与更外侧银河系引力拖拽的微妙平衡之下。而在柯伊伯带与奥尔特云之间，则空无一物——至少我们曾经是这么认为的。

2003 年的秋季，布朗正在加州理工学院教书，当时他做了一个名为"太阳系的边界"的讲座。在此之前他已经做过很多次这个讲座，而每次他都会在结尾时说，在柯伊伯带之外空无一物。但这一次，布朗在这里停顿了一下。他在一篇博客文章中回忆起当时自己对学生们说："我现在不确定我自己是不是还相信这一点了。"

就在那天清晨，布朗浏览了此前一个晚上拍摄的巡天图像，并注意到一个缓慢移动的目标。几周之后，布朗和天文学家查德·特鲁吉洛（Chad Trujillo）以及大卫·拉比诺维茨（David Rabinowitz）确认了这是一颗新发现的矮行星。被观测到的时候，它距离地球大约 100 天文单位，这个小小的天体是迄今在太阳系中被观测到的最遥远的天体 [1]。另外，它的轨道一点都不圆。

这颗矮行星的公转轨道偏心率达到了不可思议的 85%。这就导致它到太阳的距离会发生剧烈变化，在近日点时距离大约 76 天文单位，而运行到远日点时，到太阳的距离则将高达 936 天文单位。它距离太阳如此遥远，也让它获得了自己的名字：塞德娜（Sedna），这是因纽特人神话中生活在寒冷的北冰洋洋底的女神。

塞德娜运行轨道的偏心率如此之高引人注意，但真正让这颗矮行星显得不同寻常的还是它遥远的距离。即便在最接近太阳的时候，塞德娜的位置也远在柯伊伯带之外，后者的大致范围是距离太阳 30~50 天文单位。这就意味着那里已经远远超出了海王星引力的影响范围。

---

1. 尽管长周期彗星的存在向我们透露了奥尔特云的存在，但它太过遥远，目前尚无法进行直接观测。

当一颗天体将另一颗较小的天体"踢"出去时，后者将进入一个椭圆轨道，偏心率变大。但是和圆形一样，椭圆轨道同样是一个闭环，因此这颗小天体最终还是会回到最开始它挨"踢"的位置上。因此理论上说，每一个拥有高偏心轨道的天体，在其轨道运行期间的某一个时刻，应该都会返回并经过最初"踢"它出去的那个天体附近。但塞德娜从来不会靠近海王星，或者任何其他有能力给它这样"一脚"的行星。事实上它的距离是如此遥远，从地球出发去海王星，都要比塞德娜与海王星之间的距离更近。但与此同时，它与奥尔特云之间又还有巨大的距离，因而不可能受到银河系引潮力摄动的影响。那么，罪犯究竟是谁？是谁给了塞德娜那临门一脚？

2014年3月末，问号翻倍了。人们发现了第二颗矮行星，其运行轨道和塞德娜一样拥有高偏心率轨道，位置也同样极为遥远，远离海王星引力的影响范围。最开始观测到它是在2012年11月，并获得临时编号2012VP$_{113}$。一直要等到它的轨道被精确测定之后，国际天文学联合会才会给它一个正式的名称。

2012VP$_{113}$的椭圆轨道在近日点时距离太阳比塞德娜更远，最近时距离大约80天文单位，最远的时候则达到大约450天文单位。和塞德娜一样，这颗矮行星在其轨道运行期间不会接近任何一个可能将其"踢"出去的天体。那么，这两颗天体究竟是如何抵达今天的位置的？

到目前为止，塞德娜和2012VP$_{113}$的确切成因依旧是个谜团。但这里有三个可能的解释。第一种是认为这几颗矮行星不是由其他行星，而是由路过的恒星给"踢"出去的。

奥尔特云当中的天体可能会受到近邻恒星的扰动，但相比之下塞德娜和2012VP$_{113}$仍然过于靠近我们的太阳，因而不会受到近邻恒星的影响。然而在我们太阳系的婴儿时期，太阳却并非独自存在的。

恒星通常是成群形成的，之后随着孕育它们的气体云团在新生恒星的光热作用下逐渐消散，恒星们也逐渐相互远离。在这样的早期，周围其他恒星与太阳之间的距离要比今天近得多。这样就存在一种可能性，那就是这些近旁的恒星施加的强大引力摄动，造成了塞德娜和 2012VP$_{113}$ 的轨道偏心率变大。如果情况的确如此，那么这两颗矮行星，再加上其他大量的同类天体一起，就组成了"内奥尔特云"（inner Oort cloud）。这是一个设想中可能存在的区域，该区域超出了气态巨行星的引力影响范围，也超出了近旁恒星的引力影响范围，但却保存了太阳系早期岁月的遗留痕迹。

如果与早期近邻恒星无关，那么第二种理论则与行星的早期狂暴历史有关。塞德娜和 2012VP$_{113}$ 今天可能确实处在海王星的引力影响范围之外，但人们并不认为海王星是在今天所在的位置上形成的。在原行星盘蒸发消失之后，四颗气态巨行星发生了轨道位置迁移，并剧烈扰动了太阳系中存在的大量星子。在这期间，海王星可能曾经被推入一个偏心率更高的运行轨道，因此它会运行到距离太阳更加遥远的位置。随着它的引力向外延伸，它的引力摄动效应可以影响到塞德娜和 2012VP$_{113}$，并将它们送入了今天所在的轨道。可能正是由于将大量的星子和矮行星向外"踢"了出去，产生的反作用力帮助海王星恢复了其近圆形的轨道，从而看上去似乎够不到那两颗矮行星了。

对于这两颗矮行星而言，其高偏心率轨道的形成不管是源自太阳近邻恒星的影响，还是来自海王星的引力摄动，都说得通。但这里还有第三种可能：我们的太阳系中或许还有另外一颗行星。

关于我们的太阳系中还隐藏着其他未知行星的想法过去也曾有

过，并且结出了硕果。1820 年，法国数学家阿列克斯·玻利瓦尔(Alexis Boulevard) 注意到他对天王星位置的计算结果与观测不符，天王星没有出现在"正确"的位置上。如果设想还存在一颗大质量天体对其施加了引力摄动影响，那么天王星的这种位置偏差就可以得到解释。最终证实，这颗"大质量天体"就是海王星。根据由天王星的位置偏差推算得到的坐标数据，这颗行星在 1846 年首次由柏林天文台观测到。

大约一个世纪之后，一个更加机缘巧合的故事导致了冥王星的发现。在 20 世纪初，美国富商、天文学家帕西瓦尔·洛威尔(Percival Lowell) 在经过计算后认为天王星和海王星的轨道还受到了另外一颗未知天体的影响。尽管他未能在自己的有生之年发现这样一颗天体，但他生前所创立的天文台却在后来真的找到了一颗可能的候选天体。

克莱德·汤博(Clyde Tombaugh)是一位堪萨斯州的农村男孩，他喜欢在自家的家庭农场里制作望远镜。其中有一台望远镜被他命名为"割草机凝视者"（ gazer-grazer ），因为他将这台望远镜与家里的一台割草机连接到了一起，以便到处移动。1928 年，汤博利用自己做的望远镜对木星和火星进行了详细的绘制，并将这些手稿寄给了位于亚利桑那州的洛威尔天文台。这样做的结果是他得到了一份在天文台的工作，汤博正式加入了帕西瓦尔·洛威尔搜寻"行星 X"的队伍。

两年之后，汤博发现了冥王星。这颗设想中的第九大行星似乎刚好可以填补对天王星以及海王星产生引力摄动的天体空位。然而，当 1978 年冥王星的质量被测定之后，人们发现它的质量太小了，远不足以对其巨型邻居们的轨道产生那样的影响。问题真正的解决还要等到 1989 年美国宇航局的"旅行者 2 号"探测器对海王星的近距离考察。此次考察发现海王星的质量被低估了大约0.5%——足以解释前面提到的轨道位置偏差了。大约20多年后，我们曾经的第九大行星，终于被降级成了一颗矮行星。

但，有没有可能洛威尔的想法是正确的呢？我们的太阳系中真的隐藏着一颗未知的行星，从而造成了那些矮行星的高偏心率轨道呢？这样一颗行星必须足够巨大，有能力将塞德娜和2012VP$_{113}$抛射出去，进入当前所在的轨道，但同时也必须足够遥远，以至于我们目前尚无法直接观测到它。

判断太阳系中究竟有没有隐藏行星的方法之一是测定太阳系的质量中心位置。正如之前我们所讨论的那样，两个相互绕转的天体的质量中心是它们两者的引力平衡点位置。我们可以打一个比方：将一支铅笔横放在你伸出的手指上，然后在铅笔的两头各放置一块大小不同的橡皮，然后你去观察铅笔保持平衡时的支点所在位置，两个相互绕转的天体也是一样，质量中心（支点）会更偏向于质量更大的那个天体。

而当一个系统中存在很多个天体时，质量中心就将位于它们引力合力的平衡点上。现在我们手上的铅笔被换成了一个盘子，里面放入很多个弹珠。毫不意外，我们太阳系的质量中心将会非常靠近太阳，而其精确位置则取决于各大行星的位置以及它们公转时的位置移动。如果太阳系中存在一颗我们尚不知晓的行星，那么根据已知数据推算的太阳系质心位置就会出现偏差：我们会意识到，那个盘子里应该还有一颗没有被计算进去的弹珠。

检测这种偏差的存在可以借助脉冲星来实现。随着地球围绕太阳系的质心公转，它相对于特定脉冲星的位置会发生改变。因此在地球公转期间，这颗脉冲星发出的脉冲信号抵达地球的时间也会出现轻微差异。这种位置的差异对比脉冲星的距离是微不足道的，但由于脉冲星的信号具有极高稳定性，因此这种极小的偏差是可以被测出来的。而为了准确测定脉冲星的信号频率，天文学家们必须将地球本身的运动考虑在内。如果估算得到的太阳系质心位置是错误的，那么地球与脉冲星之间的真实距离将出现对不上的情况，而这也将反映在脉冲星信号的不规则当中。

在 2005 年，天文学家对脉冲星信号的抵达时间进行了仔细检查，试图从中寻找可能暗示有未知行星存在的异常变化。但结果一无所获：没有证据显示存在一颗未知的行星在影响太阳系质心的位置。

这是否定所谓"行星 X"的有力证据，但却并不意味着不再有质疑的空间。和所有的实验一样，这项研究对于引力影响大小的检测也存在一个极限。该次检测的下限大致相当于一颗木星质量的行星，运行在 200 天文单位的距离上。换句话说，如果"行星 X"真的存在，那么它要么质量更小，要么距离更远。由于这一极限已经远远超出任何已知的行星或矮行星，因此我们一度认为太阳系内不太可能还存在未知的行星了。

这种情况在 2012VP$_{113}$ 被发现之后发生了改变。人们开始留意到一个奇怪的巧合，这种巧合让关于"行星 X"的讨论再次回到了聚光灯下。太阳系距离最遥远的 6 颗天体的轨道似乎都存在诡异的倾向性：塞德娜、2012VP$_{113}$ 以及其他四颗更小一些的天体，它们的轨道都在近日点——它们在轨道上最接近太阳的位置——附近出现重叠。它们的椭圆轨道向远处延伸，但都偏向同一侧。

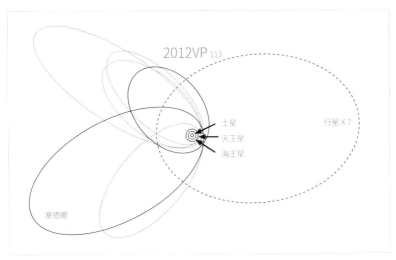

图 18：矮行星塞德娜和 2012VP$_{113}$，以及四颗更小一些的天体的轨道。它们的轨道明显偏向一侧，似乎暗示存在一颗神秘的"行星 X"对它们的轨道运行施加了影响。

　　布朗就这一问题请教了康斯坦丁·巴特金（Konstantin Bathgin），这位天文学家专门研究天体运动模型，他的办公室就在加州理工学院的走廊另一头。这两位天文学家一起对观测情况进行了分析，并利用计算机进行运算。他们的计算显示，出现这种明显集群倾向性轨道的概率大概只有 0.007%。而另一种情况的可能性则要高得多，那就是有某种外力造成了这种轨道——"行星 X"的想法再次复活了。

　　根据布朗和巴特金的计算，这个"行星 X"（或者用他们的说法，称之为"第九大行星"）的质量应该大约是地球的 10 倍，或者相当于冥王星的 5 000 倍。这可不是一颗小型的矮行星，而是一颗遥远而寒冷的迷你海王星。尽管质量挺大，但由于它距离太阳平均超过 600 天文单位，在如此遥远的距离上，其对太阳系质心位置的影响将几乎可以被忽略。

这样一颗"行星X"所施加的稳定影响可以将一些柯伊伯带天体缓慢地拖离海王星的影响，从而形成一群极为遥远，轨道具有相似的倾向性，且偏心率很高的天体。

那么这颗"行星X"能够被观测到吗？答案是肯定的，但这将会十分困难。

海王星的位置是根据天王星一整圈公转过程中产生的偏差数据计算的。相比之下，塞德娜和其他高偏心率轨道伙伴们的公转周期长达1 000~10 000年之久，因此目前观测到的只是其轨道周期的很小一部分。这就没办法在轨道上精准确定可能存在的"行星X"的位置，要想找到它，只能对整个天空进行搜寻，而这无异于大海捞针。

设想中"行星X"的存在可以解释太阳系最遥远的几颗矮行星的轨道异常情况，但这个"行星X"本身又是如何形成的？除了在冰线附近固体颗粒物质会出现一个小小的高峰之外，整体而言原行星盘的物质密度是从中央恒星向外逐渐递减的。在比海王星还要远20倍的距离上，要想聚集足够多的物质，用于构建一颗10倍地球质量的行星将是极为困难的。"行星X"可能是被一颗过路的恒星抛射出去的，但更简单的解释还是那些气态巨行星将"行星X"踢了出去。

如果"行星X"曾经是第五颗气态巨行星，那么它有可能是在和太阳系中的另外四颗气态巨行星一同形成的阶段被抛射出去的。这个想法乍看上去似乎和之前提出的关于塞德娜以及2012VP$_{113}$的理论存在相似的问题：被抛射出去的天体应当运行于一个椭圆轨道上，并且最后会返回到它被抛射出去之前所在的初始位置。但这个"行星X"很显然并不会靠近任何一颗气态巨行星。这个问题的答案可能隐藏在原行星盘内的气体拖拽作用之中。如果"行星X"是在气体蒸发之前被抛射出去的，那么它的椭圆形轨道将会在圆形的气体盘中穿行。行星周围的气体运动速度差异很大，这会对在其中穿行的高偏心轨道行星产生强大的后向拖拽力。和较小的塞德娜以及 2012VP$_{113}$ 不同，这些气体与其自身强大引力场之间的互动，足以迫使"行星 X"进入一个距离太阳很远的圆轨道。

在太阳系的边缘地带，原行星盘中的气体将会非常稀薄。它们提供的拖拽力足以让"行星 X"的轨道变圆吗？这是一个难题，但这个问题的解决可能是有先例可循的。

2008 年，人们在一颗年轻的恒星 HR8799 周围发现三颗气态巨行星。这颗恒星位于飞马座，距离地球大约 129 光年。这三颗行星依旧保留着形成时遗留下来的高温，在红外波段看上去相当明亮。它们的信号足够强，可以进行直接成像，这也使其成为史上首个通过直接成像拍摄的系外多行星系统。第二年进行的后续观测又找到了该系统内的第四颗行星，从而组成了一个由四颗气态巨行星构成的系统。

这四颗行星都非常巨大，质量为木星的 7~10 倍，这让它们比太阳系内除了太阳之外的任何天体都要大得多。它们围绕恒星运行的轨道距离恒星也非常遥远，介于 15~70 天文单位之间，大致等同于天王星和柯伊伯带到太阳的距离。但最重要的是，它们的轨道似乎是圆形的。

尽管这几颗行星围绕恒星运行的轨道距离要比塞德娜和其他同类天体更近一些，但由于它们体形巨大，这使得它们在当前位置上的形成机制也变得难以解释。这里存在多种可能性，或许是在物质丰富的物质盘内侧形成，随后再透过向外的迁移机制抵达了今天的遥远位置，也可能是经由吸积盘失稳机制产生的。然而也有可能这四颗巨行星就是被另一颗行星给"踢"出去了，并最终进入一条具有高偏心率的轨道。如果这些年轻的行星仍然身处气体盘之中，那么将它们"踢"出去的那颗行星将会开始向内侧朝着中央恒星的方向运动，与那些行星脱离了接触，那后续的进一步互动也就无从谈起了。而那些被抛射出去沿椭圆轨道运行的行星在残余的气体盘内穿行时，其轨道形态也将逐渐变为圆形。

复现这一轨道圆化过程的模型证明，这一过程是可能发生的，但有一系列的前提条件。首先，那些被抛射出去沿着椭圆轨道运行的行星必须是大质量的。气体和这些行星自身的引力必须相互作用，才能产生足够大的拖拽力。一颗冥王星大小甚至地球大小的行星太小，无法引发足够大的拖拽力，因此像塞德娜这样的矮行星就没有办法在拖拽作用下发生轨道圆化。但如果是那些"超级地球"或是海王星级别的行星，则其轨道将开始出现变化。其次，在那些遥远恒星的周围，原行星盘也必须保持一定厚度，如此才能提供足够大的拖拽力。如果在行星被抛射出去之前气体盘就蒸发消失了，那就没有力量去实现行星的轨道圆化了。但这种情况出现的可能性有多大呢？目前仍然存在巨大的不确定性。

HR 8799 旁这些气态巨行星的情况暗示，"行星 X"是可能存在的。如果质量巨大的行星真的可以被向外抛射出去，并且随后其轨道能够被圆化，那么我们的太阳系中完全有可能还隐藏着一个未知的世界。这种可能性将促使我们不断搜寻夜空，寻找那颗隐藏的行星。

天气预报：明天气温比今天高 1 000℃

在我们太阳系之中，高偏心率轨道比较少见，解释其成因也困难重重，因此我们可以合理地推断，类似的轨道在其他恒星周围同样也是不多见的。但观测却显示，情况并非如此。

和太阳系中基本都是近圆形轨道的情况不同，系外行星围绕恒星运行的轨道则是各种拉长形状，简直五花八门。在非常接近恒星的位置上（距离小于 0.1 天文单位），恒星的引潮力会确保行星沿圆轨道运行。但在距离超过地球轨道所在的 1 天文单位范围之后，系外行星轨道的平均偏心率就高达 25%，超过了太阳系里的所有行星。除此之外，这些拥有高偏心轨道的天体还不是像塞德娜那样大小的矮行星，没有那么容易被抛射出去。事实上，反而是那些质量巨大，类似于海王星这种规模的行星，其轨道显示出最大的偏心率。并且，其中有些案例显得尤其极端。

在大熊座前爪的位置上有一颗编号为 HD 80606 的恒星。这是一颗类太阳恒星，距离地球大约 190 光年。它身旁有一颗行星绕着它运动，这颗行星十分巨大，质量约为木星的 4 倍。这颗行星的轨道的偏心率真的非常高——真的非常非常高。HD 80606b 的公转轨道偏心率达到不可思议的 93%，这已经和哈雷彗星的轨道偏心率接近。这种情况绝不可能经由一次引力抛射作用而产生，但问题是在这个系统中根本没有第二颗行星存在，那么是谁"踢"的它？这颗行星的轨道太过"压扁"，其近日点距离恒星表面仅有 0.03 天文单位，这相当于地球与太阳之间距离的 3%，仅相当于这颗行星直径的 4 倍；而在它的远日点，这颗行星会运行到接近日地距离的位置上，距离恒星大约 0.88 天文单位；但即便在这里温度也仍然太高，大质量的气态巨行星是很难形成的。HD 80606b 沿着这条轨道公转一圈只需要地球上的 1/3 年时间。

开普勒行星运动第二定律说，行星围绕恒星运行，如果作行星与恒星的连线，则这条连线在单位时间内扫过的扇形面积相等。我们可以将这条连线视作一台铲雪车，它每天都有定量的任务，或者说每天必须铲掉等量的积雪。在一个高偏心率轨道上，随着行星逐渐靠近恒星，它们两者之间的连线长度也将缩短。这时候，为了确保我们前面所说的"定量铲雪"，那么我们的铲雪车就必须开得快一些，以便完成这一天的定额。相似地，行星在运动到接近恒星时公转速度会加快，远离时则减慢。

开普勒第二定律的结果就是，在 HD 80606b 上，夏天只持续一天，这一天高温将焚毁地表的一切。而在它相当于 111 个地球日长度的一年当中的大部分时间里，这颗行星所处的位置都和地球与太阳之间的距离相当。当它朝着内侧一头扎下去，高速掠过恒星附近时，持续时间仅有 30 小时左右。监视这一高速且狂暴过程的开普勒空间望远镜发现，在短短 6 个小时内，这颗行星的地表温度就从 500 ℃飙升至大约 1 200 ℃。即便存在一种可以抵挡 1 000 ℃高温的超级防晒霜，HD 80606b 上的夏天也绝不是一个能够享受日光浴的地方。这颗行星上受到剧烈加热的大气将迅速膨胀，可怕的飓风风速可以达到每小时 18 000 公里。天文学家格雷格·劳林（Greg Laughlin）一直在使用开普勒空间望远镜对 HD 80606b 进行监测。用他的话来说，这是"银河系中最狂暴的飓风之一"。如果你能死死抱住你的沙滩遮阳伞杆子不被这样的飓风吹走的话，你将看到天空中的"太阳"不断变大，直到大约相当于我们从地球上看到的太阳大小的 30 倍，而在此期间亮度则将增强 1 000 倍。

由于 HD 80606b 是不可能在它目前所处的高偏心率轨道上形成的，我们再一次被丢在了一个犯罪现场，现在我们需要找出凶手是谁。之前我们面临的问题都是目标行星周围的其他行星邻居太过遥远了，而这一次，HD 80606b 的周围根本就没有邻居（至少目前还没发现有）。那在这样的情况下，我们只能将目光投向那颗恒星。碰巧的是，它有一颗伴星。

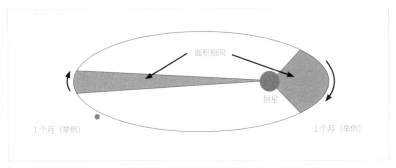

图 19: 开普勒行星运动第二定律: 围绕恒星运行的行星, 其公转速
度会不断变化, 以使该行星与恒星之间的连线在相同时间内扫过的
面积相等。因此, 在一个高偏心率轨道上运行的行星, 在接近恒星
时公转速度必然加快。

    HD 80606 和 HD 80607 同属一个双星系统, 但两颗成员恒星
之间间隔较远, 平均间隔大约 1200 天文单位, 这大约相当于土星到
太阳距离的 125 倍。尽管这两者之间相距太远, 不太可能对对方周
围行星的形成产生影响, 但却可能透过古在 – 里多夫机制影响行星
HD 80606b 的轨道。在第五章中, 我们探讨过这一机制可能是热木
星的形成机制, 通过使其轨道不断在高偏心率与大倾角之间切换,
这颗伴星可能会迫使 HD 80606b 逐渐向内侧运动。

    如果这就是 HD 80606b 所经历的, 那么它最初就完全有可能是
在类似我们木星所在的距离上, 且正常的圆轨道上形成的。在接下
来的 1 000 万年里, 来自伴星的持续引力作用将会让这颗行星继续
在高偏心率轨道和大倾角轨道之间来回切换。当它进入高偏心轨道
时, 它将从比较近的距离上通过恒星附近, 此时恒星的强大引潮力
会加热行星, 并使其进入一个更近的轨道上。这样的结果就是一个
高偏心率轨道, 但其远日点只能到类似太阳系中日地距离那么远的
位置。最终, 它所绕转的恒星的引力作用将会超过来自其伴星的影响,

从而使 HD 80606b 的轨道再次逐渐圆化，成为一颗热木星。

来自伴星的引力影响可以解释一部分偏心率最极端的系外行星案例。在 2016 年 2 月，HD 80606b 的纪录被再次打破：一颗系外行星的轨道偏心率竟然达到了惊人的 96%！ HD20782b 位于天炉座，距离地球大约 117 光年。如此"压扁"的轨道使其近日点达到 0.06 天文单位，远日点则在大约 2.5 天文单位距离上；与 HD 80606b 一样，它所绕转的恒星拥有一颗伴星，可能正是后者造就了这颗行星如此奇异的轨道。但是，宇宙中还有更加诡异的犯罪现场，恐怕需要其他不同的解释。

行星碰碰车

20 世纪 90 年代末，很多类太阳恒星周围都被发现存在一个行星，但人们尚未发现恒星周围有多颗行星，从而构成一个行星系统的情况。改变这一切的恒星是仙女座 υ A（υ Andromedae A）[1]。

与我们的太阳一样，仙女座 υ A 的周围存在 4 颗气态巨行星[2]。但和我们的太阳系不同的是，这几颗行星都挤在相当于木星轨道内侧的空间里。这些气态巨行星体形都相当庞大，质量分别是木星的 0.7 倍、2 倍、4 倍以及 10 倍。即便是最靠内侧，同时质量也是最小的那颗行星，其质量也相当于土星的至少两倍，距离恒星仅有 0.06 天文单位，公转一圈只需要 4~5 天。

4 颗气态巨行星全都拥挤在相当于我们太阳系中最靠里侧的一颗巨行星轨道范围内的空间里，这种情况令人意想不到。这是人类

1.υ（Upsilon，音"宇普西龙"），希腊字母。——译注

2. 也有可能是三颗。最外侧那颗行星的发现目前尚存在一些争议?

所发现的首个在正常恒星（而不是死掉的恒星）周围存在的多行星系统——这一事实使其被载入史册。但真正使其吸引目光的是，这些行星的轨道都完全不合常理。

仙女座 υ A 周围的第二颗和第三颗行星（即行星 c 和 d）的轨道偏心率很高，分别达到 26% 和 30%。相比 HD 80606b 和 HD 20782b，这样的偏心率数据似乎并不足为奇，直到我们再观察它们的轨道倾角数据。它们不但没有和它们恒星的自转在同一平面上，甚至它们彼此之间都不在同一个平面上。两者公转轨道平面之间的夹角高达 30 度左右。作为对比，我们太阳系内各大行星公转轨道之间的倾角一般都不会超过 2 度。即便是轨道偏心率高达 21% 的水星，其轨道倾角也就在 7 度。高达 30 度的倾角意味着这些大质量行星沿着非常不同的轨道在围绕恒星运行。这使得它们看上去不像是行星，而更像是巨型的彗星。

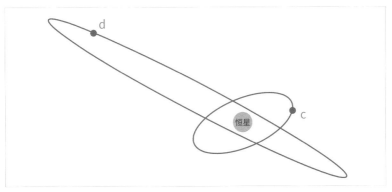

图 20：仙女座 υ A 周围的行星 c 以及行星 d 的轨道，这两颗行星的轨道相互之间倾角很大。

是什么原因导致了这样的高偏心率和大倾角轨道？我们首先想到的仍然是古在 – 里多夫机制。正如其名字所暗示的那样，仙女座

υ A 是一颗双星，它的伴星是仙女座 υ B，后者是一颗质量小得多的红矮星。这两颗恒星之间的距离相当遥远，但精准的距离数字目前仍然不甚明确，这主要是因为仙女座 υ B 过于暗弱，在它明亮伴星的光芒干扰下，很难在天空中对其运动状况进行测量。这两颗恒星之间的距离最近可能达到 700 天文单位，而最远甚至可能间隔 30 000 天文单位。但不管在这一区间内的哪个距离上，质量如此小的仙女座 υ B 都无法完全解释这几颗行星诡异的轨道形态。因此伴星可能并非这个问题的答案。

这就让我们把怀疑目光投向了这些行星本身。尽管质量与恒星无法相比，但大质量的行星依旧可以产生相当强大的引力作用。有没有可能这是一种与太阳系内那些矮行星，以及遥远的系外行星 HR 8799 相似的情形，不同的只是前者产生的是一种向外的抛射作用，而这里的结果则是一片混乱？

为了积累足够大的质量，这些行星必然是在原行星盘中近似圆轨道的情况下形成的。而作为气态巨行星，它们形成的位置也必定要比今天所在的轨道远得多，因为只有那样它们才能获得足够多的冰物质来达成如此巨大的体量。这个行星系的开局画面似乎和我们太阳系非常相似：在遥远的距离上形成了大质量的行星，并且它们的轨道偏心率与倾角都比较小。

随着它们的质量增长，它们将可能开始向恒星运动。在接近它们今天所处的轨道附近时，气体盘消散，迁徙终止。但伴随气体盘的消散，帮助维持其圆形轨道的气体拖曳力同样也消失了。此时的行星对其周围其他行星的引力摄动效应就变得很敏感。尽管我们无法确切知道后面发生了什么，但很有可能行星 d 曾经遭遇了一次"碰撞"。

另一辆"碰碰车"可能是曾经存在于该系统内的另一颗行星。

行星 d 和这颗行星的引力使它们互相朝着对方加速。这样的结果就是行星 d 转入了一个高偏心率轨道，而另一颗行星则被直接"踢"出了系统，进入茫茫太空。

现在的行星 d 已经不在圆轨道上运行，于是它开始对行星 c 产生影响，迫使后者的轨道发生变化。有意思的是，行星 c 的轨道并非固定不变。相反，它与行星 d 之间持续的互动意味着其轨道会逐渐恢复为圆形，随后再次变成高偏心率且大倾角的轨道，循环往复，周期大约是 10 000 年。

不同行星之间的这种"引力弹球游戏"教会我们在行星形成理论中的重要一课：即便在形成之后，行星系统也并非一成不变的。就像虚拟现实电视节目一样，一些行星可能会中途离场。

有高达 1/4 的系外行星运行在偏心轨道上，因此我们可以相当有把握地认为，这类"引力弹球游戏"应当是普遍存在的现象。一旦变为高偏心率轨道，行星将经历剧烈的季节温度变化，就像 HD 80606b 上发生的那样。但这是否意味着我们将难以找到一个温暖的、与地球相似的行星世界？由于我们的近圆形轨道，地球可以从太阳那里接收到稳定的热量。如果我们的行星也被迫运行在一个高偏心率轨道上，那么我们星球上的四季将会在高温炙烤下的水星夏天，以及寒冷刺骨的火星冬天之间来回切换。生命要想在那样一个世界中诞生并发展，面临的挑战性将要大得多。

不过，即便有那么多运行在高偏心轨道上的系外行星，但却并非全部。类地行星往往质量更小，引力强度更弱，要发生引力相互作用也就困难得多。对大约 2.5 倍地球半径的系外行星开展的调查显示，这些行星大多运行在圆轨道上，偏心率很低。尽管目前我们已发现的这类较小的系外行星数量还比较少，但它已经证明我们所喜爱的那种圆形轨道并非罕见现象。

　　那么，仙女座 υ A 周围的那第五颗行星后来怎么样了？它被"踢"出了行星系，进入了太空深处。它不再围绕任何恒星公转，成了一颗流浪行星。

第十一章　流浪行星

　　如果编制我们太阳系的历史，你会发现很难在不丢失一颗行星的情况下做到自洽。当原行星盘在年轻太阳的高温炙烤下烟消云散，其中的行星们将摆脱气体拖拽力的羁绊。正如我们已经了解到的那样，它们的运动不会就此停止。在大量的残留星子的频繁撞击中，气态巨行星的轨道开始发生变化和迁移。如此造成的一系列混乱的引力相互作用，将天王星与海王星向外"弹射"了出去，抵达了今天所在的遥远位置，并将大量小天体抛射到太阳系的边缘。

　　今天月球表面的千疮百孔正述说着这段太阳系年轻时代的狂暴历史，但要想弄清这段历史的细节却异常困难。一个问题在于木星是一个强大的霸凌者。对这一时期的行星运动进行的模型演算显示，木星经常会利用其强大的引力，将身边的邻居一脚"踹"进外太空。这样我们太阳系中就少了一颗气态巨行星。这是模型研究没错，但它要是真实发生过呢？

　　模型研究显示，在尝试重现太阳系形成过程的时候，将系统初始条件设置为存在 5 颗气态巨行星，要比根据今天的情况设定 4 颗气态巨行星更加成功。这颗额外的行星就形成于今天土星轨道的外侧，大小与天王星和海王星类似。在随后的太阳系行星迁移大混乱中，这颗行星从木星附近经过，在后者强大引力的作用下被"踢"出了太阳系。这颗行星早已不属于太阳系，我们现在其实也无从确定太阳系中是否确实曾经有过这样一颗气态巨行星。但如果它确实存在，那么这颗失落的星球将飞向宇宙的深处，流浪。

搜寻行星两种最成功的方法分别是视向速度法以及凌星法。前者通过观察恒星位置出现的轻微晃动来探查其周围行星的存在；后者则通过观察恒星亮度出现的轻微下降来获知行星的存在。但这两种方法都有一个共同的缺陷：它们都需要行星围绕一颗恒星运行。但流浪行星是一个孤儿，它们不围绕任何恒星运行，因此也就不存在某种周期性、规律性的信号像闪烁的灯塔一样去暗示它们的存在，它们是银河系里被抛弃的流浪儿。如此，我们就只剩下两种可能的探测方式了：微引力透镜以及直接成像。

人们可能一开始会感到困惑，天文学家们为何喜欢在火山顶上修建天文台？事实上，这是因为夏威夷群岛的火山顶部可能是整个北半球最佳的天文观测地，因为这里空气干燥，大气平稳。这些山体属于火山这个事实可能只是它的一个小小缺陷，相比它能够提供的无与伦比的宇宙观测视野，这个小缺陷无足轻重。

哈里卡拉（意为"太阳之屋"）火山占据了夏威夷群岛中毛伊岛的大部分面积。口径 1.8 米的 Pan-STARRS 望远镜就坐落在这座火山的山顶。这串英文缩写的全称是"PANoramic Survey Telescope And Rapid Response System"，直译过来即"全景巡天望远镜及快速响应系统"。这台设备的功能是可以在一个月内对整个天空进行数次全覆盖成像。这种宽视场望远镜的分辨率相比那些更为聚焦的望远镜当然要低，但它在搜寻移动目标方面却堪称完美。天空中快速移动的目标可能是彗星或者小行星，它们中的一些可能会对地球构成威胁。Pan-STARRS 系统采集的海量图像数据库相当于用你的智能手机每天晚上拍摄 6 万张照片。正是在这样的海量数据搜寻中，一个异常目标被识别出来了。

尽管最初的设计目标是搜寻小行星，但 Pan-STARRS 丰富的数据库却也为很多其他项目提供了支持。其中一项就是利用直接成像方式搜寻那些质量非常小，被称作"褐矮星"的恒星。这类暗淡的天体质量不够大，无法点燃内核的氢聚变反应，但确实可以辐射出微弱的红色热信号。然后人们就发现了这颗星球，它在拍摄的图像中显得比任何其他已知的褐矮星都更红。

这颗比其他同类都更红的天体距离地球大约 80 光年，编号 PSO J318.5-22，其中"PSO"指的就是"Pan-STARRS Objects"（即"Pan-STARRS 天体"），而后面的那串数字给出的是它在天空中的坐标位置。将这颗星球的暗淡红光与其他褐矮星相比，我们会发现它看上去其实更像是一颗年轻的行星。如果事实的确如此，那么这颗星球从何而来？

由于它附近没有其他恒星，PSO J318.5-22 似乎是在空旷的宇宙空间里单独存在的。但在不远处存在一群年轻的恒星，它们被称作"绘架座 β 星群"。顾名思义，这群恒星位于绘架座（Pictor）。这是一个移动星群，它们距离 PSO J318.5-22 不是很远，并且也在以相似的速度运动，年龄上看也一样年轻。更重要的是，该星群中至少有两颗成员恒星已经被确认周围存在气态巨行星。

通过参考绘架座 β 星群中恒星的年龄，天文学家认为 PSO J318.5-22 的年龄也在大约 1 200 万年。考虑到原行星盘一般会在恒星形成大约 1 000 万年后逐渐消失，从行星形成角度上来看，PSO J318.5-22 应该属于非常年轻的"少年"。其质量大约是木星的 6 倍，这使其连褐矮星的质量下限标准都难以达到。

据此，PSO J318.5-22 的身世可能是这样的：它最初形成于绘架座 β 星群内一颗恒星的周围。随着这颗恒星逐渐走向生命的终点，

PSO J318.5-22 被"踢"了出去：当恒星膨胀变成红巨星之后，其最外层的大量物质会被抛射出去，此时其周围的一些行星也有可能受到冲击并离开原先所在的行星系统。还有一种可能就是在损失大量物质之后，剩余的恒星遗骸质量不够大，无法继续用引力束缚住周围的行星。但是，PSO J318.5-22 和绘架座 β 星群都非常年轻。因此更有可能的是：PSO J318.5-22 是被另一颗行星或者近邻的恒星给"踢"走的。当它离开这个系统之后，便成了一颗流浪行星。尽管听上去似乎很有道理，但我们却无法验证这个说法。我们是否确定所有的流浪行星都是被弹射驱逐出去的？

行星 HD 106906b 位于南十字星座（Crux），距离地球大约300 光年，它不是流浪行星，而是围绕一颗恒星公转。这都没什么，只是有一点奇怪，这颗行星距离它绕转的恒星太远了。

HD 106906b 是一颗年轻的大质量气态巨行星，质量约为木星的 11 倍。与 PSO J318.5-22 一样，它也是由于其热辐射信号，透过直接成像的方式被发现的。和恒星比起来，行星通常都很小、很暗，它们暗弱的信号常常会被旁边恒星的巨大光热所淹没，所以直接成像的方式不适用。但对于流浪行星或者距离恒星特别远的行星，由于没有了近旁恒星光芒的干扰，这项技术变得容易了许多。不管是 HD 106906b 还是 PSO J318.5-22，两者都质量巨大而且非常年轻，因此它们的"身体"仍在散发着形成时留下的"余温"。HD 106906b 也与 PSO J318.5-22 一样非常年轻，大约为 1 300 万年。

HD 106906b 距离它所绕转的恒星之远，会让海王星看起来就像一颗热木星。它距离所绕转的恒星达到 650 天文单位，几乎是太阳系里塞德娜到太阳的距离。而我们最外侧的行星海王星，到太阳的距离仅有 30 天文单位。在这样遥远的距离上，由于缺乏足够的物质，不管是核吸积机制还是盘失稳机制，都不可能形成如此巨大的气态巨行星。那么这颗行星究竟是如何抵达它今天所在的位置的？

　　一项符合逻辑的回答或许可以为这个问题提供答案，那就是：HD 106906b 已经"几乎接近流浪状态"了。这颗行星可能曾经遭受其他行星的"弹射"作用并进入了一个距离非常遥远的轨道，只是刚好还能勉强继续围绕恒星运转。但在这一特定案例中，由于两个问题的存在，情况变得更加复杂。

　　首先，HD 106906b 是这颗恒星周围目前已发现的唯一一颗行星。没有证据显示有第二颗行星的存在，它可以将其弹射到如此遥远的轨道上更是无从说起。因为要做到这一点，这颗行星的质量必须至少和 HD 106906b 差不多，也要达到 11 倍木星质量，如果是这样，那么它应该就能够被探测到。除此之外，这颗恒星也没有伴星，所以伴星干扰这颗行星的轨道也就说不通了。

　　第二，这颗恒星周围存在一个规模相当可观的碎屑盘。事实上这个碎屑盘结构才是最初吸引天文学家对该系统进行观测的原因，结果没想到在如此远的位置上发现了一颗行星。2014 年的测定显示这一碎屑盘的延伸范围是在恒星周围的 20~120 天文单位，大致抵达了一般行星容易形成区域的外侧边缘地带。因此如果一颗行星是被"弹射"出去的，那么它应该会穿越这个碎屑盘结构，并造成盘面破坏。

　　这引发了一个崭新的观点：有没有可能这颗所谓的行星其实是一个恒星级伴星，通过塌缩作用直接诞生于气体云之中？如果 HD 106906b 和它绕转的恒星其实是一对双星系统，那么它们两者之间的质量差异将是十分惊人的，因为 HD 106906b 的质量仅有 HD 106906 的 1% 左右，而一般情况下双星系统中两个成员星之间的质量比不会低于 10%。所以，这种可能性真的存在吗？

　　就在 HD 106906b 被发现一年后，全新的证据改变了这一系统的面貌。该系统内碎屑盘的最新观测数据显示其向外延伸的范围远超最开始的估算，为50~500天文单位。更重要的是，那里并不像此前所认为的那样，是一群不受扰动的小石块。相反，其最外侧的结构看上去似乎存在高度的不对称性，有一个针尖状的突起向外延伸出去。这是HD 106906b被"弹射"出去并穿过这片碎屑物区域留下的证据吗？

这个问题依旧没有明确的答案。由于HD 106906b质量很小（相比恒星），因此"弹射"理论是最简单的一种。但到目前为止，有可能实施了这样一次"弹射"的另一颗行星却依旧没有线索。要么就是这样一颗大质量行星逃脱了我们的搜寻，要么就是HD 106906b的轨道变动可能是由一次偶发事件引起的，比如一颗近距离经过的恒星产生的影响。另外，碎屑盘内的扰动似乎也仅局限在外侧区域，这也许可以证明这颗行星并未穿越整个碎屑盘。相反，HD 106906b在其当前所在位置上的引力作用可能帮助维系住了碎屑盘的外侧部分，使得更靠内侧部分的基本不受影响。还有一种可能性，那就是HD 106906b原先可能属于另一颗恒星，只是后来被"踢"了出去。在离开其原先所在的行星系之后，它一度成为一颗流浪行星，但随后在较近的距离上经过恒星HD 106906附近并被吸引而进入了当前所在的轨道。

不管是"弹射"理论还是"诞生"理论，如果可以明确一颗木星大小的天体是无法经由恒星那样的气体塌缩方式形成的，那么其中的很多不确定性都将得到解决。但令人惊讶的是，证据显示这种情况是有可能发生的。

通过气体塌缩方式产生行星质量的天体，最大的困难在于其质量。更大的质量意味着更大的引力。因此，要想产生足够强大的引力来实现向内塌缩，天体必须积聚起足够大的质量来克服气体向外的压力。对于一颗行星大小的天体，这就意味着其气体密度必须大到不可思议的地步。这样的密度可以在原行星盘中经由盘失稳机制形成，但在孕育恒星的那种更加弥散的气体云中，这种情况被认为是很难出现的。然而，这种观点已经被证明并不完全正确。

当一群恒星诞生，这些新生恒星释放出的大量能量会在周围的气体云中吹出一个高温气泡。随着这种气泡不断膨胀，它会向外挤压周围的气体物质，并在气泡边缘部分产生堆积，形成一个高密度物质壳。这些暗色区域在明亮的星云背景上形成强烈反差，它们是被压缩进物质壳的低温气体物质。在其边缘还能看到一些破碎的、小块的高密度气体团块。

玫瑰星云是一个恒星孕育所，距离地球大约 4 600 光年，其中就含有很多这样的小型团块，被称作"暗色球状气体云"（Globulettes）[1]。这类结构产生于上文提到的膨胀气泡的边缘部分，密度很高，但质量还不到 1 倍木星质量。如果这些团块的核心发生塌缩，那就有可能形成行星大小的天体，并且不会从属于任何恒星。这是流浪行星产生的第二种可能途径。

尽管对流浪行星进行直接成像，要比对围绕恒星运行因而淹没于恒星强光之中的行星更加容易，但其热信号仍然太弱，难以侦测。为了实现针对流浪行星的巡天观测，我们需要用到第二种探测技术：微引力透镜。

正如我们在本书第九章中所看到的那样，当我们在搜寻双星系统周围隐匿的行星时，我们无需依赖对其绕转恒星亮度变化的观测。

---

1. 暗色球状气体云：一种小型（直径一般不超过 10 000 天文单位）的暗色气体云团，可以在明亮的星云背景上被明显地看到。此类天体中的大部分质量与行星接近。——译注

相反，我们观测的是当这颗行星经过时，其质量对远处背景恒星光线的弯曲效应，后者的亮度会出现短暂的上升，就像被一块透镜聚了光。但由于这要求行星刚好运行到背景恒星前方这种偶发情况，因此微引力透镜事件最多只能持续几天的时间，需要机缘巧合才能被捕捉到。这正是微引力透镜巡天所要做的事情。

有两大采用这项技术的巡天计划，分别为 OGLE 以及 MOA。在双星系统内运行的系外行星便是由 OGLE 所发现的。MOA 是"天体物理微引力透镜观测"（Microlensing Observations in Astrophysics）的英文缩写，这是一项由日本与新西兰联合进行的，旨在在南半球天空中搜寻低发光目标的计划，从暗物质到系外行星，都是它们的观测对象。和 OGLE 一样，MOA 也选择银核方向开展微引力透镜事件巡天观测，因为那里是银河系的核心，恒星密度很高，因此与行星之间刚好形成一直线的概率也会更高。

微引力透镜事件转瞬即逝的特点意味着一旦发现，就需要立即对其开展观测。为了抓住这样的机会，OGLE 和 MOA 都装备有警报系统，能够自动识别突然的恒星增亮事件并进行迅捷的后续观测。在 2011 年，这两大系统加起来一共发现了 10 颗流浪行星，这些行星的大小都与木星相仿。通过评估这项搜寻工作能够发现的潜在流浪行星的比例，项目团队估算了银河系内流浪行星的总数。他们的结论是：我们的星系内部可能存在数量高达 4 000 亿颗以上的流浪行星，这个数字几乎是银河系内所有恒星数量的两倍。

但不管它们的成因为何，木星大小的流浪行星不是我们能够生存的世界。由于行星质量越小越容易被弹射出去，几乎可以肯定我们的银河系内必定也有数量惊人的类地流浪行星，只是由于它们的质量太小，在目前的技术条件下我们还无法探测到。但即便流浪行星是木星那样的气态巨行星，它们也有可能拥有岩石质地的卫星！

气态巨行星的巨大质量使其具备强大引力，能够吸引更小的天体围绕其运转。木星目前拥有至少 67 颗卫星[1]，其中最大的四颗是木卫一、木卫二、木卫三和木卫四。它们的质量大致介于月球质量的 2/3 到月球质量的两倍之间。这样大的质量使得这些卫星本身也可以构成一个相当巨大的世界[2]。如果这些气态巨行星是被从它们所在的星系中踢出去的，那它们的卫星也有可能跟随着一起被踢了出去。

甚至卫星都不一定非得是在行星被踢出去之前就拥有的。蝘蜓座（Chamaeleon）复合体是一个恒星新生区，一共包含三片气体云，分别命名为蝘蜓座Ⅰ、蝘蜓座Ⅱ，以及蝘蜓座Ⅲ。正如其名字所显示的那样，该复合体位于南部天空的蝘蜓座。蝘蜓座Ⅰ内包含有数百颗恒星，就在这里，人们发现了一个不同寻常的盘状结构。

这就是 Cha 110913-773444，这个名字代表的是它在蝘蜓座复合体内的坐标位置。这是一个自由漂浮的天体，质量约为木星的 8 倍，这就意味着这是一个行星大小的流浪星球。就在这颗流浪行星周围，存在一个扁平的尘埃盘，和年轻恒星周围存在的那种原行星盘非常相似。如果这一尘埃盘结构当中的尘埃物质最后形成一个围绕其运转的天体，那么这颗行星就有了一颗甚至几颗卫星。

尽管这种想象中的卫星确实可能拥有岩石表面，但其表面是否可能只是一片极寒荒漠？离开了温暖的恒星，卫星们是否注定是因遍布撞击坑而满目疮痍且永远被暗夜笼罩的世界？

在这里，我们太阳系中围绕那些气态巨行星运行的卫星，为我们提供了一丝希望。在外太阳系的低温环境中，这些卫星上太冷了，

---

1. 截至 2020 年年底，木星已知的卫星数量是 79 颗。——译注

2. 一颗卫星上是否可能形成与地球相似的环境，我们将在本书第十六章进行讨论。

无法允许水体以液态形式存在。然而却有证据显示，有数颗卫星的地表冰层之下是隐藏着的海洋。拥有这些"秘密海洋"的最大候选对象便是木星的几颗卫星，包括木卫二以及木卫三，还有土星的卫星土卫二。这些卫星距离太阳非常遥远，因此它们无法接收到足够的热量使其地表的海洋保持液态。而正是它们所绕转的气态巨行星，为它们提供了热量来源。

由于这些卫星并非它们所绕转行星的"独生子女"，它们公转的轨道并不是完美的圆形。木卫二与木卫三之间存在相互影响，同时还会对木星最内侧的卫星木卫一产生影响，而土卫二则受到附近的土卫四的影响。这些来自不同天体的摄动作用让这几颗卫星得以保持椭圆轨道，如此，当它们围绕行星公转时，受到来自行星的引潮力大小就会发生变化。这种受力的变化使卫星像一个橡皮球一样被压缩或拉伸，而这种持续出现的形变又会通过摩擦力在其内部产生热量。这正是在本书第七章中提到的，驱动巨蟹座55e上火山活动的潮汐加热机制。这种加热机制相当有效，以至于木卫二被认为是地球之外搜寻潜在生命的最佳场所。

尽管存在海洋并不一定意味着那里就有海鲜，但至少在地球上，哪里有水哪里就有生命。因此如果一颗流浪行星的卫星上存在地下海洋，或许那里会生活着某种东西。但如果没有气态巨行星呢？一颗地球大小的流浪行星可以成为在冰冷深空之中生命的庇护所吗？

毫无疑问，假如太阳熄灭，我们将会遇到麻烦[1]。尽管地球可以从自身内部放射性元素的衰变以及诞生的余热获得一些热量，但这

---

1. 当然我们或许还可以继续享受大约 8 分钟的太平日子，因为太阳光传播到地球大约需要 8 分钟。意思就是说，即便太阳突然熄灭，我们也要等到 8 分钟以后才会意识到这一点。

些热量相比从太阳那里获得的热量要少几千倍。如果仅靠这些热量，地球上的所有海洋都将千里冰封。为了给生命保留哪怕最微小的生存希望，一颗流浪行星也必须保持温暖。

然而，将地球失去太阳的情况与流浪行星进行对比可能是不公平的。一颗被从原行星盘中踢出去的岩石行星是不会和今天的地球一样的。如果它是在行星形成的晚期阶段被踢出去的，那么这颗行星将仍然保留着形成时的早期大气，其成分主要由原行星盘物质构成。与今天地球大气的主要成分是氮气、二氧化碳和氧气等的混合气体不同，这样一颗行星的大气层将几乎全部由氢气构成。

在常规的类地行星形成过程中，其原始大气中质量很轻的氢原子将会在初升的太阳强烈的紫外线辐射中被逐渐剥蚀。而如果一颗行星在其氢气大气层被剥蚀殆尽之前就被踢了出去，那么外太空的低温将会使其更容易保留住这样一个成分的大气层。随着氢气大气层变冷，密度上升，此时它的热辐射性质将变得极差，从而在行星表面盖上了一层"毯子"。即便是在外太空的极端低温环境下，氢气也将保持气态而不会冷凝并降落到行星的地表。于是，行星内部放射性元素所产生的少量热量将会被这个大气层困住，从而使行星的地表温度可以维持在足够温暖且允许液体水存在的水平上。

这里唯一的问题是，这样一颗行星必须在原行星盘内部时就获得一个浓厚的氢气大气层，至少要比我们地球今天的大气层厚10~100倍。对于地球来说，这样的厚度并非不可能，它甚至有可能吸引到足够的氢气，从而产生一个超过今天1 000倍的超级大气层。

当然，假如流浪地球被踢出太阳系的时候已经是在气体盘蒸发殆尽之后，那么此时的地球大概已经耗尽了它的原始大气成分。甚至，如果有一颗恒星从近距离上经过，对太阳系产生扰动，那么今天的地球都有可能会被踢出去。在大约35亿年后，太阳将变为一颗红巨星。而在那之前，地球被弹射出太阳系的概率大概是 0.002%。这种概率还不足以让你焦虑到夜不能寐，但已经显著高于乐透大奖的中奖概率了 [1]。地球被弹出去或许可以让我们避免被膨胀的太阳炙烤的危险，但一旦进入深空，我们地球上的生命能够幸存下来吗？如果按照我们今天的大气情况，那么流浪地球表面的液态水体将会很快凝固成固体，而这将终结人类文明。但，生命有没有可能在一个地下海洋中存活下来？就像那些气态巨行星周围的卫星那样。

由于周围不存在气态巨行星可以使其发生挤压拉伸，从而产生潮汐加热机制，流浪地球必须依靠自己内部产生的放射性衰变热量来使其地下海洋保持液态。这样的前景看起来并不妙。假如完全离开了来自太阳的热量，仅靠地球内部热源，那么地球表面的温度将会是刺骨的 −235℃。这样的温度足以形成一层厚度达到 15 公里的冰层。在这一冰层下方，水体将有机会保持液体状态。但不幸的是，整个地球的水体加在一起，只够在地球表面铺上一层深度约为 4 000 米的水层。因此如果是这种情况，那么地球上的所有水体都将结冰，不会存在地下的湖泊或者海洋。

我们能够指望的最好结果可能就是地球上的地质活动可以在冰封的洋底火山口附近形成一些小块的液态水区域。生命或许可以在这些"小池塘"里生存，但这意味着地球上各处"池塘"的彼此孤立。而当这些"池塘"最终消失时，生命也将就此终结。

流浪地球绝非欢乐度假。但这是否就意味着所有流浪的类地行星，只要它未能留存其原始大气成分，便将是死寂一片？并不是。事实上，有四种方式可以增加生命在流浪地球上存活下去的概率，它们分别是：增加水量、增大质量、调整大气，以及带上月球一起

---

1. 所以，如果你买了彩票，或许你还应该顺便囤一套宇航服？

踏上旅程。

　　所有这些情况都是有可能发生的。围绕其他恒星周围运行的类地行星可能形成时位于冰线附近，或者经历过更频繁的冰冻小天体撞击，因而得以集聚了更多的水。在本书第七章，我们讨论过的巨蟹座 55e 就有可能是一颗被海洋覆盖的星球。所以如果水体数量足够多，在 15 公里厚的冰层之下还有剩余的水体，那么这颗流浪行星就将拥有地下海洋。

　　第二种情况，如果这颗行星的质量更大，那么它将能够积攒大量的放射性元素并保留更多形成时期的余热。这些内部热源将让冰层变薄，从而为液态水保留更多空间。假设水体比例不变，那么一颗质量为地球 3.5 倍的行星，其冰层厚度将仅有数公里，于是它将有足够多的水来形成一个地下海洋。

　　即便就按照地球的质量和水体数量，只要对地球的大气做一下调整，我们仍有希望保持温暖。地球上的火山爆发会将大量二氧化碳送入大气层，随后这些二氧化碳与硅酸盐发生反应并从大气中被清除。随着温度下降，化学反应速度减慢，于是大气中二氧化碳的含量开始上升。一般情况下，这将导致行星升温，因为升高的二氧化碳含量将高效锁住热量，这就是温室效应[1]。而在流浪地球上，大气中的二氧化碳将会凝固沉降在地球表面，为地面提供了一层额外的绝缘层，从而也将让形成的冰层更薄。

　　最后一种可能发生的有趣情形就是月球跟随地球一起流浪。被踢出太阳系的过程会让地月系统遭受严重震动。如果它们两者依旧结合在一起，那么此时的月球将极可能运行在一条高偏心率轨道上。当月球沿着高偏心率轨道接近地球，两颗天体都将感受到引力强度

---

1. 这是地球的硅酸盐恒温器，我们将在下一章中做更多讨论。

236

的变化。在围绕气态巨行星公转的卫星上，或者是围绕恒星公转的行星上，较小那个天体的引力变化不会对较大的那个天体产生什么明显的影响。但地球是一颗岩石行星，并且地球与月球之间的大小悬殊程度要远小于木星和它的那些卫星。在这样的情况下，地球和月球都将感受到拉伸或形变，从而在内部产生潮汐加热。

由于没有其他卫星对其施加作用，月球最终将恢复为近圆形轨道。但在此期间，流浪地球内部通过潮汐加热机制获得的热量将比现在高出 100 倍以上，并且产热过程将持续超过 1.5 亿年之久（但产出的热量值会逐步递减）。从这一点上看，对于流浪行星而言，带着卫星一起走是一个好方法。

流浪行星上以液态形式存在的地下海洋可以一直维持下去，直到其内部热源衰竭。但随着时间推移，行星的热量将逐渐散失，其内部将会冷却。但这一过程极为漫长，几乎和太阳结束生命，膨胀成为一颗红巨星并摧毁地球的时间相当。尽管进行这样的比较似乎有些病态，但处于太阳系内部的地球，以及在空间中流浪的地球，两者对于生命而言其维持的时间其实是相似的。这一点说明，隐藏在地下海洋中的生命是有机会发展起来的。

在一个流浪行星上发展起来的生命，和在地球表面阳光普照下发展起来的生命很不一样。如果说我们对这将是什么样的生命形态完全一无所知，那也是不准确的。在地球上的海洋深处，洋底的裂隙附近海水直接与岩浆接触，产生大量热泉喷口。尽管由于海水太深，这里完全照射不到阳光，但这些高温洋底喷泉口的附近却到处都是生命。这里甚至有可能是地球上最早生命的起源之地。如果的确如此，那么流浪行星上生命的起源方式或许和地球上发生的非常相似。

生活在地球上深海热泉喷口附近的生命被称作"化能自养生物"（chemoautotrophs），它们会从热泉喷口附近水温的剧烈变化中汲取能量。这种方式的效率不及光合作用，但在一个没有太阳的世界上进化出的生命是有可能采取这种方式的。

流浪行星上有可能演化出生命的理论催生了几个有趣的设想。首先，距离地球最近的地外生命可能存在于某颗流浪行星上，只要它近距离掠过太阳系附近即可。其次，一颗已经演化出生命的流浪行星，在它被从其所在行星系弹射出去之后，将成为一种在宇宙中扩散生命种子的"快递服务"。这或许是生命在银河系内扩散的一种方式。这样就不需要在每个星球上都独立发生一次生命起源，也不需要借助某种高级恒星际文明将生命散播到银河系各地。

有一种观点认为地球上的生命最初起源于从外太空降落到地球上的微生物，就像来自外太空的生命种子，这种观点被称作"胚种论"（panspermia）。尽管这一理论并未得到广泛接受，但设想流浪行星作为生命扩散的"星际飞船"却的确是一种令人兴奋的可能性。

不过，即便在黑暗的流浪行星海底热泉附近真的能够进化出高级生命，它们的样子也一定和你从窗户向外看到的那些生命完全不同。因此，要想发现更多可识别的生命，去一个和地球相似的世界寻找不是更好吗？

第三部分

宜居世界

第十二章　宜居带定义

　　史蒂芬·凯恩后来常常会回忆起，曾经有一段时间热木星仍然很"酷"。有多酷呢？每次新发现一颗都专门召开新闻发布会公布消息。作为观察到由于凌星现象导致恒星亮度变化的成员科学家之一，凯恩会向满屋子的媒体记者们介绍这个新世界的一些性质。此次发现的是一颗气态巨行星，没有固体表面。它的体积是地球的数千倍，其中几乎全部都被气体物质占据。在这个气体球的核心部位可能存在一个固体的核心，这里的压强相当于地球表面的 4 000 万倍。在这样的深度上，氢气将被压缩成一种特殊的奇异形态：金属氢，这种物质目前几乎无法在实验室合成。这颗气体星球距离恒星非常近，它上面的一年只相当于我们地球上 4 天的时间。如此近的距离意味着这颗行星大气层顶部的温度将超过 2 700 ℃。当凯恩结束相关介绍时，一位记者举手提问，他说："你认为这颗星球上会存在生命吗？"

　　我们对于找到宜居行星有一种近乎偏执的渴望。不论是出于遇见地外生命的兴奋，还是对于人类在未来有望寻找到第二家园的实用主义想法，又或者仅仅是出于一种未知的概念。不管如何，可能存在其他可以居住的世界的想法至少从公元 2 世纪开始就已经占据了我们的想象[1]。

在过去的 20 年里，寻找一个与地球相似的世界已经从科幻范畴逐渐变成科学事实。行星探测正在从找到木星大小、非常接近恒星的行星，逐渐变为在大小上与地球接近的岩石星球。在半径和质量上对地球的不断逼近让很多个新发现的系外行星都被打上了"地球 2.0"的标签，而开出一间星际咖啡连锁店这样的目标似乎已经触手可及。但仅仅大小相近还不足以使其成为我们的新家园。要想了解我们究竟如何才能找到一个宜居世界，我们必须首先了解"地球"意味着什么。

"宜居带"（habitable zone）很有可能是行星科学中最不恰当的名词之一。它有一个更加浪漫的名字，叫作"金发姑娘带"（Goldilocks zone）[2]。这个名字暗示着清澈的湖水，碧绿的草地，还有温度刚好的燕麦粥早点。不幸的是，这个名词其实和这一切都沾不上什么边。

"宜居带"这个名词最早是在 1959 年由加州大学伯克利分校的天文学家黄授书教授[3]提出来的，其表达的意思是在恒星周围的

---

1. 人类已知最早的对于外星生命的描述出现在小说《真实的故事》（*True Story*）当中，这是罗马帝国时期生于今天叙利亚的作家琉善（Λουκιανός，约 120—180 年）以希腊语创作的科幻小说。这是目前已知最早描写了太空旅行、外星生命以及星际战争的人类科幻作品。

2. "金发姑娘"的意思是一切都"刚刚好"。宜居带表达的意思与此相近：不太远所以不太冷，不太近所以不太热，一切刚刚好。——译注

3. 黄授书教授（1915.4.26—1977.9.15），美籍华裔天体物理学家，于 1959 年在太平洋天文学会的一次会议中首次提出"宜居带"这个名词，用于表达在恒星周围能够让行星表面的水维持液态的区域。中国天文学会于 2007 年设立"黄授书奖"，用于纪念黄授书先生。——译注

一个合适区域内，水可以液体形式存在于地球表面。比如说，如果地球太靠近太阳，那么地球上的海洋将会蒸发消失；而如果太过远离太阳，则海洋将冰封成为固体。宜居带指的就是这种"不太近，也不太远"的区域，一切都"刚刚好"。

不幸的是，正如燕麦粥什么温度合适，不同的人会给出不同的答案一样。对于不同的行星而言，什么是"数量合适"的光照也将是不同的。对于拥有与地球不同地表环境的行星而言，对于这些行星表面孕育着生命的海洋而言，位于宜居带所接收到的光照强度不太可能刚好就是合适的。比方说，如果一颗行星质量比地球更小，那么它的大气层将更为稀薄，这样一颗星球如果在宜居带内，温度就会过低，难以维持一个液体海洋的存在。而在另一方面，在宜居带中发现的系外行星中，气态巨行星的数量比岩石行星的数量要多出五倍，但我们都知道没有人能在海王星气压巨大的浓厚大气层之下享用美味的燕麦粥。另外，宜居带并不能保证那里就一定有水的存在。一个地球大小的行星，如果形成于一个富碳的原行星盘，那它将会非常干燥，而如果一颗行星在早期没有遭受大量的冰冻小天体撞击，也将是一样的命运。

看到这里，如果你感到非常沮丧是可以理解的。媒体的报道中经常会用"位于宜居带"为理由，暗示某颗新发现的系外行星上可能拥有适宜生命生存的环境。但事实上，"位于宜居带内"并不能告诉我们任何关于这颗行星上是什么样子的信息。它的意思只是说，假如这颗行星的表面环境完全和地球一样的话，那么你泡的那杯咖啡在那里就可以保持液体状态，仅此而已。为了对抗这种恼人的名词混淆，科学家们发起了一项运动，将"宜居带"转而称作"温和带"（temperate zone）。这个新名字强调了某种水平的光照强度，而不会暗示你那里有小熊或者燕麦粥在等着你。在本书的剩余篇幅里，我们也将采用这种命名方式，从而避免让读者在读完本书之后产生一种被欺骗的感觉。

估算"温和带"的最简单方法就是假定一颗行星的所有热量都来自它接收到的恒星光照。如果我们按照这种方式计算地球的情况，我们会发现地球的平均温度应该是 5.3℃。但事实上情况还要糟糕得多，因为地球会将大约 1/3 的阳光反射回太空，如果考虑这一点，那么计算得到的地球平均温度将是冰冷的 –18℃。在这样的温度下，地表的水体将会结冰，使得地球退出太阳周围的温和带范围。如果这样计算，那么太阳周围的温和带将是在距离太阳 0.47~0.87 天文单位的范围内。请注意，相比之下，地球距离太阳是 1 天文单位。如果是这样的话，金星将成为一个适宜居住的地方，而地球将是一个巨大的雪球。幸运的是，地球真正的平均地表温度大约是 15℃，比理论计算得到的数值高出了大约 33℃。不同的原因是地球的大气层起到了天然暖棚的作用，确保了我们这颗星球的温暖。

来自太阳的紫外辐射穿过地球大气并被地面吸收。这会使地面开始升温并发出红外辐射。这一过程很容易在一个晴朗的白天进行验证。中午的时候，太阳位于正头顶，但此时的地面还不那么热，至少你可以触碰。但几个小时过后，你就发现地面温度已经高到不穿鞋子你都没办法在上面行走了。这里的时间差便是地面吸收紫外辐射，升温，再到发出红外辐射的过程所需要的时间。

紫外辐射可以相对不受阻碍地穿过地球大气层，红外辐射却不能。地球大气层对于这种波长较长的辐射具有良好的吸收性，当地面发出的红外辐射试图向太空逃逸时会被大气困住，空气将会因此升温，并将其中一部分返还给地面。这就像给地面盖上了一层保温毯，于是地面将进一步升温。这就是"温室效应"，就像农民种植马铃薯用的透明温室大棚，它们的原理都是类似的，都是通过困住长波红外辐射来保持温暖。

　　大气层能够困住多少红外辐射取决于大气中吸收这种辐射的分子。在地球大气中，水汽和二氧化碳是两种最主要的温室气体。其中水汽占据了吸收红外辐射的分子总量的 2/3，而二氧化碳大约占到 1/4，剩余的很小一部分则由其他温室气体，如甲烷、二氧化氮、臭氧，以及少量由人类活动产生的含氯氟烃组成。

　　如果我们将地球往太阳的方向推一推，照射到地球大气层的太阳紫外线强度将会增加。地球会升温，并导致更多的水汽蒸发。大气中的水汽含量增加将加剧温室效应，并困住更多热量，于是地球的温度将会进一步升高。

　　但地球可以抵消这种升温，方法就是减少大气中二氧化碳的含量。这种温室气体会溶于雨水，形成碳酸，或者产生酸雨。当这种碳酸水落到地面上，它会溶解岩石并生成富碳矿物，这一过程被称作"化学风化"。这些被溶解的物质随后将被冲走，进入海洋并在那里形成固体的碳酸盐沉积[1]，最终形成石灰岩。这一机制会从大气中去除二氧化碳并导致地球降温。

　　而火山喷发则可以让碳重返大气层。当组成地球岩石圈的板块之间相互碰撞，有时候会出现一个板块向另一个板块下方发生俯冲的现象。在发生俯冲的区域，两个板块之间发生的剧烈摩擦导致岩石熔化，并释放出其中被束缚的二氧化碳。透过火山爆发，气体和新鲜的硅酸盐岩浆冲出地表，更新了地球的表面，同时将大量的二氧化碳重新释放进入大气。

　　这种碳的循环机制被称作"碳 – 硅酸盐循环"，这一机制构成了地球的热平衡器，可以调节地球温度。当地球温度升高，水汽蒸

---

1. 与硬水地区的水龙头上形成的白色积聚物是同一种物质，还有抗酸药片。

发将会增加，降水将会随之增加。这将导致更多二氧化碳溶于雨水并与岩石发生反应，从而将其从大气中去除。由于二氧化碳浓度下降，大气困住的红外辐射将会减少，地球温度将会降低；反之，如果地球温度降低，水面将会结冰，降水将会减少。在更低的温度环境下，酸性水体与岩石之间的化学反应速率也将减慢。于是更少的二氧化碳被从大气中去除，但与此同时火山活动还在源源不断将二氧化碳输入大气。于是大气中这种温室气体的数量将出现上升，大气将能够困住更多的热量，地球温度开始上升。

尽管非常有效，但这一自然界的热平衡器工作起来非常缓慢，将碳在大气、岩石与海洋之间完成一次循环通常都需要 1 亿 ~2 亿年之久。也正是因为如此，人类活动正在造成地球气温的升高：我们向大气中大量排放二氧化碳的速度，远远超过自然界通过化学风化从大气中去除二氧化碳的速度。火山活动大约每年会向大气中输入数亿吨的二氧化碳，而人类的碳排放量还要比这高出数百倍。燃烧化石燃料产生的二氧化碳排放每年高达 300 亿吨以上。

尽管"碳 – 硅酸盐循环"热平衡器可以让地球抵消掉太阳辐射出现的小幅震荡，但万事都有一个限度。如果地球距离太阳更近，此时大气中减少的二氧化碳将来不及去抵消过量蒸发的水汽。于是地球将继续升温，并导致更多水汽蒸发进入大气，进一步加剧温室效应。当温度突破 100℃时，降雨将会停止，于是从大气中去除二氧化碳的机制将被终止。随着更多水汽继续蒸发，以及火山爆发输送的二氧化碳，温室效应将持续加剧，温度继续攀升。此时岩石中的二氧化碳将在高温下被释放出来，并与氧气发生反应，产生更多二氧化碳，于是一个失控的恶性循环启动了。地球温度将无法遏制地升高，直到地面上所有水汽全部蒸发殆尽。

这很可能是正在金星上发生的情况。我们的这颗近邻行星在半径、质量和物质组成上与地球非常接近，但却拥有一个巨厚的二氧化碳大气层。其地表岩石中普遍碳含量很低，气温则高达 480℃。这样的温度足以使铅熔化，历史上没有任何人类着陆器能够在这颗行星的表面坚持超过两个小时。这颗行星的情况在提醒着我们：大小与地球相似并不代表它的环境也能与地球相似。对于金发姑娘的燕麦粥来说，金星显然太烫了。

现在，如果将地球放到距离太阳更远的位置上，则"碳－硅酸盐循环"机制将开始增加地球大气中的二氧化碳浓度以维持其温度水平。但一旦温度降低到一定程度，以至于二氧化碳开始凝结成云，这一调节机制就将失效。相反，洁白的干冰云层将会阻挡和反射更多阳光，从而不但不会减缓，而是加速地球的降温。如果将地球放在距离太阳 1.4~1.7 天文单位的位置上，地球的表面温度将会降低到 0℃左右。这一距离值被称为"最大温室效应极限"。

地球上"碳－硅酸盐循环"能够调节温度的极限构成了"温和带"的两侧边界。过于靠近太阳，地球将陷入金星那样的"失控温室效应"，我们将地球可能陷入这种情况的距离称作"失控温室效应极限"，而在另一侧，距离如果超过"最大温室效应极限"，地球将变成一个雪球。在我们的太阳系中，如果按照较为保守的估算，其温和带的范围大致是在距离太阳 0.99~1.70 天文单位。如果按照更加宽松的定义，那么这个范围将是距离太阳 0.75~1.77 天文单位。所谓更加宽松的意思，是允许液态水只在行星演化的部分阶段存在。比如，有迹象显示火星在大约 38 亿年之前曾经有液态水存在其表面；甚至金星在其历史早期可能也曾短暂地拥有过水体。当将火星或者金星这种阶段性存在液态水的情况也考虑在内，就能够将温和带的定义范围扩展至最大。

在温和带内部，"碳－硅酸盐循环"将会让地球的温度保持在

0~100℃，从而让水体保持液态。很显然，这一极限数值是由地球的大气和地质情况所定义的，因此很容易理解为何对不同的行星而言，温和带的范围是不同的。如果将地球大气中的二氧化碳浓度增加 10 倍，那么即便就在我们当前的距离上，地球也将无法维持液态水的存在。大气成分的不同，或是岩石成分的不同，都将导致完全不同的循环。

但如果温和带只能适用于一种行星，那它的实用价值何在？我们主要的目的是将其作为一种目标筛选工具，用于未来的天体生物学研究当中。如果我们真的能发现"另一个地球"，那么它应当运行在温和带范围内，并且如果它的性质和地球相近，那我们从中识别出生命的难度也将大大降低。只是，仅仅位于温和带本身并不能确保存在生命、水，甚至是固体表面。

如果我们继续将地球推向太阳，最终在强烈的太阳辐射作用下，地球大气将被严重加热并最终完全脱离地球。当空气分子吸收太阳辐射并获得能量，它们的运动速度会变快，甚至可以挣脱地球引力场的束缚。行星的大气层被太阳彻底剥蚀殆尽的距离，被称作"宇宙海岸线"（cosmic shoreline）。就和温室效应一样，"宇宙海岸线"的位置也与行星本身的条件密切相关。质量较轻的原子会比质量较重的原子更加容易逃逸。因此富氢的大气就要比富碳富氧的大气更加容易被剥蚀。太阳对大气的剥蚀作用会受到行星引力场的抵抗，因此质量更大的行星更能够承受较为剧烈的辐射。我们在本书第六章中讨论过，正是这种剥蚀作用机制，可以让热木星最终变成所谓克托尼亚超级地球。对于地球而言，要想将地球的大气层完全剥蚀殆尽，太阳辐射必须比现在还要高出 25 倍以上才能做到。根据这一点可以计算出地球的"宇宙海岸线"是在距离太阳大约 0.2 天文单位的位置上。在"宇宙海岸线"和"温和带"之间的区域，则被称作"金星区域"。在这一区域，一个与地球相似的行星将会遭遇失控的温室效应并最终像金星那样，成为气温高到能够将铅熔化的人间炼狱。

考虑到金星那样的行星对于人们毫无吸引力，以下这个事实听着令人相当沮丧，那就是，运行在"金星区域"的系外行星更容易被探测到，因为它们相比那些运行在温和带内的大小相似的行星距离恒星更近。因此，当我们探讨某个系外行星世界上的宜居潜力时，金星区与温和区之间的界线其实是一个非常重要的点。

让温和带的位置问题变得更加复杂的，还有恒星本身的问题。在其生命周期内，恒星的亮度会出现变化，因此其输送给周围行星系统的热量也会出现变化。当恒星将氢聚变为氦以及其他原子量更大的元素时，其内核将发生收缩。这种收缩过程会释放能量，恒星也将随之变亮。在大约 30 亿 ~40 亿年前，我们的太阳要比今天暗弱大约 30%。太阳辐射如此幅度地减小，按道理这将意味着我们地球的温度也应该要比今天低 20 摄氏度左右，在这样的温度下地球应当是千里冰封才对。但令人困惑的是，地质学证据显示在大约 40 亿年前，地球表面存在大量的液态水。形成于这一时期的沉积岩显示，它们必定是在大量水体的参与下产生的。这一问题被称作"弱早期太阳佯谬"（faint young sun paradox）。

对于这一问题的解释仍然存在争议。一种可能性认为，早期地球的大气成分与今天非常不同，其中温室气体的含量远高于今天，因此可以困住大量的热量。"碳 – 硅酸盐循环"机制可能让二氧化碳的含量占到了当时整个地球大气质量的 80% 左右。还有一种可能性是，当时的早期细菌生命可以产生大量的甲烷气体。温和带在考察一颗与地球相似的行星的地表温度时，考虑的仅是其从太阳那里接收到的热量。然而，恒星却并非唯一热源。

除了热量之外，太阳还无时无刻不在向外辐射一股带电粒子流，称作"太阳风"。这股"风"以高达 900 公里 / 小时左右的速度扫过太阳系，轰击各大行星，并让彗星长出了"尾巴"。太阳的外层大气也会发生局部性爆发事件，称作"太阳耀斑"。这些事件会释放能量高得多的粒子流并轰击行星。其中最严重的一种叫作"日冕物质抛射"（CME），它指的是有时候会有一块太阳物质被向外抛射出去；这里的"日冕"是太阳大气层最外侧的一层。日冕物质抛射事件可能在地球上引发地磁暴，后者会干扰地球上的 GPS 导航信号并影响电网安全。不过，在太阳这样不断的破坏下，地球却基本没有受到太明显的影响，这要归功于地球磁场对我们的保护。

向北旅行到格陵兰，或者向南去新西兰，如果你运气好，说不定会看到北极光或者南极光；当来自太阳的带电粒子流抵达地球时，它们会被地球的磁场捕获并向两极输送。当这些带电粒子轰击地球两极高空大气中的氧原子和氮原子时，就会发出蓝色或绿色的荧光，这就是极光的成因。

如果没有磁场，那么地球将直面太阳粒子流的狂轰滥炸。我们距离最近的邻居的遭遇就是一个警醒，提醒我们这样的后果有多么严重。金星和火星都没有自己的磁场。尽管这两颗行星的物质组成与地球很相似，但形成时留下的微小差异让它们丧失了具有保护作用的磁场。

我们地球的磁场是由地球内部熔融态的铁质外核产生的，由于放射性元素产热以及地球初生时留下的余热，导致这里的温度足以使其保持熔融状态。在这里，导电金属流体的运动会产生一股电流，进而产生磁场，所以我们的地球是一个巨大的偶极磁铁。这个熔融内核的运动受到地球自转，以及地球内核与地表之间热循环机制的控制。后者之所以有效，还要得益于地球上的板块运动。巨大板块的移动会将下方高温的地幔物质暴露出来，并使年代较老的地壳熔化。这一过程中大量能量会被散失出去并导致地球外层降温。地球内核与表层之间的巨大温差产生了一个强大的对流循环，就像一台巨型散热机器：温暖的液体上涌，而温度较低的物质将会下沉，并被再次加热。这种地球内部连续不断的运动驱动了熔融内核的运动，并产生了地球的磁场。

不过尽管这一机制在地球上很有效，但火星和金星都未能复制出同样的机制——这两颗行星上都不存在板块运动。由于被浓厚的云层覆盖且温度太高，自动探测器难以在金星表面长时间工作，因此对金星演化历史的研究存在难度。但有观点认为金星上缺乏板块运动可能与它的地表温度太高有关。额外的温度使其地壳层处于半熔融状态，从而可以"修复"地表出现的任何裂隙，因而让后者很难发育出相互分离的板块体系。同时其地表没有水，也使其缺失一项重要的润滑机制，导致其地幔的流动性大大减弱。最后，金星的自转实在太慢，以至于金星上的一天要比它的一年更长。金星自转一周相当于 243 个地球日，而它围绕太阳公转一周的时间则相当于 225 个地球日。这就意味着相对于地球，这颗行星实际上是逆向自转的。

缓慢的自转，加上缺乏板块运动产生的强大对流机制，导致金星内核转动太慢，无法产生磁场。相反，这颗被厚厚云层遮蔽的行星只在其外层大气顶部产生了一个非常微弱的磁场。来自太阳的紫外辐射使金星高层大气发生电离，进而产生一层带电粒子层，被称作金星的"电离层"。即便没有内核驱动产生的磁场，这些电荷也能够偏转太阳风中的带电粒子，并产生微弱的电流和磁场。这让金星上可以产生非常暗弱的，类似极光那样的发光现象，但要比地球上的极光暗弱 40 倍。

火星的问题与金星相反：它太冷了。火星地壳的一部分是被强烈磁化的，这表明火星在过去必定拥有过磁场。正是这个磁场将那些岩石磁化了——然后它就消失了。原因就在于这颗红色行星冷却的速度过快。火星较小的体形使其表面积与体积的比值更大。就像我们晾衣服的时候把衣服摊开干得更快一样，火星相对其体积更大的表面积，使其散热速度要高于地球。随着火星内核的冷却，其核幔之间的对流循环停止，板块运动也随之停止，于是磁场消亡。

火星在大约 40 亿年前与一颗月球大小的天体发生相撞，可能也加速了其磁场的消亡。当时的火星年龄仅有数亿年，这颗年轻的行星遭受了一次重创，以至于其地壳产生了明显的两分性。火星北半球的高程要比南半球整体低上 5.5 公里左右，而地壳厚度则要比南半球薄了 26 公里之多。如此规模的撞击会在撞击发生的北半球产生巨大的热量，从而在两个半球之间产生巨大的温度差异。这可能扰乱了火星地幔内的对流循环并导致火星磁场消失。撞击点附近的高温可能将那里的岩石脱磁，这也就解释了为何被磁化的岩石主要都分布在南半球的原因。

不管其演化过程中的一些细节如何，但一个事实就是：今天的火星和金星都没有全球性的磁场。而缺乏这样一个行星防护层会有什么样的严重后果？两个空间探测器传回了它们的第一手现场观测资料。

2006 年 12 月 19 日，太阳上发生了一次规模相对较小的日冕物质抛射。这一股太阳物质流扫过太阳系，并在大约 4 天后开始冲击金星。这一过程被欧洲空间局的"金星快车"号（Venus Express）探测器收入眼底，当时它正围绕金星轨道运行，对这颗行星的大气层开展观测。尽管规模较小，且运动速度较慢，但观测显示此次日冕物质抛射事件仍然从金星不设防的大气层中带走了大量的氧原子。

"金星快车"还观测到太阳风将氢原子和氧原子从金星大气中吹走的现象——将金星上曾经存在过海洋的最后一丝痕迹也抹去了。

类似的现象随后也在火星被观测到了。美国宇航局的"美文"号（MAVEN）探测器正围绕火星飞行，开展与"金星快车"相似的观测。2015年3月8日，"美文"观测到一次强烈得多的日冕物质抛射击中火星现象。遭受冲击期间，火星的大气损失率比平常上升了10倍。持续"吹拂"的太阳风也会剥蚀火星大气，平均每一秒钟就从这个小小的红色世界带走大约100克的气体物质。

在过去，金星和火星面对的这个问题还要严重得多。年轻时代的太阳是一颗狂暴的恒星，它向外抛射物质的频率要比今天高得多。火星地表在过去似乎曾经存在过液态水的事实表明这颗行星曾经拥有过相当浓厚的，能够保持其地表温暖的大气层。但随着其磁场的消失，火星大气不断遭受太阳的侵蚀，最终留下了今天这样一个荒凉的、不再适宜生存的世界。

因此任何系外行星的地表宜居性可能都要取决于它是否拥有磁场。尽管目前尚无任何技术手段可以探查这些行星磁场存在与否，但在我们宣称发现"地球2.0"之前，这的确是一项我们需要确认的参数。

自从20世纪90年代发现第一颗热木星以来已经过去了很长一段时间了，慢慢地我们发现了在质量上和地球接近的系外行星，并且运行在温和带范围内。但这些行星真的和地球足够相似，以致我们可以将其称作"地球2.0"吗？

第十三章　寻找另一个地球

　　开始科学观测工作仅仅 3 天之后，开普勒空间望远镜就遇到了好运：它捕捉到一颗运行在温和带内系外行星的凌星信号。

　　但后续，人们又花费了两年半的时间，才最终确认了这颗行星的发现。那种特征性的亮度减弱需要被重复观测到至少三次，行星的存在才能得到确认并开始测定其相关参数。在 2009 年 5 月，开普勒望远镜开始工作后几乎在第一时间就第一次捕捉到了这颗行星凌星的信号。截止到 2010 年 12 月，又有两次凌星信号被观测到。再过了一年之后，在 2011 年 12 月 5 日，这颗行星的发现被正式官宣：第一颗借助凌星法发现的、运行在温和带内的系外行星。来自美国宇航局加州埃姆斯研究中心、领导了这项发现的科学家威廉·博鲁基（William Borucki）说："幸运的是，我们发现了这颗行星，它对我们笑得很灿烂"。

　　这个新世界名为"Kepler-22b"。这颗行星围绕一颗类太阳恒星运行，距离地球大约 600 光年，位于天鹅座。这颗行星距离它绕转的恒星大约 0.85 天文单位，公转周期约 290 个地球日。如果放到我们太阳系中，这个距离会使其位于温和带内侧靠近"金星区域"的位置。如果这颗行星果真是"类地"的，那么这将意味着在其演化早期的短暂时期内，其地表可能曾经存在过液态水。然而，恒星

Kepler-22 比我们的太阳更小一些，温度也更低一些，因而光度大约要比太阳弱 25%。这种更低的光度使其周围的温和带向内移动，如此便让 Kepler-22b 刚好处于保守定义的温和带范围内。这会是另一个地球吗？

如果你看媒体的报道，他们的语气是肯定的："在适合生命生存的距离上，发现了一颗与地球相似的行星！"这是《国家地理》网站上的标题。"Kepler-22b——新版地球"，这是《电讯报》的标题。而英国广播公司（ BBC ）报道说："与地球相似的行星被确认！"

然而，随着更多观测的进行，有一点已经很明显：这颗行星打算保持它的神秘感。这颗行星的半径是地球的 2.4 倍，这使其进入了神秘的"超级地球"行列。这样的大小刚好介于我们地球这样的岩石行星和气态行星之间。另外它太小，距离也太远，无法对其绕转的恒星产生任何可以被探测到的晃动效应，因而我们也就无从得知其质量大小。这样一来我们就没有办法通过计算其密度数据来辨别它到底是一颗岩石行星还是一颗高温的气态星球。

视向速度法还可以确定这颗行星公转的轨道偏心率，凌星法却只能看到行星轨道的一部分，也就是当它从恒星前方经过时才能被看到。但视向速度法观测恒星晃动可以窥见其轨道全貌。由于只观测到凌星现象，不能排除这颗行星的轨道实际上可能只有很小的一段运行在温和带内。

基于我们在本书第六章中的讨论，一颗半径超过地球 1.5 倍的行星不太可能是岩石质地。但是 Kepler-22b 这种不大不小的体形使其完全有可能是一个海洋世界，比如说一个岩石内核，外部完全被一个深度数千米的全球性海洋所包裹。温和带是基于地表水的存在而定义的，那么这样一个全球都被水覆盖的星球对于寻找生命而言或许是一个积极的信号。问题在于陆地的缺失可能会阻碍碳 – 硅酸盐循环的进行——正如我们在下一个章节中将会讨论的那样。在这样一个世界中，生命的出现并非完全不可能，但它们必定会和地球上的生命很不一样。Kepler-22b可能是第一个发现（生命的系外行星），但它却并非"第二个"地球。

2010年，整个银河系中最令人兴奋的地方当属红矮星Gliese-581周围的区域了。这颗小型恒星质量仅相当于太阳的1/3，距离我们大约20光年，位于天秤座。围绕这颗恒星存在6颗行星，质量介于地球与海王星之间。这是微缩版的太阳系，尤其引人注意的是，其中有三颗行星看上去似乎是可能具备宜居条件的。

质量介于太阳十分之一至一半左右的红矮星是搜寻小质量系外行星的理想之地。首先，红矮星数量巨大，大约要占到银河系中全部恒星数量的3/4。其次，它们相对较小的质量使得行星/恒星的比值减小，这就让不管是凌星导致的恒星亮度变化，还是视向速度法所探查的恒星位置晃动效应都更为明显，也就更容易被探测到。最后，由于这些恒星温度较低，它们周围的温和带会更为靠近恒星本体。更靠近的位置会增加运行在温和带内的行星发生凌星现象的机会，因为除非这颗行星的轨道倾角很大，否则它将很难避开整个恒星表面。还有，更近的距离意味着更短的公转周期，这就让凌星发生的频率增加，于是我们可以对同一颗行星进行多次重复观测。总之，运行在温和带内的岩石行星，在红矮星周围的是最容易搜寻的。

2005—2010年，运用视向速度法在Gliese-581的周围先后发现了6颗行星。最先被发现的一颗行星是其中质量最大的，最初也认为其位置应该是最接近恒星的，这就是Gliese-581b。这颗行星大小与海王星差不多，大致相当于16个地球，轨道公转周期约为5天。第二个被发现的是两颗超级地球，分别命名为Gliese-581c和Gliese-581d。这两颗行星质量是地球的5.5~6倍，轨道公转周期则分别为 13 天和 67 天。然后，一颗质量仅有地球两倍的行星被发现了，这颗被称为 Gliese-581e 的围绕恒星运行的距离比前面的三颗都更近，公转周期仅为 3.1 天。最后，又有两颗超级地球被找到，Gliese-581f 拥有 7 倍地球质量，公转轨道周期 433 天；而 Gliese-581g 拥有 4 倍地球质量，公转轨道周期大约 30 天，差不多相当于地球上的一个月。

除了运行在最外侧的那颗超级地球（Gliese-581f）之外，所有其他行星到恒星的距离都要比太阳系中的任何行星到太阳的距离更近。但由于这是一颗红矮星，光热较弱，这意味着在如此近的距离上并不会遭受炙烤。这颗恒星周围的温和带距离并非在 1 天文单位处，相反，可以让一颗与地球相似的行星的表面保存液态水的距离范围大致是在 0.09~0.23 天文单位，折算成公转周期大约是介于 18~72 天。这一结论将 Gliese-581d 和 Gliese-581g 置于了温和带范围内，而 Gliese-581c 则很微妙地位于温和带内侧边界附近。这三颗行星中，有没有可能有一颗的环境与地球足够相似，使其地表能够有海洋的存在？

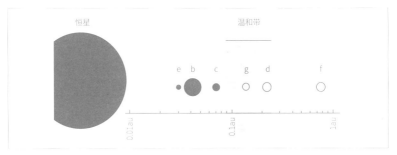

图 21：Gliese-581 是一颗红矮星，人们认为其周围存在 6 颗行星，其中有两颗运行在温和带范围内。然而后续的观测对 Gliese-581d、Gliese-581f 和 Gliese-581g 这三颗行星是否真的存在提出了质疑。

在 2007 年被发现时，Gliese-581c 是截至当时发现的质量最小的系外行星，尽管其运行轨道位于温和带内侧边缘，但有一种乐观的观点认为如果它被一层高反射率的云层覆盖，那么就有可能保持合适的温度。在 Gliese-581c 所在的位置，如果其各项性质与地球相似，而且能够反射大约 50% 的恒星辐射的话，其地表温度可以维持在 20℃左右。相比之下，地球对太阳辐射的反射率仅有大约30%，而金星云层的反射率则高达 64%。这样看的话，似乎反射掉50% 的恒星光芒也是有可能的，因此 Gliese-581c 在宣布其发现的论文中被称作是"所有已知系外行星中与地球相似度最高的"。这是一项大胆的宣言。但仅靠一些云层的存在，真的足以让 Gliese-581c 成为宜居世界的竞争者吗？遗憾的是，那里的温度情况可能并非如此。

首先是这颗行星所处的位置。即便将红矮星更弱的光热情况考虑在内，Gliese-581c 所处的位置也要比金星到太阳的距离还要更近。而我们也看到了，即便金星大气的反射率如此之高，金星上仍然上演了失控的温室效应。

其次，如果考虑到这颗行星的质量大小，那么这一风险只会更大。如果 Gliese-581c 的物质组成与地球相似，那么它相当于 5.5倍地球的质量意味着其直径约为地球的 1.5 倍，而这个大小恰好位于固态的类地行星和气态的所谓"迷你海王星"之间。如果这颗行星确实是岩石质地，其巨大的质量将会吸引一个巨厚的大气层。而这样一个大气层将会有效困住热量，导致地表气温飙升。另外，巨大的质量也有可能存在另一种风险，那就是在其形成初期，主要以氢气和氦气为主的原始大气被保留下来，从而产生一个干燥且不稳定的大气层。

最后，如果你觉得去那里短期度假仍然是一个不错的选择，那么我提醒你，由于 Gliese-581c 距离恒星很近，两者之间处于潮汐锁定状态。和岩浆星球 CoRot-7b 一样，处于潮汐锁定状态下的 Gliese-581c 也将是一个分裂的世界：白天的一面永远对着恒星的高温。这样一个世界将会努力对其全球热量进行调节。这种情况并不必然产生一个荒凉的世界，但它对生命绝无裨益。以上这些情况综合起来考虑，已经足以将 Gliese-581c 剔除出严肃的宜居行星候选列表了。

与 Gliese-581c 的情况非常不同的是，Gliese-581d 和 Gliese-581g 这两颗行星宜居性所面临的问题是：它们可能并不存在。在 Gliese-581f 和 Gliese-581g 被宣布发现的两周之后，在国际天文学联合会在意大利举行的一次会议上，这两颗行星是否真的存在引发了质疑。后续更新的观测已经证实了行星 b、c、d 以及 e 的存在，但却无法找到行星 f 和 g 存在的明确信号。这里遭遇的难题是：要想从因多颗行星引力作用而发生晃动的恒星信号中将这些行星的信号各自区分出来是极为困难的。而如果恒星是红矮星，则难度更高，原因是这类恒星本身亮度较暗且活动频繁，即便其表面出现的微小震荡都有可能产生虚假信号。

最终，Gliese-581f 并不存在的结论被接受了，但对于 Gliese-581g 是否存在，仍然存在争议。进一步的分析仍然未能得出任何结论：这究竟是一个真实存在的行星，还是一个假信号？如果这颗行星真实存在，那么它将位于温和带的中心地带。另外，它的质量仅有地球的 3 倍，因此相比 Gliese-581c，Gliese-581g 是岩石行星的概率要高得多。正是由于其具备宜居性的可能性如此之高，就像棍子上的胡萝卜一样诱人，所有人都殷切希望这颗行星是真实存在的。

但是在 2014 年，所有的希望都破灭了。对 Gliese-581 进行的后续观测记录到了这颗恒星表面不同寻常的磁场活动。这块磁化区域看上去就和太阳黑子差不多，并与周围区域的物质发生相互作用。随着恒星自转，这块区域会出现周期性的晃动，看上去与行星造成的晃动效应非常相似。当将这一效应从数据中剔除之后，Gliese-581g 的信号便消失了。更糟糕的是，此次数据修正还同时将 Gliese-581d 的信号消除了。原先的测算显示这颗行星的公转周期是 Gliese-581g 的两倍，没想到却与 Gliese-581g 遭遇了同样的命运。

尽管对 Gliese-581 的观测仍然存在争议，但预测到"它们可能并不存在"的确是一项重大的打击。这再次证明了：寻找小质量系外行星确实是一项极为困难的工作。

要想找到运行在温和带内、地球大小的系外行星的凌星现象，主要存在两大困难。第一，与我们相似的行星和恒星之间发生凌星现象的概率大约只有 0.1%，从绝大多数观测视角看去，体积又小、距离又远的地球都是不会从太阳的面前穿过的。第二个问题是当行星从恒星面前穿过时，造成后者的亮度减弱程度大约只有 1/10000，非常微弱。正如开普勒空间望远镜项目科学家娜塔莉·巴塔拉（Natalie Batalha）所指出的那样："想象全纽约城最高的酒店，然后让每个人都开着灯。此时，其中有一个人将他房间的窗帘拉低了两厘米。这就是地球大小的行星从太阳大小的恒星前方经过时造成的太阳亮度下降的程度，也是我们正在搜寻的那种光变信号。"

但在 2014 年 4 月 8 日，开普勒空间望远镜项目组的科学家们还是宣布：他们做到了。Kepler-186 是一颗红矮星，距离地球大约 500 光年，位于天鹅座。这颗恒星的质量约为太阳的一半，因此其周围的温和带范围大致是在 0.22~0.4 天文单位。相比之下水星到太阳的距离大约是 0.4 天文单位。

此番发现的行星是 Kepler-186f，它运行在保守估计的温和带外侧边界附近，轨道周期大约为 130 天。其半径大约为地球的 1.11 倍，和地球相当接近。如此小的体形，让人们相当肯定，这是一颗岩石星球。

和地球一样，Kepler-186f 从属于一个行星系统。在此之前在这颗恒星周围已经发现了 4 颗行星，它们的半径也都小于地球的 1.5 倍。这 4 颗行星公转的轨道都要比 Kepler-186f 离恒星更近，公转周期在 4~22 天。尽管这几颗行星也都不大，应该是岩石行星，但由于它们的位置在温和带内侧，因此即便它们的性质与地球相似，那里的温度也会过高，无法维持液态水的存在。和太阳系不同，这个系统中最有宜居环境潜力的是其最外侧的那颗行星。那么现在我们可以说终于找到了"第二颗地球"吗？

要想真正确定 Kepler-186f 究竟是否与地球相似，唯一的途径就是对其地表进行探测。尽管我们现在尚无有能力跨越恒星际的空间发射探测器，但我们可以从它的大气中窥探出一些信息。正如我们在巨蟹座 55e 那里看到的，当一颗行星从背后的恒星前方通过时，恒星的光芒穿过这颗行星的大气，我们可以从中探查到关于这颗行星地表的一些信息。比如说，由于地面上生机勃勃的生命活动，地球大气中有大量的氧气和甲烷气体。不幸的是，Kepler-186f 距离我们有 500 光年远，这对于开展大气研究来说太远了，另外这颗星球也太小了。我们所能做的最多就是猜测。

事实上，Kepler-186f 的位置引发了很多有趣的问题。首先是关于红矮星周围温和带的位置问题。由于这类温和带相对更靠近恒星，因此运行在这里的行星的公转周期要比地球短很多。在这样的距离上，行星的形成速度应该会快很多。因为在地球绕恒星公转一圈的时间里，它们几乎可以转三圈，这样一来原始星子之间的碰撞频率就会上升，物质集聚的速度应该会更快。起初这一想法听上去非常积极：更快的行星形成速度可以让行星在温和带内停留更长的时间，从而发育出可以支持生命生存的环境。但这一切都是有代价的。

年轻的红矮星是一头狂暴的野兽。在核聚变反应开启之前，原红矮星的光度之强超出你想象。与太阳这样较大型的恒星不同，红矮星在最初形成时的亮度要比它点燃氢－氦聚变之后的那种暗淡亮度强上 100 倍。如果一颗行星在这一早期阶段形成，那么在恒星温度逐渐降下来之前，行星地表的所有水体就已经全部蒸发消失了。Kepler–186f 的地表温度或许现在可以允许地表水以液态形式存在，但可能在那之前那里就已经没有什么水剩下了。

形成区域过于靠近恒星必然会带来另一个问题，就是星子与行星胚胎的运动速度。这些岩石天体在相互挨得很近的轨道上高速运动，可以想象，在行星形成的最后阶段会伴随着不断发生的高速碰撞事件，这些都足以将一颗年轻行星上的大气和水全摧毁掉。

第二个问题是，Kepler–186f 似乎是围绕这颗恒星运行的最靠外侧的一颗行星。这一点显然和地球不同。我们的轨道外侧还有火星，再向外则是巨行星所在区域。木星的存在对于地球的演化产生了重要作用，因为科学家们认为正是其利用强大引力将大量冰冻小天体弹射进入内太阳系，并在与地球发生撞击的过程中将水带到了地球上，让地球从此拥有了海洋。必须承认，气态巨行星之间的这种弹球游戏确实给年轻的行星带来了危险。但如果这些行星的地表没有水，那么地球上是断然无法演化出今天这样的生命的。那么，如果缺乏这样一位外界的"神助攻"，Kepler–186f 会不会是一个干燥的世界？

这些对于 Kepler–186f 而言似乎都是非常严重的问题。但这一行星系统的布局却带来了另一种或许更有前景的想法。这一行星系统中存在五颗行星，并且都非常靠近它们的恒星。如果要让这些行星都在它们目前所在的位置上形成，那么最开始的原始行星盘中就必须包含超过 10 倍地球质量的物质，并且这些物质中的大部分都必须集中在距离恒星 0.4 天文单位的紧凑范围内，但这样的形状在年轻恒星周围并不常见。因此更有可能的情况是：Kepler-186f 是在更外侧的地方形成，随后才迁移到今天所在的位置。这样一来就能够避开上面遇到的那个问题：如果它是在原始行星盘中更靠外侧的区域形成的，那么由于那里存在更多的冰物质，这颗行星就更可能产生富水的环境。

随后，当恒星度过最狂暴的原恒星阶段之后，行星就可以在气体拖曳作用下开始逐渐向内移动。此时 Kepler-186f 距离恒星较远就变成了一种优势，因为它距离恒星足够远，从而可以避免被潮汐锁定。周期性的自转运动确保了行星地表各处能够均匀地获得热量，这样的话，液态水或许可以在其地表存在。

不过，迁移假说仍然无法回避掉所有的问题。Kepler-186f 的位置仍然足够近，需要去直面星风带来的威胁。如果没有磁场保护，这颗行星的大气层将会被剥蚀殆尽。而一颗行星是否能够产生磁场，则与其地质活动情况有关。尽管 Kepler-186f 看上去似乎是一颗岩石行星，我们却无法确认组成它的具体岩石成分是什么。

正如我们在探讨巨蟹座 55e 的不同成分时遇到的问题一样，岩石质地并不代表一定就是"类地"的。即便同样是铁、硅酸盐和水冰的组合也能产生截然不同的行星质量。一颗由纯铁构成的行星，其质量将是地球质量的 4 倍左右，而一颗主要由水冰组成的行星，其质量大约仅有地球质量的 32%。假设 Kepler-186f 真的拥有与地球一样的铁和硅酸盐比例，那么它的质量将是地球的 1.44 倍左右。因此尽管这颗行星看上去只比地球大了大约 10%，但实际上它的质量可能介于地球的三分之一至 1.5 倍之间。这样的差异将产生完全不同的引力强度和内部压强,最终产生的岩石成分及其所驱动的内部循环可能并不能产生磁场。同时引力场的强弱也可能对大气层的厚度和成分产生影响,因为它决定了行星能够束缚住多少气体,以及哪些类型的气体。

但再一次地,我们可以反过来看待这个问题。红矮星周围运行的、没有磁场的行星模型显示,似乎恒星产生的耀斑和星风所造成的影响只局限在行星大气的高层区域。这样一来,或许这类行星的地表并不会受到更多影响。但在我们能够探查更多太阳系外小型行星的大气层状况之前,关于这些非地球环境的演化情况,我们更多地只能是猜测。

另外值得指出的一点是,在地球上,生命可以存在于那些最极端的环境之下。它们有一个专门的名字"extremophiles",意为"极端生物"。正如它们的名字所暗示的那样,这些生物能够忍受极端的高温或低温、强酸性、高压或极端干旱环境。其中最极端的案例之一就是水熊虫。这是一种八足的微型生物,其能够忍受 −256℃ ~+151℃的温度范围、比地球上最深的海沟底部更大的压强,以及比人体致死剂量高出数百倍的超强辐射。不过,生命能够进化并适应这样的环境,不一定意味着它们最开始起源于这样的环境之中。它们是否有可能在这样的环境下起源,仍然存在疑问。

至于 Kepler−186f,它当然有可能是宜居的,甚至存在生命。我们可以说:这颗行星的位置和大小使我们无法排除这种可能性,但同时我们也无法肯定这里就一定存在宜居环境。由于围绕一颗红矮星运行,因此任何存在于 Kepler−186f 上的生命形式都会和我们地球上的很不一样。正午时分,由于位置比较近,从 Kepler−186f 的天空中看去,恒星要比我们从地球上看到的太阳还要大出 1/3,但亮度却只相当于地球上日落之前 1 小时左右的景象。或许这个遥远而暗淡的世界是地球的表姐妹，但一定不是亲姐妹。

截至 2016 年 11 月，已经发现有 93 颗行星运行在恒星周围的温和带范围内，而如果将轨道一部分运行在温和带内的行星也都算上，那么总数将达到 217 颗。而在这些行星当中，有 5 颗行星的直径在地球的 1.5 倍以下，因而有可能是岩石质地的。而在其中，Kepler-186f 是最小的，也是大小与地球最接近的。

关于潜在宜居行星存在的概率，以上这些信息向我们透露了什么？尽管发现的小质量行星数量不多，但新发现的系外行星数量已经非常大，足够我们进行一些统计分析。

截至 2013 年，开普勒空间望远镜已经发现 2300 颗系外行星。基于这些数据，科学家们估算认为大约 1/6 的恒星周围存在大小相当于地球 80%~125% 的行星。考虑到银河系中存在超过 1 000 亿颗恒星，这将意味着银河系内存在超过 170 亿颗地球大小的行星。对这一数据的估算已经将观测中可能出现的漏检或者误报等偏差概率考虑在内。然而这一估算值只适用于公转周期小于 85 天的行星。而对于周期更长的行星，发现的数量仍然太少，因而难以进行有意义的估算[1]。由于距离恒星如此之近，这 170 亿颗行星大多温度很高，很少有运行在温和带范围内的。

为了解决这个问题，人们又对围绕红矮星运行的行星数量做了估算。围绕这类恒星运行的小质量行星更容易被观测，尤其是在温和带区域内。在如此近距离上运行的行星可以在相当于地球上一年的时间里发生 5 次左右的凌星事件。在一项对超过 4 000 颗红矮星

---

1. 请注意，这并非表示公转轨道周期较长的系外行星数量更少，它们的数量较少只是因为探测的难度更大。

进行的调查中，有超过 40% 的被调查恒星周围存在可能是岩石质地的行星，并且其中有大约 15% 运行在恒星的温和带内。这就暗示在地球周围 10 光年的范围内，应当存在一颗运行在温和带内，且大小与地球相仿的系外行星。这个想法非常吸引人。那么，距离我们最近的系外岩石行星在哪里呢？

2016 年夏天，我们似乎找到了答案。人们在比邻星的周围发现了一颗行星，比邻星我们之前提到过，它与半人马座 α 双星系统一起构成了一个三合星系统。

在这个三合星系统中，比邻星是距离地球最近的，距离地球是 4.22 光年，而半人马座 α 双星系统距离地球大约是 4.3 光年。同时，这对双星与比邻星之间的距离也相当可观，达到 13000 天文单位，以至于有人质疑比邻星是否真的与这对双星同属一个系统，他们认为比邻星或许只是一颗路过的恒星。但不管是哪种情况，比邻星都是距离我们最近的恒星，因此任何围绕它的行星都是距离我们最近的系外行星。因此也就不难理解为何比邻星 b 的发现会引发如此大的反响。

这颗行星是利用视向速度法发现的，因此可以确认其质量下限是 1.3 倍地球质量。由于没有观测到其凌星现象，这颗行星的轨道倾角依旧未知，因此其真实质量数据依旧成谜。如果我们最终发现比邻星 b 的轨道倾角超过 15 度，那么它的质量将接近迷你版的海王星。

这颗行星距离比邻星仅有 0.05 天文单位，对应的公转周期大约是 11.2 天。这可能意味着这颗行星是一个岩浆覆盖的世界。但事实并非如此，因为即便从红矮星的角度来看，比邻星也属于其中比较小、比较暗淡的。它的质量仅相当于太阳的 10%，因此它产生的光热非常微弱，以至于这颗行星的位置依旧处于温和带范围之内。

　　当然，与行星 Kepler-186f 一样，比邻星 b 也无法回避围绕红矮星运行所带来的一系列问题。即便是今天，比邻星也是一颗非常活跃的恒星，其表面不断爆发巨型耀斑，释放出比地球上正常水平高出数百倍的强辐射粒子流，周期性地扫过周围的行星。除非比邻星 b 受到一个强磁场保护，否则它的大气层将被摧毁。

　　失去大气层将导致严重问题。因为这颗行星距离恒星很近，几乎可以肯定处于与恒星之间的潮汐锁定状态。一旦失去了可以调节热量的大气层，这颗行星将陷入二元分割：永恒白昼的半球被高温炙烤，而永恒黑夜的半球则坠入寒冷冰渊。

　　这颗恒星的剧烈活动也导致一种风险，即这颗行星的发现可能是一次误报。由于这颗恒星表面大量的活动和变化，要想从中辨认出系外行星产生的晃动信号是异常困难的。

　　即便有这些顾虑，由于比邻星 b 如此之近，仍然使其成为迄今最令人兴奋的系外行星发现之一。如果未来我们有能力对其大气层进行观测，我们或许将有机会了解一颗围绕红矮星运行的行星，其地表情况究竟是如何的？实现这一点最方便的途径是当这颗行星发生凌星现象时对其进行观测。尽管目前尚未观测到这种情况，但人们一直密切监视着比邻星，查看其亮度是否出现任何周期性的减弱。另一种办法就是对行星进行直接成像。但是直接成像在技术上极具挑战性，尤其是对这样小的行星而言。但比邻星 b 是我们可能找到的距离最近的系外行星。随着新一代空间望远镜，如哈勃空间望远镜的继任者"詹姆斯·韦布空间望远镜"（JWST）以及"广角红外巡天望远镜"（WFIRST）相继发射升空，再加上地面上诸如"极大望远镜"（ELT）和"三十米望远镜"（TMT）[1] 等大型设备的建成，

---

1. 让我们花点时间来欣赏天文仪器具有描述性，但缺乏想象力的命名。

这颗行星将成为这些设备的观测目标之一。

那么作为距离最近的系外行星，我们还要多久才能造访比邻星 b？尽管相比 Kepler–186f 的 500 光年，4 光年听上去似乎是一个非常小的数字，但实际上光年是一个非常大的距离单位。人类最长的旅途就是绕着月球转一圈，距离是 0.00 000 004 光年。人类制造的飞得最快，也飞得最遥远的探测器是"旅行者 1 号"，如果方向正确，它也需要飞行 75 000 年才能抵达比邻星附近。

还有一些人提出过发射高速飞行的微型飞行器的设想，但在目前阶段这些都还仅仅是停留在纸面上的设想。此时此刻，对于这个最近的系外行星世界，我们开展研究仍然只能透过望远镜的镜片来进行。

第十四章　异星世界

　　在人类已知的数千个世界当中，只有一个被确认可以支持生命生存，这就是地球。由于这个原因，当我们搜寻其他宜居行星时，会将是否与地球相似作为判断的标准。

　　的确，一个与地球相似的宜居世界是最容易被识别出来的，但它却并不一定是能够支持生命生存的唯一形式。甚至地球都不一定是最适合生命生存的环境。那么，适宜生命生存的完美环境究竟应该是如何的?

水世界

　　在温和带内发现首个凌星系外行星的消息燃起了人们找到一个宜居世界的希望。Kepler-22b 似乎太大了，不太可能是岩石行星，但作为一个气态巨行星的话又显得太小了。它有可能是一颗介于两者之间的，被一个全球性海洋覆盖的液体世界吗? 在地球上，几乎只要有水存在的地方就会存在生命，这种前景很难不让人产生各种联想。

　　第一个问题是这样一种水世界是否真的可以存在。由于缺乏质量数据来推断其密度，Kepler-22b 留给了人们巨大的想象空间。仅凭大小，我们是无法将一类新型的海洋星球从"迷你型"海王星或者"巨人版"类地行星中区分出来的。不过，关于海洋星球的更强证据已经被找到了。

在 2009 年，人们在蛇夫座发现一颗行星对一颗红矮星发生了凌星现象，距离地球大约 42 光年。即便不考虑大气层的影响，这颗行星的地表温度也必然超过 100℃，很显然它并不位于温和带范围内。然而这颗行星的公转周期仅有短短的 1.6 天，这就意味着它的存在对恒星产生的"晃动"影响将足够明显，从而允许通过视向速度法测定其质量数据。结合凌星数据，我们便能够获得其平均密度数据。

这颗行星就是 Gliese-1214b，其半径是地球的 2.4 倍，质量是地球的 6.6 倍。这样计算得到的密度数据是 $1.87 \mathrm{g/cm}^3$，这个数据介于岩石质的地球与气态的海王星之间。吻合这一数据的一种可能物质组成方案是 25% 的岩石加上 75% 的水，外部再由一层厚厚的氢氦大气层包裹。相比之下，地球质量中水的占比仅有微不足道的 0.1%。但是这颗行星的高温将使其无法在地表产生液态海洋。相反，这颗行星将被一层具有类似流体性质的特殊气体，即超临界流体 [1] 所包裹。

哈勃空间望远镜试图利用 Gliese-1214b 发生凌星的机会，通过对其大气层开展观测，确认其上水的信号。不幸的是，观测没能成功——未能捕捉到由于水分子吸收产生的特征信号，事实上，任何的特征信号都没有被观测到。对于这种结果，一种可能的解释是云层遮挡了望远镜的观测视野。尽管尚未得到最后确认，但 Gliese-

---

1. 我们在本书第七章中曾经探讨过这种奇异的物质状态，作为巨蟹座 55e 可能的物质组成。

1214b 的密度数据使其有很大可能是主要由水组成的。这颗行星的发现使得"水世界"（几乎）成为一项科学事实。

要想集聚如此多的水，Gliese-1214b 必然是在远离恒星的位置上形成的，远远位于原行星盘内冰线外侧的区域。在那里，行星能够从周围的冰冻物质中汲取到大量水分。随后，气体盘施加的拖拽作用让这颗富含冰物质的行星开始向内侧移动，逐渐接近恒星。如果其最终的停留位置恰好位于温和带内，那么一颗被液态海洋覆盖的"水世界"行星便诞生了。

"水世界"行星甚至可能并不罕见。Gliese-1214b 和 Kepler-22b 都是超级地球，这是迄今发现的系外行星中最常见的类型。这类行星的质量是地球的数倍，在它们中间可能存在两类不同的"水世界"。

Gliese-1214b 是"深水海洋"水世界的典型代表。其居中的密度数据暗示其物质组成中有相当大的比重是水。这颗行星的岩石内核可能被埋藏在数千公里深的海洋水下。但一颗拥有全球性海洋的行星，其物质组成却并不一定是水占主体的。超级地球更强大的重力环境会减小其地表的高低起伏，使表面更趋平缓。在这样的星球上将不存在陡峻的高山，相反，整个星球表面将在重力作用下形成平坦乏味的广袤洋底，上面被一个全球性的浅海所覆盖。这两类"水世界"的差别就有点像是将水倒进碗里和浅碟子里的区别。这两者都被水填满了，但是前者所含有的水量将大大超过后者。一个 10 倍于地球质量的岩石行星可能根本没有露出水面的大陆，除非它非常干燥，水的含量比地球低 10 倍以上。这也就是说，一个质量更大版本的地球，几乎肯定是一个"水世界"。

在地球上，只要有水的地方一般就有生命。但是如果一个星球上完全没有干燥的陆地，生态系统是否真的可以在这样的环境下发展起来？如果一个全球性海洋意味着这颗行星不再宜居，那么即便是岩石行星，其宜居性也将受到大小的限制。

在一个"深水海洋"型水世界中，所有依赖光合作用的植物都必须适应没有根系附着的生活。在一个水深超过 10 000 公里的大洋中，植物的根和茎根本不可能将阳光照射的大洋表层与深海洋底连接起来。类似海藻那样的漂浮型植物可能可以发展起来，其他依赖飞行或者水生的生物也可能适应下来。当然在地球上这样的生物都有相应的案例，同时在地球上也生存有完全不需要阳光的生命形式。地球上的海洋生物能够在这样一个"深水海洋"世界中发展兴旺吗？

尽管地球质量中仅有大约 0.1% 是水，但地球上的海洋还是太深了，阳光无法抵达大洋底。相反，在大洋底的一些裂隙处存在一些高温"海底烟囱"，喷出大量高温流体。这些海底热泉的水温远超 100℃，但由于洋底的巨大压强，仍然保持着液体状态。在这些热泉喷口的周围，存在一个完整的、完全不依赖于阳光的生态系统。这种热泉或许也是流浪行星上生命生存的能量来源，因为这些行星不围绕任何恒星运行，因此也就没有阳光普照带来的能量。不幸的是，当我们想要将这一理论运用于"深水海洋"行星时，却遇到了问题。

如果将地球质量中水的占比从 0.1% 提升至超过 50%，大洋底部的情况将发生重大变化。在这样一个巨型海洋的底部，巨大的压强将把一部分水压成厚厚的冰层。于是硅酸盐质地的岩石洋底就与液体的海水隔离开了，中间隔着一层数千公里厚的固体冰层。在这样的冰层重压之下，洋底将无法形成热泉喷口，潜在的洋底生态系统也将无从谈起。

干燥陆地的缺乏也将导致碳 – 硅酸盐循环的中断。这是行星的热调节机制，我们曾在本书第十二章对此进行过讨论。这种机制能够通过增加或减少大气中二氧化碳的浓度来调节地表温度。当行星升温时，它会通过与地表岩石之间的化学反应减少大气中的二氧化碳；而当行星降温时，化学反应速度将放慢，大气中二氧化碳的浓度将会上升，从而困住更多热量。而陆地上裸露岩石的缺乏将会让这一行星热调节器失去作用。

　　有没有可能通过与海洋之间的反应来补偿这一机制？地球上的海洋吸收的二氧化碳数量相当于地球大气中目前二氧化碳含量的 10 倍。这种机制也会在海洋星球上发生，但遗憾的是，这种机制只会起到反作用。海洋对二氧化碳的吸收在温度较低时更加高效。因此当行星温度升高时，海洋对大气中二氧化碳的吸收将会减弱，导致大气中二氧化碳的浓度上升，从而困住更多热量；而当相反的情况发生，行星温度下降时，海洋将从大气中清除更多的二氧化碳，进一步加剧降温。因此，海洋不但不会对抗行星温度的变化，反而会加速这种变化的发生。

　　由于缺乏温度调节补偿机制，深水海洋型行星的温和带会缩小，变成窄窄的一条。由于不具备地球这样对来自恒星辐射偏多或者偏少进行调节的机制，超级地球如果想要在其地表维持液态水的存在，它的位置必须是完美的。这并不意味着这样的行星完全不可能宜居，但的确大大降低了其运行在合适区间内的可能性。有一个或许能够算是好消息的消息：在一个巨大的海洋星球上，温度的变化是非常缓慢的。因此，如果一颗深水海洋型行星运行在一条高偏心率轨道上，只在一年当中的部分时间穿行在温和带内，它也将能够保持宜居环境。而相比之下，如果换成一颗与地球相似的行星，在离开温和带范围后其地表就将封冻。

　　如果是一颗浅海型行星，那么它宜居的前景将会更好一些。没有了深水海洋，高压环境下的冰层也就不会形成，岩石海底与液体海水也就不会被分隔开，这将允许热泉喷口以及微弱的碳－硅酸盐循环的存在。浅海海水将能够将二氧化碳固化入岩石，就像在地面上发生的那样。问题在于，海水并不能很好地反映行星表面温度，导致这一热调节机制性能低下。在保持宜居环境方面，一个浅海行星可能不如地球，但是要比深水海洋型行星强一些。

　　尽管看上去宜居性依旧希望渺茫，但有一个重要因素或许可以拯救浅海行星。类地行星并非只有地表可以储存水，以地球为例，有相当一部分水体被储存在地幔当中，结合在矿物结构之中。在板块运动过程中，地表水体和地幔水体之间会发生交换。当大洋板块向大陆板块下方发生俯冲，海水将被带入地幔层。之后，又通过火山爆发的形式将这些水返还到地面上来。超级地球上重力更强，压强更大，将会有更多的水被压入地幔。如果有足够多的水被存储到地下，浅海行星上可能有部分区域露出海面。而一旦有陆地暴露出来，碳－硅酸盐循环机制就将启动。

　　很难评估将水送入地幔的效率有多高，因为我们对于地球地幔中的水量究竟有多少缺乏认识。如果那里的水量与地表海洋水体相当，那么如果一个 10 倍地球质量的行星具备板块活动，就有可能避免成为海洋星球。这是一项合理，甚至稍显保守的估算。这一点表明，一个较大质量的岩石行星并不能被完全排除出宜居的范围。

　　推测智慧生命是否能在宜居的水世界上发展是很有趣的。没有了干燥的陆地，火和电可能永远都不会被发明出来，而这将阻碍一个先进技术文明的诞生。超级地球更强大的重力环境可能也会限制飞行生物的体形大小。地球上的海洋中生活着大量体形巨大的生物，但其中没有任何一种生物达到了人类那样的智慧程度。这一切完全是纯粹的巧合吗？又或者它表明了海洋环境是不利于智慧文明发展的？

气态气体内核

与我们太阳系中的情况不同，气态巨行星并不总是运行在冰线外侧。相反，由于原行星盘中气体的拖曳作用，年轻的气态巨行星会逐渐接近恒星。如果它最终停下时位于温和带内，我们马上就遇到了一个问题：会有生命产生吗？

太阳系中的气态巨行星看来没有什么希望。在这些庞然大物的巨厚大气层之下不可能存在一个液态的海洋。在这些行星的固态内核附近压强极高，以至于人们相信会出现一些奇异的物质形式，包括液态的钻石和金属态的氢。如果有任何生物想通过悬浮在大气层中的方式生活，那么它的命运将取决于这里强大的对流运动——它将不断在高温的深层大气和冷冻的高层大气之间来回往返。这听起来确实挺有意思，但绝不是一个度假的好地方。

如果这颗行星的质量足够小，达到迷你海王星的级别，那么故事将会非常不同。在它向恒星逐渐接近的过程中，其外层厚厚的大气层将完全有可能被不断增强的恒星辐射完全剥蚀殆尽。这样的结果就是其岩石内核裸露出来。在这样一颗行星上，会有宜居环境吗？

围绕红矮星运行的行星特别需要考虑这种情况。相比类太阳恒星，这种小质量恒星要暗弱得多，从而使其物质盘内侧边缘以及冰线的位置都更靠近温和带的边界。如此，当原行星盘消散的时候，行星将有更大的机会发现自己停留在温和带的范围内。一旦这种情况发生，行星还需要做的就是失去自己的大气层，而这一点正是红矮星擅长干的事情。

在此之前，年轻红矮星的暴烈活动一直被认为是生命存在的不利条件。形成于温和带内的行星面临着来自新生恒星剧烈辐射的轰击，可能导致其大气层被剥蚀，生命无法存活。但是对于一颗迁移至此，且被一层巨厚大气层包裹的行星而言，它却可以借此机会剥蚀掉自己外部厚厚的大气层并暴露出自己的内核。

　　这样一颗行星应当形成于冰线外侧，拥有岩石与水冰构成的内核，外部由一层氢和氦组成的大气层包裹。在红矮星依旧年轻时，这颗行星便已迁移到了温和带范围内。年轻红矮星发出的强烈 X 射线和紫外线辐射将加热这颗行星的大气层，导致大量气体从该行星逃逸。而其内核的水冰物质也将消融，在岩石内核的表面形成一片海洋。

　　这一机制能否成功，取决于这颗行星内核的大小以及时机。如果内核质量太大，那么它将有能力顶住来自恒星的轰击并保留住自己的氢氦大气层。一个质量与地球接近的内核可以被成功剥离大气层，如果其质量达到地球的两倍，它就有可能保留住自己的大气层。除此之外，如果行星过早地迁移到温和带范围内，年轻红矮星产生的剧烈辐射持续轰击的时间将会更长，最终行星在失去所有大气层之后，其地表的所有水体也将被蒸发殆尽。反过来，如果行星抵达温和带的时间太晚，则有可能错过红矮星最狂暴的阶段，导致辐射太弱，无法剥离其大气层。但假如质量合适，且抵达的时间也合适，那么一个裸露在外且被水体覆盖的内核是有可能产生的。

　　一颗裸露在外的内核与通常类地行星的地表将会非常不同。类地行星的物质组成主要是硅酸盐类岩石，而这种内核的组成可能会更像彗星，其岩石和冰物质的占比大约是一半对一半。如果太多的冰物质融化，那么这样一个内核可能会变成一个水世界。

　　在丢失了自己主要由氢气与氦气组成的初始大气层之后，要想具备宜居环境，裸露内核需要获得一个新的大气层。地球的次生大气[1]主要是通过火山爆发等方式，释放出内部的气体。由于内核的

---

1. 次生大气：是指失去初始大气层之后，第二次形成的大气层。——译注

物质组成与彗星相近，其组成中富含氨气和甲烷，这两者都是温室气体，能够高效困住热量。因此，裸露内核的最佳停留位置应该是在温和带的外侧边缘，如此其大气层中发生的温室效应才不至于使其产生失控的升温。

裸露内核岩石／冰物质混合的组成成分也会使其板块运动和地质情况不同于地球。这种差异将产生何种后果尚不清楚，但如果这个内核能够拥有自己的磁场，其对抗任何恒星活动影响的能力将会强很多。

由于在系外行星系统中，行星迁移似乎是一种相当常见的现象，因此有必要记住一点，那就是运行在温和带内的岩石行星事实上有可能是裸露的内核。如果这些内核天体果真具有宜居环境，那么它们的生存环境将会与地球上非常不同。

阴阳魔界

除了剧烈辐射，运行在红矮星温和带内的行星可能还要面对潮汐锁定带来的危险。由于距离恒星太近，恒星强烈的引力作用会使行星始终以同一面朝向恒星，而另一面则永远见不到"太阳"。

要想更好理解这种情况对宜居性可能产生何种影响，可以想象我们的地球如果与太阳之间处于潮汐锁定将会发生什么？我们在本书第十二章中曾经探讨过，假如没有大气层，地球的平均温度大约是5℃。如果处于潮汐锁定状态，太阳将始终照射在同一个半球上，那里的温度将会升高到120℃以上。而在另一面，背离太阳的半个地球只能依靠地球内部的热量维持温度。在如此少的热量供应下，夜半球的地表温度将下降到-273℃。我们今天所享受的宜居性荡然无存，生命将在极度的酷热或严寒中消亡。

不过这种悲观的前景忽略了行星大气的作用。尽管行星本身被潮汐锁定,但大气仍然可以在全球范围内自由流动。这种大气流动带来的昼夜间的温度缓冲能否在地球上造就一个宜居环境?

初看起来,情况并不乐观。因为在夜半球温度太低,大气将凝结并降落到地面上。夜半球大气层的丧失将导致这里的大气压强骤降,从而导致昼半球的大气向这里大规模流动,以填补这里大气的空缺。但这些新来的大气在如此低温环境下也将很快冷凝,直到整个大气层全部消失。此时,我们称这颗行星发生了"大气崩塌"(atmospheric collapse)。

如果大气层能够让两个半球之间的温度平衡,则灾难性的大气崩塌现象就可以避免。如果夜半球的大气能够保持一定的温度从而避免冷凝沉降,则大气层将得以维持。一个非常稀薄的大气层难以实现大范围的热量均衡,也就无法避免气体冷凝的发生,但如果这个大气与地球相似,含有大量二氧化碳和氮气成分,那么它仍然还有一线成功的希望。

拥有与地球相似的大气层是否意味着其地表能够形成湖泊和海洋,则是另外一个问题。这一点主要取决于其昼半球的温度是否高到能够造成水的沸腾。在夜半球区域,水必然是呈现固态形式的。在温度低到大气层都可能被冻结的情况下,光靠空气循环流动是不足以确保水体在夜半球保持液体状态的。如果来自恒星的热量或是温室效应产生的升温造成昼半球区域水汽的蒸发,那么随着大气流动,这些水汽将会被输送到夜半球区域。由于夜半球温度很低,这些水汽将会冷凝,以降雪的方式沉降到夜半球的地面上。于是,夜半球将成为一个冰窖,最终整个行星上所有的水体都将被输送到这里,并成为固态的冰。这样一颗行星看上去就像一只眼球:整个表面雪白一片——面朝恒星的那一面除外。

即便是在温度低于 100℃ 的情况下，这样的"眼球"行星都是无法持续的。吹过海洋的风带有水汽，而最终这些水汽仍然被送往"冰窖"封冻起来。于是整个行星的水体储备逐渐干涸耗尽，除非有某种方式将水从冰冻中重新释放出来。幸运的是，格陵兰岛和南极洲的冰川显示，这种情况是有可能发生的。

如果只有当冰融化之后才能将水释放出来，那么我们的地球将和现在非常不同。因为如果是这样的话，地球大气中的水汽将会在地球的南北两极冷凝沉降，只有到夏季才会被重新释放出来。但事实上，重力作用会让冰雪沿着下坡逐渐流动，比如缓慢移动的冰川。在"眼球"行星上，这种缓慢移动的巨大冰川将会把大量水冰移动到昼半球区域，在那里冰川将会消融并重新释放出水。在昼夜交界处，水体不是气体也不是固体，而是以液体形式存在，在昼夜半球之间形成河流。这就像一道围绕全球的"液态水圈"，它与这颗行星的晨昏圈吻合，这里或许可以成为生命诞生的场所。从这里看去，一轮暗红色的"太阳"将永远悬浮在地平线附近，仿佛一道阴阳魔界。

如果行星温度足够低，能够让水在其昼半球区域存在，那么这里的沙漠将会变成海洋。这样听起来似乎比晨昏圈区域更加宜居，但存在一项风险。陆地和水体会吸收相当部分照射到地面上的"太阳"辐射，但是冰面具有很高的反照率，会将热量反射回去。如果水体冰封，那么这个冰雪世界将大量反射热量，从而导致更进一步的降温。如此，冰将永远不会消融为液态水。

一颗温度稍低，且拥有露出水面陆地的行星就有可能面临此种风险。其昼半球由于受到阳光集中照射，可能加快此处的碳 – 硅酸盐循环，从而将大量的二氧化碳从大气中清除出去。温室效应的减弱可能导致地表温度下降，甚至降至 0℃ 以下，从而导致海洋结冰。此后，由于热量被反射出去，这颗行星将陷入永久的冰封状态。

如果行星足够温暖，得以避免这种命运并保留住液态水体，则对于生命而言，其最大的机会将是在冰冻的海岸边或者水下，因为这里可以提供液态水体的环境，同时避开来自恒星的直接辐射伤害。

一颗潜在的"眼球"行星是KOI-2626-01，这里的"KOI"表示"开普勒关注目标"。这是一项标记，表示开普勒空间望远镜观测到了系外行星的凌星信号，但尚未得到后续进一步观测确认的目标。KOI类系外行星使用数字，而不是字母进行编号，因此 KOI-2626-01代表的意思是在恒星 KOI-2626 周围发现的第一颗行星。让我们假定这颗行星真实存在，那么KOI-2626-01将是一颗大小与地球相仿，围绕一颗红矮星公转的行星，其公转周期大约为 38 天。这些数据表明其可能运行于这颗恒星周围的温和带范围内，但同时它可能与恒星之间处于潮汐锁定状态。

考虑到"眼球"行星上独特的气候情况，事实上我们应该探讨对于这类行星而言是否真的存在温和带这样的说法。为了评估液态水存在的可能性，温和带的边界是基于某颗行星与地球的各项性质相似，且热量能够在其地表均匀分布的假设而进行估算的。很显然，处于完全潮汐锁定状态的"眼球"行星是不符合这种情况的。有趣的是，这样的冰火两重天有可能会帮助原先与地球相似的行星突破极限，在更大的范围内保有液态水。在前一个章节中，Gliese-581c运行在温和带的内侧边界，因此被认为是一颗与金星相似的，高温炙烤下的行星。但是"眼球"行星是一个分裂的世界，在昼半球发生失控温室效应的同时，夜半球是一个大冰窖。两者的交会处是一个冰雪消融的区域，液态水可以在这里流淌。这再一次提醒我们，全球平均并不适用于任何的环境。

如果这颗行星的大气密度比地球高，则热量能够在昼半球与夜半球之间均匀分配。在金星上，一天的时间比一年还要长，它几乎已经与太阳处于潮汐锁定状态。即便如此，金星仍然出现了全球性的高温，其地表温度甚至高到可以熔化铅块。这是拜巨厚云层的保温作用所赐，以及金星高层大气的强风。后者将太阳的热量均匀带到了整个星球各处。金星地表显然是不具备宜居条件的，不管你在金星地表的任何地点，你都会在高温下暴毙。

金星的自转很有意思。由于它自转一周需要长达 243 天，因此从地球看来，金星呈现出反向的自转。在金星的天空中，太阳将从西边升起，从东边落下。

这种逆向自转是非常令人惊讶的。由于是在同一个原行星盘中形成，所有行星的公转和自转方向都应该是相同的。对于这种反常的自转，一般的解释是它曾经遭受过猛烈撞击，导致自转轴出现倾斜。天王星和金星夸张的自转轴倾角一般都被认为与它们在形成阶段的晚期曾经遭受过的猛烈撞击有关。但是，关于金星的反向自转，或许还有另外一种解释，而它就隐藏在金星的大气层之中。

当沐浴在阳光之下，金星大气中气体分子运动速度会加快，从而导致局部气压升高。金星各处的气压差异驱动高温气体向低温区域流动，从而产生一些局部性的高密度气体团块。

由于气体加热升温需要时间，气体的流动逐渐落后于太阳的运动[1]。因此气体分子发生堆积的部位并非刚好背对太阳的那个半球，相反，高密度气体团块会出现在与太阳呈一定角度的位置上。当太阳引力作用于这些高密度团块时，就会产生一个推动大气运动的力矩。当这一巨厚大气层在金星表面转动时，它会产生一股足够强大的拖曳力，推动整个行星与它一起沿着相同方向转动。

---

1. 这也是为何地球上一天中温度最高的时候不是正午，而是大约下午两点，这是因为地面被加热升温同样需要时间。

金星的公转轨道比地球更短，因此它存在与太阳之间发生潮汐锁定的风险。但其大气层所施加的拖拽作用将让行星缓慢地逆向转动，从而阻止这一情况发生。有趣的是，在与地球相似的大气层中，这种打破潮汐锁定的机制可能会更加有效。由于更加稀薄，这样一个大气吸收的恒星辐射会更少，从而让更多的热量抵达近地面，并加热近地面大气。因此，相比金星那样被一层巨厚大气层覆盖下的地面，这种大气层下方的行星将感受到更加强烈的、由于温差而产生的气体拖拽作用。

在缺乏更多近距离围绕恒星运行的行星数据的情况下，我们不可能了解它们中间有多大的比例能够免于被潮汐锁定。但如果这一机制是有效的，那么一颗拥有与地球相似大气层，且运行在一颗红矮星周围温和带内的系外行星有望避免变成一颗"眼球"行星的命运。

回到塔图因星球

在卢克·天行者的家乡，天空中有两颗太阳，它们孕育着一个严酷却宜居的沙漠世界。但是，在围绕两颗恒星运行的 P 型轨道上，液态水真的能够存在于行星地表吗？

沿着行星公转方向，围绕单颗恒星的温和带形状就是一个简单的"甜甜圈"。恒星周围的行星所能接收到的热量多少取决于它与恒星之间的距离，于是就产生了一个对称的环状区域，一颗与地球相似的行星如果运行在这一区域内，将能够在其地表维持液态水的存在。如果在这一系统中加入第二颗恒星，温和带的形状将发生剧烈改变。此时行星接收到的热量有两个不同的来源，且彼此之间还会不断变换相对位置。此时该系统的温和带将蜕变为一个奇异、不对称，且会随着时间不断改变的结构。即便一颗行星完全处于静止状态，恒星的运动也会让温和带逐渐远离这颗行星，就像你脚下踩着的地毯被慢慢抽离。

　　至于这样一个温和带的形状可以变得多么奇异，取决于这两颗恒星。如果它们的质量相差很大，那么行星接收到的光热将主要来自较大质量的那颗恒星。这样的话，温和带的范围仍然与一个甜甜圈的形状比较接近，但上面会有一个随时间而移动的凸起，它跟随较小质量的那颗恒星一同移动。如果两颗恒星的质量比较接近，那么行星接收到的热量多少将受到两颗恒星各自与行星之间距离变化的强烈影响。对于与太阳相似的恒星或者一颗红矮星，温和带会足够接近恒星，从而形成一个类似花生那样的"8"字形结构。运行在这一区域内的行星会感受到来自两颗恒星的拖拽力，其轨道稳定性存在被破坏的风险。在一个不稳定轨道上，来自两颗恒星的引力作用最终将行星弹射出去进入太空，或者一头撞向其中某颗恒星而毁灭。对于行星上的海洋来说，这两种前景可都不太妙。

图22：围绕单颗恒星的温和带（左侧）以及围绕双星系统的温和带。中间的图中，两颗恒星的质量相差很大，而右侧的图中两颗恒星的质量比较接近。深褐色区域表达的是保守估算的温和带范围，而浅褐色区域则为较为宽松定义下的宜居带，即允许水体仅在行星上一年当中的部分时间以液态形式存在。

尽管运行在一个稳定的轨道上，但如果温和带的范围不断变动，像塔图因星球那样的潜在宜居世界是很难存在的。奇怪的是，这件事如果反过来却是可能的。

截至 2015 年，人们已经在环绕双星系统运行的轨道上发现了 10 颗系外行星。这 10 颗行星中有 8 颗的运行轨道都处在临界点上，稍差一点就会出现轨道失稳现象。如果距离更近一些，行星就将被弹射出去成为流浪行星。为何在围绕双星系统运行的行星中，会有高达 80% 的已发现案例运行在"危险的边缘"呢？这可能是最初在原行星盘中，行星受到拖拽作用并逐渐向内迁移的结果。任何跨越了红线的行星都已经被"清除"了出去，因此我们所能观察到的就只剩下那些刚好在安全区内停下的行星。还有一种可能，因为靠近恒星的行星比较容易被发现，它们实际上代表了更多行星中最靠近恒星的那一部分。但不管是什么原因，这种情况都会带来一项严重后果：由于维持稳定轨道的边界一般都非常靠近温和带的边缘，因此找到运行在双星系统周围温和带内的行星，其概率可能会比我们原先设想的更高。

第一颗被发现围绕双星系统运行，且被观测到凌星现象的行星已经在本书第九章中进行了介绍。这就是 Kepler-16b，一颗土星大小的行星，每 229 天围绕一对双星公转一周。这两颗恒星都比太阳更小，彼此之间大小差异很大，分别是太阳质量的 69% 和 20%。这就导致其周围温和带的范围主要由质量较大的那颗恒星来决定，其形状就像一个画得非常拙劣的圆，一侧存在一个小凸起，这是由另一颗质量较小的恒星造成的。

尽管看上去基本呈对称形状，但其温和带中那个小小的"鼓包"依旧会对行星产生影响。Kepler-16b 运行在一个接近正圆的轨道上，位置靠近温和带的外侧边缘。那颗较小恒星的存在迫使其在一年的公转期间会来回进出温和带。这就导致这颗行星的平均温度会在一年的公转期间出现大约 4 到 5 次、幅度在 15℃ 左右的震荡[1]。当然，在地球上远离赤道的区域，一年当中温度的变化幅度远比这个更大。我们地球上的夏季和冬季差异主要是由地球的自转轴倾角导致的，在一年当中，地球的南半球和北半球会交替性地朝向或偏离太阳的方向。不过，地球上的季节性温度变化在一年当中只会出现一次，而全球平均温度则基本保持了稳定。Kepler-16b 上的情况则不同，它一年中将要经历多达 5 次的温度变化，而且都属于全球性的温度变化。

与 Kepler-16b 相反，Kepler-453b 则整个运行在温和带范围内。作为第 10 颗被发现围绕双星系统运行的行星，这颗行星发现的消息在 2014 年被官宣，其质量大约比海王星高出 60%。它所围绕运行的两颗恒星质量相差同样较大，其中一颗的质量与太阳相近，而另一颗则是一颗红矮星，质量仅相当于太阳的 20% 左右。这种质量差异更加极端的双星系统产生了一个由质量更大的那颗恒星主导、形状近似完整甜甜圈的温和带。这种情况也让 Kepler-453b 更容易使自己的运行轨道保持在温和带范围内。尽管这颗行星的质量数值已经证明这又是一颗气态巨行星，但它完全有可能拥有岩石质地的卫星。从它的角度看去，天空中将会呈现塔图因星球那样的双日凌空，还要外加一颗巨大的气态巨行星。

顺便说一句，从电影中关于塔图因星球上双日凌空的画面看，可以推断其宜居带应该是非常不规则的。电影中将塔图因星球描写为一个环境非常恶劣的世界，但事实上这颗行星更有可能运行在温

---

1. 这是由恒星的热量产生的大气层顶部的温度。在任何气体之下，温度都变得难以估计。当然，由于 Kepler-16b 是一个气态世界，因此没有合适的表面可供考虑。

和带之外，因而根本就不具备宜居条件。卢克，真的很抱歉。

如果行星只围绕双星系统内的单个恒星运行，那么它要面临的挑战也会有所不同。在围绕单个恒星的 S 形轨道上，行星将围绕单个恒星公转，同时这颗恒星与它的伴星之间存在相互绕转。那么这颗伴星将会对另一颗恒星周围的温和带产生何种影响？

看起来，伴星似乎并不会对恒星周围温和带的边界位置造成改变。正如我们在本书第九章中所提到的那样，行星一般会围绕双星系统中质量更大、亮度更高的那颗成员星运行。如果伴星距离足够远，行星的轨道就会是稳定的，此时温和带内的光热量几乎完全是由较大的那颗恒星决定的。

这一点似乎暗示，围绕双星系统中单颗恒星运行的行星，其运行在温和带内（或者不运行在温和带内）的概率，就和真正围绕单个恒星公转的行星差不多。遗憾的是，伴星是不会接受自己如此没有存在感的。尽管伴星对于行星接收到光热量的影响不明显，但引力影响却是另外一回事。在伴星的影响下，行星原先运行在另一颗恒星周围温和带内的、平稳的近圆形轨道将难以维持，在伴星的引力拉扯下逐渐演变为拉长的高偏心率轨道。由于较大质量那颗恒星周围的温和带仍然是一个近圆形的甜甜圈，形状不变，行星轨道偏心率的改变将可能使其有交替性进出温和带的风险。

拥有高偏心率轨道的行星上可能存在宜居环境吗？如果偏心率数值相对较小，且温和带范围比较宽广，那么一颗性质与地球接近的行星将有希望运行在这一范围内。在这样一个世界里，由于到恒星的距离会出现比较大的变化，其季节会比较极端，但地表水体仍能维持液态。如果轨道偏心率过大，离开了温和带范围，情况就将发生变化，但不一定会变得不再宜居。一颗具有高偏心率轨道的行星，运行到接近恒星时速度最快，因此高温的夏天只会持续比较短的时间。如果高温时期持续的时间足够短，那么行星将有可能在其大部分水体被蒸发之前回到温度更低的环境当中。并且，这种一年一度的短暂高温加热也会避免当行星运行到远离恒星的位置时出现完全冰封的情况。气候计算极为棘手，但其结果显示如果这样一颗行星一年当中所接收到的热量均值与运行在温和带内的数值相近，那么在这样的冷热平衡下，一颗与地球性质接近的行星将有可能在其地表维持液态水的存在。

对于此类运行于高偏心率轨道上的行星，如果上面有生命存在，那么它们将很有可能通过休眠的方式来适应一年当中出现的极热或极寒天气。这对于海洋生物是最为容易的，因为大量水体的温度变化相比陆地要缓慢得多。在这样的行星上生存的生命，可能会在它们的行星运行于温和带范围时变得活跃，而当行星离开温和带范围，它们将会降低自身的新陈代谢水平并躲藏起来，以在漫长的严酷环境中存活下来。

地球上的生命早已向我们展示了这样的保护性适应行为。细菌可以在外太空环境下存活大约一周时间，而微生物可以躲藏在坠落的陨星之上，只要表层有数厘米厚的岩石遮挡，它们就能在陨星坠落中存活下来。这样的情况被发现只适用于非常微小的生命体，但这是因为地球本身是全年都运行在温和带范围内的。如果情况不是如此，那么生命将会有动力去进化并适应更加极端的环境条件。如果地球上的生命进化说明了什么的话，那就是生命适应性的极限是很难去猜测的。

最理想的世界？

我们对于终极宜居行星的搜寻基本上就是在天空中寻找另外一

个地球。当然不可否认，地球是高度适宜生命生存的，但地球真的是可能的最佳选择吗？有没有可能存在一颗行星，比地球更加容易产生生命？或许我们可以叫它"超级宜居世界"？

讽刺的是，"超级宜居"概念的最初起源是一个你永远不想踏足的世界：大地在持续不断的火山喷发中被撕裂，二氧化硫和甲烷充斥着整个大气层。天空中，大量硫黄颗粒缓缓飘落，降落在一个由于没有臭氧层保护而经受着强烈紫外线肆无忌惮烘烤的世界上。海洋由于大量铁的存在而呈现红色，而在它的底部，微生物已经在这个星球上诞生了。欢迎来到 23 亿年前的地球。此时正是地球历史上最大规模灭绝事件发生的前夜。

在此之前大约 2 亿年，一种蓝绿菌出现在地球上的海洋之中。这些微生物做了一件此前在这颗星球上从未有过的事情：利用阳光的力量，将二氧化碳和水转变为糖和氧气，这是光合作用的开端。

这些微型光合作用机器就是蓝细菌（cyanobacteria）。它们产生的氧气最开始会与一些火山气体结合，重新产生二氧化碳和水蒸气，或者与水中的铁反应，使后者氧化生锈。但随着蓝细菌不断成长壮大，以上这些机制已经无法将产生的氧气完全吸收掉了。于是氧气开始充斥地球的大气层，我们将这一事件称作"大氧化事件"（Great Oxygenation Event）。

不幸的是，早期地球上生存的大部分生命都是厌氧菌，对它们而言，氧气是有毒的。它们开始大量死亡，这颗行星上一大部分的生命都被抹去了。与此同时，大气中的氧气与甲烷相互反应，产生更多的二氧化碳和水蒸气。尽管这两者都属于温室气体，但在困住热量方面都不如甲烷来得高效。因此随着大气中甲烷气体的减少，地球的气温开始骤降——目前已知最古老的冰川期：休伦冰川期（Huronian Glaciation）开始了。在这一时期，地球可能陷入了全球性冰冻状态，成为一个"雪球地球"。

这听起来并不像是一个关于宜居性的好开头，地球大气的氧化是我们发展过程中的一项关键性事件。好氧生物开始兴旺，它们能够很好地适应富氧的大气，并逐渐将地球的大气改造成我们今天呼吸的样子。说了这么多，最重要的一点便是：时间可以让行星对自身环境进行重大改造，从而提升其宜居性。因此，如果我们想要找到一个可能孕育生命的行星，或许超级宜居世界更有可能是一颗较为古老的行星。

话虽如此，年老的行星也可能带来另外一个问题：恒星。大约35亿年前,地球运行在太阳周围温和带的中心地带。随着太阳逐渐"年长"，亮度逐渐增加，其温和带的范围开始向外移动，目前地球运行的位置已经属于该区域的内侧边界附近。再过17.5亿年，地球将离开温和带的范围。届时我们将加入金星的行列，成为一颗了无生机的荒漠星球，地球表面将变得过于高温，水将无法以液态形式存在。因此一颗目前运行在温和带范围内，但年龄比地球老得多的行星，其"年轻"时代可能都是在温和带范围之外度过的，因此没有足够的时间进化出生命。但这类问题发生的概率是可以被降低的，只要改造一下我们的恒星就可以。

相比大质量恒星，质量更小的恒星燃烧更为缓慢，因此寿命更长。相比太阳，这类小质量恒星周围的温和带范围会在较长的一段时间内保持稳定。不过，这些质量又小、亮度又暗的红矮星也有自己的问题，从而威胁到周围行星的宜居性。我们已经观察到围绕这些小质量恒星公转的行星常常可能被潮汐锁定，并不断经受剧烈辐射的狂轰滥炸，这些问题完全可以抵消其周围温和带范围相对稳定带来的任何优势。作为折中方案，或许可以考虑橙矮星（orange dwarf），这类恒星的质量比红矮星更大，但要比我们的太阳更小。

橙矮星的寿命是太阳的两倍，这就使其周围的行星有长得多的时间，可以产生一个适合生命生存的宜居环境。

但在追求延缓衰老的路上，恒星并不是孤独的。为了维持其地表状态，行星也必须保持其地质活动处于活跃状态。除了来自恒星的辐射之外，行星自身也拥有内部的热量。这些主要是其诞生之时保存下来的残余热量，以及地壳和地幔岩石中放射性元素衰变的产热。这些热量驱动了地球上的火山活动以及板块运动，驱动了我们地磁场的产生，以及碳－硅酸盐循环至关重要的岩石循环。当地球的内部之火熄灭，二氧化碳将不再能够通过火山爆发的形式被送返大气层。温室效应将会停止，地球将陷入冰封。在地球的内部，涌动的铁流也将凝固，保护着我们的地磁场将会消失，地球大气层会直接暴露于太阳风和耀斑爆发的强烈剥蚀作用下。

较大的行星拥有更多的内部热量，因此能够在更长的时间里保持地质上的活跃。然而，这是一项微妙的平衡。如果行星的质量过大，那么行星将有可能成为一颗迷你海王星，或者至少会保留住其主要成分为氢和氦的原始大气。这样一个巨厚的大气层将让宜居性变得几无可能。即便是一颗大质量岩石行星过于强大的重力作用也可能阻碍板块运动的进行，岩石的运动将变得更加困难。这将影响火山活动，并让地球磁场陷入危险境地。为了保持地质活动活跃的概率最大化，行星的质量大概不应超过地球质量的两倍。这样一颗行星在大小上大约会比地球大出 25%，而表面积将超过地球 50% 左右。

即便是像这样轻微地增加质量，引力的增强也将改变其地表形态。我们的超级宜居地球将拥有更加浓密的大气层，再加上更为强大的重力影响，将大大增强对山体的侵蚀能力，从而使地形变得更为平缓。这将造成地球上的海洋会以大面积的浅海为主，拥有漫长的海岸线，间或分布有小块的岛屿，就像今天我们看到的群岛一样。

在今天的地球上，类似这样的区域都充斥着生物多样性，因此这样的星球可能将是孕育生命的绝佳场所。

更厚的大气层也意味着不同的大气成分。由于所有的多细胞生物都需要氧气，超级宜居地球上更高的氧气含量将增加生命的选择。但再一次地，我们需要谨慎行事，因为假如将我们目前 21% 的大气氧含量提升到 35%，那么我们将面临失控的火灾风险。氧气含量的提升可能对生物有帮助，但过高的氧气含量也可能会让这些生物都变成烧烤。

尽管一个稍有不同的恒星，再加上对行星质量的轻微更改可能塑造出一个超级宜居世界，但有一点是很明确的，那就是我们希望保留住地球的轨道。地球运行的轨道接近正圆，这让地球得以避免由于接收到的太阳辐射差异过大而产生的极端气候改变。但这真的是对于生命最好的选择吗？地球上的生命进化是在稳定的气候环境下进行的。这就让这些生命对微小的气候变化非常敏感。由于太阳、月球、木星以及土星的引力摄动影响，地球轨道事实上存在以数万年为周期的微妙变化。这就是"米兰科维奇周期"（Milankovitch Cycles），它就像是地球上超长周期的季节一样。尽管在此期间地球轨道的变化量仅有几个百分点，米兰科维奇周期被认为是在过去数百万年间多次冰期事件的重要原因。如果一个超级宜居世界永久性地运行在一个具有一定偏心率的轨道上，那么它上面产生的生命将会更容易适应这样的变化。而这将让由于其他行星引力摄动引发的长期变化产生的影响更小。

因此，我们能够设想的最理想的世界，应该是一颗古老的超级地球，它沿一个具有一定偏心率的轨道围绕一颗橙矮星运行。这样一颗行星将是我们找到与地球相似地表生命的最佳场所。然而，有没有可能在某些行星上进化出的是不在地表生活的生命形式？我们可能难以在遥远的世界上搜寻这类生命，但这并不代表它们不存在。

第十五章　超越宜居带

在《星球大战》中有很多引人入胜的外星世界，其中最吸引人的要数伊沃克人（Ewok）的家乡恩多星球（Endor）。这是一颗遍布森林的星球，森林里还住着许多喜欢玩滑翔伞的泰迪熊。但恩多星球并不是一颗行星，而是一颗围绕无人居住的气态巨行星运行的绿色卫星[1]。

尽管伊沃克干肉条（一种在整个"外环"都非常流行的小吃[2]）我们大概吃不到，但具备宜居条件的卫星却是一个值得认真考虑的问题。我们太阳系中的几颗气态巨行星同样拥有大量卫星。如果这些卫星能够支持生命生存，那么能够产生生态系统的星球数量将会大大增加。但围绕一颗气态巨行星运行的卫星并不仅仅是增加了行星之外的选择。尽管它们远离温和带，这些巨行星的卫星却是探寻地外生命最有希望的地点之一。

我们太阳系中最大的气态巨行星木星周围至少存在 67 颗天然

1.这颗巨行星的名字也叫"恩多"，并且围绕一个仍然也叫"恩多"的双星系统运行。这里有有趣的物理，但它们的命名方法却显得毫无想象力。

2. 伊沃克干肉条（Ewok Jerky）是一种用伊沃克人的肉做成的食物；外环（Outer Ring）是《星球大战》影片中虚构的银河系内的一片区域。——译注

卫星 [1]。木星距离太阳比地球远 5 倍以上，如此看来，它的这些小卫星应该都处于完全冰冻的状态。然而，情况却并非完全如此。地球上的生态系统显示生命要想存在，至少需要满足以下三个条件：

1. 生命所需的一些元素，比如构建躯体所需要的碳、氧和氢等；

2. 液态水作为介质，可以在其中构建复杂分子；

3. 某种能量来源，能够驱动生命的新陈代谢。

由于地处冰线外侧，气态巨行星所在区域内水是非常丰富的（虽然是固态）。然而由于此处单位面积接收到的太阳光热强度仅相当于地球附近的 3%。要想站在木星的一颗冰卫星表面，你真的应该穿暖和点，因为你必须抵御平均 –139℃的低温。

然而我们看到了不同的景象。木卫四的表现与它遥远的距离相符，非常寒冷，一片死寂，但在它的小兄弟木卫一上却是完全不同的情景：这里存在活跃的地质活动。这里是整个太阳系中火山活动最为活跃的星球，其地表某些区域的温度高达 1 500℃，有些地区则低至 –130℃。必须承认，这两颗卫星看起来都不太适合伊沃克人生活，但有一点是可以肯定的：木卫一必定有某种额外的热量来源。这个来源就是来自木星的引力影响。

除了通过反射阳光向外辐射热量之外，木星本身的缓慢收缩也会产生热量，但这些都远远不足以解释木卫一所获得的如此巨大的能量。与此相反，木卫一真正的能量来源是潮汐加热。当木卫一围绕木星公转时，在木星引力作用下，其形状会被拉伸，与行星运行到距离恒星比较近的位置时受到的引潮力效应相似。木卫一的轨道略呈椭圆形，因此其地表在木星引力下产生的隆起会随着木卫一接

---

1. 正如我们此前已经在注释中说明的那样，这一数字仍在增长，截至2020年12月，已经至少确认木星有 79 颗天然卫星。——译注

近或远离木星而出现高度地增长或下降。这种地表隆起的高度可以超过 100 米，已经超过了伦敦大本钟的高度。正是这样的反复变形导致木卫一内部被加热。不过，如果木星只有木卫一这一颗卫星，那么木卫一的轨道形状最终会逐渐变圆，这一加热机制最终也将逐渐消失。但这种情况不会发生，因为木卫一的身旁还有一群"兄弟"。

公元 1610 年，意大利天文学家伽利略制造了一台望远镜，并使用它对木星进行了观测。尽管以今天的眼光看这个望远镜非常小，但 20 倍的放大倍率已经足以让伽利略观测到这颗气态巨行星周围最大的四颗卫星。这几颗卫星现在被称为"伽利略卫星"。而伽利略本人则用数字对这几颗卫星进行编号，这其实是科学的做法，尽管听上去有些呆板。然而，德国天文学家西蒙·莫里斯（Simon Marius）几乎也同时观测到了这几颗卫星。他用宙斯情人的名字为它们命名。古希腊神话中的宙斯就相当于古罗马神话中的朱庇特，也就是木星的英文名字（Jupiter）。在 1614 年发表的结果中，莫里斯将这四颗卫星分别命名为艾奥（Io）、欧罗巴（Europa）、盖尼美德（Ganymede）和克里斯托（Callisto）；在中文里，这四颗卫星分别对应为木卫一、木卫二、木卫三以及木卫四。

从木星向外，围绕木星运行的卫星依次是：木卫一，公转周期1.8 天；木卫二，公转周期 3.6 天（木卫一周期的两倍）；木卫三，公转周期 7.2 天（木卫一周期的 4 倍）；木卫四，公转周期 16.7 天。

可以看到，木卫四是其中唯一一颗公转周期不是木卫一公转周期整数倍的卫星。除了它之外的其他三颗卫星的公转周期构成 1∶2∶4 的共振关系。正如我们在本书第五章关于迁移行星的部分所看到的那样，这样的共振关系是很难被打破的。因此这三颗卫星的轨道很难发生改变，也都维持着一个椭圆形轨道。于是，由木星引力产生的潮汐加热效应便持续存在。

木卫一遭受的剧烈潮汐加热使液态水体很难产生，但是它的两个兄弟木卫二以及木卫三则相对好一些，没有受到木星引力过度的摧残。由于距离木星较远，这两颗卫星起初其实面临的是完全相反的问题：太冷了，它们的表面都被一层厚厚的冰层所覆盖。但有证据显示，这两颗卫星并非从里到外都是完全冰封的状态。

最外侧的木卫四拥有太阳系中遭受撞击最严重的地表之一，但木卫二却拥有太阳系中最光滑的地表之一。这两颗卫星应该都曾经遭受过陨星的剧烈撞击（在这种情况下应该是彗星），因此我们目前看到的情况表明，木卫二的表面年龄应该要比木卫四年轻得多。根据木卫二的撞击坑数量推算，其地表年龄应在6 500万年左右，仅相当于这颗卫星实际年龄的2%左右。但不知怎的，这颗卫星的地表竟然被完全抹平了，就像一个公共溜冰场一样。图像还显示木卫二的某些区域似乎正在扩张，但却没有找到相对应的收缩区域。如果说这颗卫星可能正在发生全球性的膨胀，这听起来实在不太可能，因此我们还需要寻找其他可能的解释。

巧合的是，我们在地球上也看到了相似的地表更新或膨胀过程。伴随海底扩张，地球的表面正在经历扩张，这是因为洋中脊附近涌出的大量岩浆不断产生新的洋壳。地球的表面积仍然保持不变，这是因为板块相互之间会发生俯冲，大致相同数量的物质会被重新送入地下。这样的对比暗示木卫二可能是除去地球之外（可能还包括水星[1]），第一个被发现仍然存在活跃板块运动的星球。但是和地球上的硅酸盐不同，木卫二上的板块是由水冰组成的。在冰面张裂的

1. 美国宇航局的"信使号"（MESSENGER）探测器发现，随着水星内核逐渐冷却，水星可能正处于缓慢的收缩之中。这一点也暗示水星地表存在活跃的板块运动；另外，2021年最新的研究认为，在金星上可能也存在疑似板块运动有关的线索。

区域，新的表面将会形成。地球上板块的运动是一项证据，证明地球内部地幔层中存在塑性流动层。同样的，木卫二地表的情况也表明它不可能从外到里全都是固态结冰的状态。相反，在它冰封的表面之下是一片深邃的液态水海洋。

关于木卫二地下存在海洋的进一步证据来自美国宇航局的"伽利略"号探测器（真是名副其实的命名！）。这颗探测器在 1995 年至 2003 年围绕木星运行，并在 2000 年 1 月飞越木卫二。在此次飞越探测期间，伽利略号检测到一个变化的磁场信号。

木卫二本身并没有磁场，但木星则拥有太阳系中最强大的磁场，比地球磁场强度高出 10 倍。木星磁场源自其外核区域极高的压强。在木星大气巨大的压强环境下，这里的氢被挤压成为一种液态金属的形式，就像是地球内部熔融的铁质外核。这种奇异金属的流动产生了一股电流，进而诱发一个磁场。木星磁场内侧部分向外延伸到木星半径的大约 10 倍距离处，大致位于木卫二和木卫三之间的区域。而外侧部分则在太阳风的作用下被压迫成一个水滴状，向外延伸超过 100 倍木星半径的距离。正如地球和脉冲星一样，木星磁场并不与其自转轴方向完美重合。随着木星自转，这种偏差会导致木星的卫星感受到一种磁场强度的变化。

移动的带电粒子会产生磁场，反过来也是一样。磁场的变化会导致带电粒子流动并产生电流。这股感应电流进而会产生自己的磁场。这一效应最早在 1831 年由英国科学家迈克尔·法拉第（Michael Faraday）首先发现，我们现在称之为"电磁感应"。电磁感应只有在带电粒子移动的情况下才会出现。也就是说，电荷必须存在于一种导电的介质之中。金属是一种理想的导体，盐水也是。

当伽利略号探测器飞越木卫二时，它探测到一个由木卫二本身产生的震荡磁场。这个由电磁感应效应产生的感应磁场会不断对抗外来磁场发生的变化。随着木星自转，木卫二周围的磁场强度会出现增强或减弱。木卫二的感应磁场会翻转方向，试图削弱正在增强的磁场，然后又加强正在减弱的磁场[1]。伽利略探测器发现的这种磁场翻转现象，证实了木卫二的磁场并非自身内部产生，而是由木星磁场诱发的。要想实现这一点，这颗卫星内部必须是可以导电的。在它的冰冻表面之下，一定隐藏着一个咸水海洋。

冰和纯净水的导电性很差，因为其中含有的可移动的带电粒子数量很少。而当加入盐分之后，情况就会发生变化。食盐会溶解为带正电荷与带负电荷的离子，而它们将会受到磁场的影响。伴随木星磁场在木卫二附近的强度出现起伏变化，这些带电粒子将发生运动，并产生反向的磁场。

考虑到木卫二产生的诱发磁场的强度，这颗卫星上存在的绝非一个小小的盐水池塘。在它冰封的表面之下，隐藏着的应该是一个全球性的海洋，带电粒子可以在其中自由移动。目前，还很难精准判断这样一个海洋究竟隐藏在多深的深处，一个比较符合逻辑的推断是，大约 10 公里厚的冰层下面隐藏着一个 10~100 公里深的地下海洋。

伽利略号探测器同时也对木卫二的重力场进行了测量，这样的测量可以揭示其内部结构信息。在艾萨克·牛顿的《原理》[2]一书中，他证明了：呈完美球形分布的物质所产生的引力，等价于集中于该球体中心位置且同等质量的质点所产生的引力。通过对木卫二不同区域重力场强弱的测量，探测器可以识别出这些区域的引力强度相

---

1. 电磁感应基本上是由对变化的强烈厌恶引起的。

2. 即牛顿的著作《自然哲学的数学原理》（*Philosophiae Naturalis Principia Mathematica*）。——译注

比牛顿理论值的偏离程度，进而重建这颗卫星内部的质量分布情况。测量结果显示木卫二拥有一个铁质核心，其外部被一层岩石地幔包裹，再外侧就是一层巨大的海洋水体，最上方则是厚厚的冰层。如果木卫二上的水体主要是以液体形式存在的话，那么木卫二海洋中的液态水数量将是地球上水体数量的两倍。

既然有如此丰富的水体，那么木卫二上是否有可能是生命繁盛的隐蔽之所？这的确是正在被严肃考虑的问题。欧洲和美国都有计划，在下一个十年里对这颗冰冻卫星开展进一步的探测。

虽然木卫二的内部能够接触到大量水体并拥有潮汐加热，但生命的诞生还需要有机质的参与。假如木卫二的冰层足够薄，允许外来物质透过裂隙处进入，那么来自陨星撞击的碎屑物质将会把有机物分子加入到这个系统之中。薄薄的冰层甚至有可能透光，让水体最上层部分可以进行微弱的光合作用。被木星超强磁场困住的高能粒子也会不断轰击木卫二，将表层水体的水分子打碎产生氢气和氧气。氢气很轻，木卫二的引力场无法将其束缚，因而会逃逸走，从而只剩下氧气。这些氧气可以被用于生物氧化反应。和光合作用相似，这种反应会产生能量，从而让有机体存活下去。

而如果木卫二的冰层比较厚，那么生命最有可能产生的地方就将会是在海底。海底热泉喷口可以滋养那里的生态系统，就像地球上深海里的情况一样。这种情况是否可以发生，取决于木卫二是否能够产生火山活动。木卫二比月球稍微小一些，而月球上的地质活动早已经停止了。但是，如果木星的潮汐作用带来的热量足够熔化木卫二地幔的部分岩石的话，其洋底的热泉喷口就可以存在。

如果生命真的存在于木卫二的深海洋底，那么要想探测它们就成了一项巨大的挑战。我们的胜算取决于洋底与表面冰层之间的复杂有机物质。如果我们能够在冰层中找到暗示生命存在的线索，我们就能推测那里的深海中可能存在的生命。

如果真的能够在木卫二上找到生命，那么它极可能是一类完全独立于地球上任何生命形式的、完全不同的生命。在地质历史早期，地球与火星之间可能曾经经由陨星撞击的形式，相互交换过微生物。这是完全有可能的。但考虑到木卫二如此遥远的距离，这样的交换可能性就要低得多得多。因此在一颗木星卫星上找到生命可以让我们了解：生命的起源，难度究竟有多大？

离开木卫二继续向外，我们来到太阳系最大的卫星：木卫三。这颗卫星比作为行星的水星还要更大一些，但质量却只有水星的一半，这是因为其物质组成中有高达 50% 左右是冰物质。

和木卫二不同，木卫三拥有自己的磁场，而不是通过木星磁场产生的电磁感应效应。这颗卫星可能与地球相似，也是通过其熔融铁质内核产生磁场的。这也使在木卫三上可以看到极光——这是由于磁场将带电粒子输送到两极上空导致的。与木卫二相似，木卫三的地表同样被冰层覆盖，但木卫三同时还拥有一层稀薄的大气层，主要成分是水分解产生的氧气。如果你站在木卫三的表面抬头看天，你可能会看到夜空中由于带电粒子轰击氧原子产生的红色极光。正是这种极光，向我们透露了这颗卫星内部结构的秘密。

木卫三所处的位置依旧位于木星磁场的覆盖之下，因此木卫三除了自己的磁场之外，还会额外感受到来自木星的磁场。并且随着木星自转，后者会出现周期性的强度变化。而随着木星磁场强度的变化，木卫三上的极光也会出现来回移动。计算显示这样的位移应该会在 6 度左右，然而哈勃望远镜进行的观测却显示实际发生的位移量仅有大约 2 度。这样的差异可以用类似木卫二那样，在木卫三内部产生的诱发磁场来解释，这个额外的磁场会部分抵消木星磁场的变化幅度。这个额外磁场的存在便是证据，证明木卫三同样拥有冰下海洋。尽管伽利略号的探测结果显示这种情况是可能的，但其证据的确凿程度远不如木卫二。直到后来哈勃望远镜对于木卫三极光的观测才最终证实了这种猜测。

同样的问题：木卫三上的冰下海洋有可能是宜居的吗？看起来这里的情况比木卫二要糟糕一些。这颗卫星比木卫二大上三倍，因此其内核区域的压强就要比木卫二大得多，这可能使其洋底区域的海水结冰，形成一层厚厚的冰层。这样的结果可能会让木卫三变成与 Gliese-1214b 相似的深海水世界：硅酸盐组成的洋底被一层冰层与液态水海洋隔绝开来。由于距离木星比木卫一和木卫二都更远，木卫三受到的潮汐加热也更少。木卫三的地表冰层要比木卫二古老得多，年龄可达数十亿年，并且没有观察到诸如板块运动之类的地质活动存在的证据。这表明这里的冰下海洋可能埋藏极深，距离地表 150~300 公里。以上情况显示，木卫三的冰下海洋可能无法接收到来自外部的有机物和阳光照射，同时洋底也不会存在热泉喷口。

第三颗，也是最后一颗可能拥有海洋的木星卫星就是木卫四了。这也是伽利略卫星中最外侧的一颗，木卫四和其他三颗卫星的轨道周期没有共振关系。因此这颗卫星没有潮汐加热，它只能依靠自己最初形成时留下的余热来温暖自己的内心。它的冰冻地表是太阳系中最为古老的表面，遍布撞击坑。满目疮痍的地表看不到任何地质活动的痕迹。因此，有理由认为木卫四可能是一颗从外到里完全冰冻的星球。仅靠它自身的一点点余温不足以使其内部免于冰冻的命运。

尽管这是合理的预期。但伽利略号的探测结果却带来了意外的消息。和木卫二以及木卫三一样，木卫四周围同样存在由木星诱发的磁场。这就暗示其存在冰下的咸水海洋。看起来这颗卫星的冰冻外壳在保存其有限的余温方面似乎要比我们原先设想的更好。但话虽如此，考虑到它如此微弱的热量供应，木卫四仍然是三颗兄弟卫星当中存在生命可能性最小的一颗。

小小卫星

木星卫星是否隐藏冰下海洋只能从它们内部的细微变化来推断，相比之下，土星的卫星土卫二（Enceladus）就没有那么低调了。观测显示这颗卫星每秒钟就会通过其地表的冰裂隙向太空中喷射250公斤水汽。这种现象被称作"冰火山"（cryovocanoes），顾名思义，其喷发出来的不是岩浆，而是冰和水。在这颗卫星的南极地区，喷出的水汽延伸到距离地面500公里的高空，从而使这颗小小的卫星成为太阳系中存在活跃火山活动的最小的天体。

和木星一样，土星也不乏天然卫星陪伴左右。作为太阳系第二大行星，土星至少拥有62颗卫星，大小差异巨大，从直径仅有1公里的太空石块，到大小与木卫三相仿的庞然大物。比卫星更加细小的是土星的光环物质，其颗粒组成从尘埃大小到直径数百米不等，它们共同组成一个延伸数千公里的环状结构，但其厚度却仅有大约10米。土星的主要卫星大小大致介于月球的10%~150%，并且它们都运行在主要光环结构的外侧区域。

在古希腊神话中，大地之神与天空之神养育的孩子分成了两个族类，分别是泰坦族（Titans）以及巨人族（Giants）。泰坦族的领袖是克罗诺斯（Kronus），后来就成了罗马神话中的萨图尔（Saturn）。他和他的配偶瑞亚（Rhea，罗马：奥普斯 Ops）相结合（这里可能有些令人不安，因为瑞亚同时也是他的妹妹），生下了天神宙斯，波塞冬（Poseidon，罗马：尼普顿 Neptune）和哈德斯（Hades，罗马：普鲁托 Pluto）[1]。

对于土星（Saturn）主要卫星的命名方案是由英国博物学家约翰·赫歇尔（John Herschel）于 1847 年提出的。他提议，应当使用泰坦族和巨人族成员的名字来对土星主要的几颗卫星进行命名，因为它们都是萨图尔（Saturn）的兄弟姐妹。土卫二是由约翰·赫歇尔的父亲，著名天文学家威廉·赫歇尔（Willian Herschel）发现的，这颗卫星正是以一位巨人族成员的名字进行了命名。

作为土星的第六大卫星，土卫二比较小，但亮度却非常高。这颗卫星直径约 500 公里，仅相当于月球直径的 1/7，几乎可以被塞进英格兰或者美国亚利桑那州的版图之内。

土卫二的运行轨道位于土星纤细弥散的最外侧光环之内。这个光环的部分物质来源正是土卫二上喷泉产生的冰晶颗粒。这颗卫星明亮的表面是由于其地表会不断被新鲜的，且具高反照率的水冰更新覆盖的结果。这也让土卫二成为太阳系中表面反照率最高的星球。但像这样将已经非常少的阳光也都反射出去，导致土卫二的地表温度极低，即便是正午，其地表平均温度一般也在 –198℃。

直到 2004 年美国与欧洲联合实施的卡西尼 – 惠更斯探测任务抵达土星之前，人类对于土卫二的了解都知之甚少。由于它非常小，距离又比木星的卫星还要更加遥远，人们设想这应当是一个死寂的冰冻世界。但喷泉的发现不仅证明它上面存在液态水，也证明了这颗星球上的地质活动处于活跃状态，而这正是驱动洋底热泉喷涌的主要动力。很显然，我们需要更新关于土卫二的知识。

一开始，人们以为土卫二的地下水体可能只是集中在南极地区，

---

1. 罗马神话引入了古希腊神话中大部分的神，但是将他们的名字进行了拉丁化。泰坦族和巨人族的说法基本主要见于古希腊神话之中。

围绕那些喷泉附近存在。这一地区存在一种被称作"虎纹"（tiger-stripe）的地形，这是冰缝裂隙，水就是从这些裂隙中喷出，形成喷泉。但随后进行的进一步观测发现土卫二的轨道运动中存在轻微晃动，而对这一效应最简单的解释就是土卫二地下存在一个全球性海洋，深度在 26~31 公里，这个海洋中水体的晃动诱发了这种轻微的轨道晃动。这样的晃动效应与转动一颗生鸡蛋时的情况相似[1]。若果真如此，那么这里海洋的水深将是地球上海洋的 10 倍左右。

随着大量水体从土卫二的内部裂隙中喷射而出，对其进行直接接触成了可能。卡西尼探测器从这个太空喷泉中穿行而过，获取了这一喷泉的样本。分析显示这些喷射出来的冰晶是包括水冰、二氧化碳干冰、甲烷冰、盐以及氨冰等在内的混合物。考虑到驱动这一喷泉的内部热源，再加上这些丰富的有机物质，这里具备了孕育生命的环境条件。

由于远离太阳，土卫二的热量来源与木星的那些卫星相似，也是来自潮汐加热。它与另一颗土星卫星：土卫四（Dione，以古希腊神话中泰坦族神灵的名字命名）处于共振状态。土卫四围绕土星公转一周的时间，与土卫二公转两周的时间一样。与靠近木星的几颗卫星情况相似，土卫四的引力作用让土卫二得以维持其稍显椭圆的公转轨道。在这样一条轨道上运行时，土星的引力作用会周期性地增强和减弱。然而，光凭这一条还无法完全解释土卫二的能量来源。来自土星的加热作用似乎不足以驱动土卫二上如此强劲的"喷泉"。或许额外的能量源自土卫二形成初期残留下来的内部余热，或者这颗卫星可能曾经运行在一个更加椭圆的轨道上，而当时获得的热量仍有残余。

---

1. 请不要在桌子的边缘进行这样的实验，放桌子的中间一点。

　　由于土卫二上的水体相对容易接近，因此也使其成为在这些冰卫星上探寻潜在生命现象的合理目标。和木卫二不同，探测器不需要着陆或者钻透数公里厚的冰层才能对那里的海洋水体进行取样。尽管如此，但土星的距离却也更加遥远，从而抵消掉了这项优势，要想从地球出发抵达这里，真的是一场漫长的旅程。当年卡西尼－惠更斯探测器飞行了 7 年时间才抵达土星，而相比之下，2016 年抵达木星的"朱诺号"（Juno）探测器只在太空中飞行了 5 年时间。因此，当前正在筹划中的探测任务将重点集中在木卫二上，但在未来人类搜寻地外生命的过程中，土卫二仍然是一个非常引人瞩目的目标。

拥有液态湖泊的卫星

　　土卫二的个头比较小，但土星的另一颗卫星却完全没有这方面的问题，这就是土卫六（Titan）。迄今已经发现有 62 颗卫星在围绕土星运行，而光是土卫六一颗，就占据了所有这些卫星总质量的 96% 以上。质量第二大的土星卫星是土卫五（Rhea），而其质量仅有不到土卫六的 2%，半径则大约是土卫六的 1/3。事实上，土卫六是太阳系排名第二的大卫星，半径仅比木卫三小了 2% 左右。

　　与其他水冰覆盖的卫星一样，土卫六运行在一个稍显椭圆的轨道上，因此能够从土星那里获得潮汐加热。但和其他卫星不同的是，土卫六的轨道为何是椭圆的，目前还不是很清楚。土卫六附近没有质量大到足够使其维持椭圆轨道的其他兄弟卫星，理论上来自土星的引力早就应该使其运行轨道恢复圆形了。一种可能是土卫六在相对近期遭受过一次撞击，因此其轨道尚没有足够的时间恢复到圆形。

　　但不管是什么原因，其椭圆轨道会使它在周期为 16 天的公转期间受到土星的引力拉扯，从而导致其形状出现轻微变形。卡西尼探测器对这种变形的幅度进行了观测，结果显示数值远高于一颗岩石星球会出现的幅度。土卫六的地表隆起达到 10 米，而不是预计中的 1 米。相比之下，太阳和月球的引潮力作用于地球，造成的陆地地壳上隆幅度大约是 50 厘米，开阔大洋中的海水上涌幅度则大约是 60 厘米。土卫六如此大的变形幅度说明这颗卫星的地下同样存在海洋。

考虑到这颗卫星的大小，土卫六核心周围巨大的压强可能会使那里的水结冰。如此，情况就如同木卫三，或者我们在前面探讨系外行星中"水世界"星球时提及的那样，深海生命出现的概率将会大大降低。然而，土卫六的地表环境却与其他冰卫星大相径庭。

其他冰卫星的地表都是被一层厚厚的冰层覆盖，外侧是一层极为稀薄的大气。而土卫六则拥有一个浓密的大气层，其地表大气压甚至比地球还要高出 50%。这也让这颗卫星成为太阳系中拥有较为可观大气层的四个岩石星球之一。在它们之中，金星拔得头筹，拥有最为浓密的大气层，土卫六居于次席，而相比之下地球和火星的大气层则要更加稀薄一些。但与火星和金星上的情况相似，土卫六的大气成分是无法支持我们呼吸的。

人类最早探查到土卫六拥有浓密大气层可以追溯到 1908 年。而早在 1655 年 3 月 25 日，土卫六就已经由荷兰天文学家与物理学家克里斯蒂安·惠更斯（Christiaan Huygens）发现了。他和他的哥哥康斯坦丁·惠更斯（Constantine Huygens）都对科学仪器的制作充满兴趣，并使用自己制造的望远镜对这颗卫星进行了观察。大约 250 年之后，加泰罗尼亚天文学家何塞·戈玛斯·索拉（Jose Comas Sola）测量了这颗卫星中心与四周亮度的差异。他将这种差异解读为大气层的存在。

到了 20 世纪 40 年代，柯伊伯研究了土卫六大气中的光谱吸收线。他据此判断土卫六大气层中存在甲烷，但不确定这种气体是否构成了其大气的主要成分。这一疑问由美国宇航局发射的两艘"旅行者"（Voyager）飞船解决，它们分别在 1980 年和 1981 年穿越土星系统。两艘"旅行者"飞船的探测结果证实这颗卫星拥有浓密的大气层；另外，它们还发现土卫六的大气成分中大约 95% 是氮气，剩余还有大约 5% 的甲烷。数量有限的太阳紫外线照射土卫六，与大气中的甲烷发生化学反应，产生结构更为复杂的碳氢化合物，如乙烷[1]。随后这些更为复杂的碳氢化合物逐渐以固体或液体的形式，沉降到地面，产生一种橘黄色的雾霾，使其表面难以被看清。总的来说，这些沉降的碳氢化合物被称作"索林"（tholins），在希腊语中意为"褐色墨水"，这是名副其实的，因为它们看上去的颜色是红褐色的。

就像在金星和地球上一样，土卫六的大气层也会产生温室效应，从而使这颗卫星的温度升高了大约 10℃，但这还远不能改变这颗卫星极寒环境的现实。由于距离太阳太过遥远，土卫六接收到的太阳光数量大约仅相当于地球接收数量的 1%。因此，土卫六的地表温度是令人瞠目的 –180℃。在这样的低温下，水是绝无可能以液态形式存在的。但土卫六地表仍然有很多湖泊，只是其中流淌的不是水，而是液体的甲烷和乙烷。

在 0.01℃时（相比土卫六的话，这是非常温暖的温度了），水可以以固态、液态或气态形式存在，这一奇异的温度值就被称作水的三相点（triple point）。

---

1. 甲烷是 CH_4（4 个氢原子 +1 个碳原子）；乙烷则更加复杂一些，是 C_2H_6（6 个氢原子 +2 个碳原子）。

地球上的温度变化范围比较接近水的三相点，因此在地球表面可以存在相当数量的水冰、液态水和水汽。加到一起，这些不同"相"的水为我们带来了水循环：从云层到降雨，再到冰或雪。在土卫六上，其温度远远偏离水的三相点，但却接近甲烷的三相点。在 –182℃时，甲烷可以同时三态并存。因此，土卫六上便形成了一种"甲烷循环"：同样有云层，降雨，还有湖泊。

为何土卫六能够获得一个浓密的大气层，而大小相近的木卫三和木卫四却未能做到，这一点目前还未能完全弄清。其中一种可能是，由于木星的巨大引力场，彗星在撞击木星的卫星时速度会更快，力道也会更大。这样的撞击可能导致了这些卫星的大气层被彻底剥离；或者，由于土星距离比较遥远，环境温度更低，能更有效地将气体困在冰中，当这些气体挥发出来之后便形成了一个大气层。

土卫六地表拥有湖泊与河流，这些都是我们比较熟悉的景象，那么在这颗星球上有没有可能存在生命？这个问题的答案取决于甲烷能否取代液态水，成为生命反应的介质。这种可能性并不高，再加上这里极低的温度，也会让必要的有机质溶解到溶液中变得非常困难。

关于土卫六的确是一个荒芜世界的证据来自卡西尼－惠更斯探测器。尽管土卫六充斥着雾霾的大气会大量散射阳光，并遮蔽其地表，但波长更长的红外线却可以穿透并抵达地面。卡西尼飞船在轨道上使用红外线对这颗卫星的地表进行了观测。与此同时，惠更斯着陆器成功降落到了土卫六的表面。这颗探测器于 2004 年的圣诞节与卡西尼母船分离，开启了自己长达 3 周，朝向土卫六的飞行旅程，并最终在它满是雾霾的大气层中缓缓降落。

火星大气层过于稀薄，无法让着陆器凭借降落伞实现充分减速。但土卫六与火星不同，其大气密度足够大，因此惠更斯探测器得以完全依赖降落伞的减速平安着陆。2005 年 1 月 14 日，惠更斯着陆器在一片碳氢化合物的尘埃雾霾当中缓缓降落，成为首个在外太阳系天体表面着陆的探测器。

惠更斯着陆器装备了足够工作 3 个小时的蓄电池，使其能够在降落过程的最后阶段，乃至降落到地面之后的 72 分钟内开展各项工作。着陆器传回了大约 80 张地面图像，没有在其中任何一张照片上看到任何的移动物体或者植物存在的迹象。如果假定生命会像在地球上一样散布到全球各地，那么看来土卫六上可能并不存在宏观生物。

或许外太阳系的这些冰冻卫星上的确存在生命，但这里的生态系统都隐匿在厚厚的冰层或是不透明的大气层之下。从地球上观察，围绕系外行星运行的卫星也是一些毫无生命迹象的荒凉世界。但是那些向内迁移到接近恒星附近的气态巨行星，它们的情况会是如何？对于那么多运行在温和带内的气态巨行星而言，它们的身旁会存在与地球环境更为相似的卫星吗？

第十六章　卫星工厂

"卫星的情况很像 20 世纪 90 年代时行星的情况"，德国天体物理学家雷内·海勒（Rene Heller）这里所指的，是当年第一颗系外行星被发现之前的那个时期。他说："就差临门一脚了。"

海勒对卫星着迷。说得更具体一些，他的研究重点是系外行星周围卫星的形成条件，以及对其开展探测的可能方式。海勒相信在这些"系外卫星"（exomoons）上或许可以找到生命。

由于距离太过遥远，人类的无人探测器是无法抵达这些系外卫星的，因此只有当其上的生命在其大气层中留下痕迹时才有可能被从地球上探测到。因此目标卫星所拥有的不能是一个隐匿在冰冻外表面之下的生态系统，而必须是一种存在于地表的生命形式。除了土卫六之外，要想让一颗星球上遍布细菌类生命或是伊沃克人，最佳的位置是在温和带内。这一假设其实已经将太阳系的那些冰冻卫星排除在外了。但是，如果说木星迁移到了今天地球的位置上呢？如此，木卫二、木卫三以及木卫四上的冰层会不会消融，形成三个潜在宜居的世界？

这样的"类地卫星"与行星比起来都更有优势。围绕红矮星运行的行星面临的一大问题是潮汐锁定。由于其一面永恒地对准恒星，这样的行星会产生两个极端的世界：一面是无法忍受的高温炙烤，另一面则是永恒的冰封暗夜。但是对于卫星而言，它的潮汐锁定是与行星之间，而不是与恒星之间。因此即便是在红矮星的温和带内，一颗卫星仍然可以维持正常的昼夜交替。

到目前为止，我们在温和带内发现的气态巨行星的数量是类地大小行星数量的五倍之多。如果这些木星同类们的卫星数量也与木星相似，那么在这一区域内系外卫星的数量就非常可观了。对宜居性而言，这看起来的确非常有前景，但是，类似伊沃克人居住的恩多星球那样的宜居卫星，真的存在吗？

为了使其地表的森林和那么多的泰迪熊们生存下来，恩多星球必须拥有大气层。考虑到土卫六周围存在浓厚的大气层，有人会认为卫星拥有可观的大气层是非常容易的事情。但事实是，相比运行在温和带内的卫星而言，土卫六拥有一项重要的优势：它所处的环境非常寒冷。

如果大气高层的空气分子能够达到足够快的运动速度，它们就能从行星（或者卫星）的引力束缚下挣脱。由于气体的密度在大气层边缘附近变薄，具有足够快运动速度的气体分子在彻底逃离行星引力束缚之前，不太可能遭遇什么阻力。因此，要想长久维持一个大气层，这样的气体逃逸过程必须非常缓慢。有两种方式可以做到这一点：要么这颗行星的质量非常大，从而产生强大的引力场；要么这些气体分子的运动速度很慢。我们外太阳系中的那些卫星质量并不是很大，但是它们的大气层顶部非常寒冷。这就让那里的空气分子很难具备足够快的运动速度，从而逃离这些卫星。

然而，如果将这些卫星挪动到距离太阳更近的位置上，大气层将变得更加温暖，导致气体开始逃逸。地球高层大气的温度比土卫六大气温度高出 100 倍。在这样的温度条件下，土卫六的引力不足以维持其大气层的存在。

如果一颗卫星拥有的是与地球成分相似的大气层，那么其氧气的损失可以由光合作用进行补偿，而二氧化碳的损失则可以通过硅酸盐风化进行补偿。然而，对于一个潜在的宜居世界而言，氮气的损失却可能是致命的。氮是一种很难参与化学反应的元素，同时氮气会起到"冲淡"氧气的作用，从而降低森林大火发生的概率。另外，氮也是构成蛋白质以及 DNA 的关键物质，地球上所有的生命形式都离不开氮元素的参与。如果失去了氮气，那么恩多星球上的森林将会死亡。因此，一颗宜居的卫星必须质量足够大，有能力在相对温暖的环境下，保持其大气层长达数十亿年之久。

对于一颗岩石星球而言，如果它想要在温度与地球接近的情况下保持其大气层中的氮气和氧气超过 46 亿年（我们太阳系的年龄），那么它的质量至少要比火星稍大一些。这就产生了一个问题：围绕太阳系中最大的气态巨行星运行的最大的卫星，其质量也仅相当于火星质量的 23%。即便将木卫三放到太阳的温和带内，这也是一个没有大气层覆盖的世界。那么，卫星的质量能不能比木卫三更大？这个问题的答案取决于这个卫星是如何形成的。

太阳系中卫星的成因并非单一，而是由至少三种不同的途径产生的。在所有天然卫星当中，我们的月球其实挺特别的。月球的质量仅有地球的 1.2%，但月球与地球的质量比例其实相当大了。只有冥卫一与冥王星之间的比例超过这一比值：冥卫一"卡戎"的质量竟然占到了冥王星质量的 12%。火星、木星、土星、天王星和海王星的卫星的质量与所绕转行星之间的比值都不超过 0.025%。那么，像地球或者冥王星这样质量较小的天体，究竟是如何获得如此巨大的卫星的？

这个问题的答案是：不管是月球还是冥卫一，都是在一次巨大的撞击之中诞生的。一般认为，地球早期曾经遭受了一颗火星大小的天体撞击，大量来自撞击体及地球的溅射物质进入太空，进入围绕地球运转的轨道。这些物质最后逐渐聚合形成了月球，因此我们才会看到月球的组成成分总体与地幔成分相似，但明显缺乏较轻的元素，因为它们在撞击时产生的高温下蒸发逃逸了。

卫星家族中的另一异类是海卫一。这颗卫星直径达到2 700公里，质量比冥王星还要高出40%左右。海卫一是海王星14颗已知卫星中质量最大的一个，同时也是太阳系内的第7大卫星。

与其他较大的卫星不同的是，海卫一围绕海王星公转的轨道与海王星自身的自转方向是反着的。这种奇怪的逆行轨道暗示海卫一与海王星并非一起形成，而是当海卫一近距离经过海王星附近时，被后者引力捕获而进入绕行轨道。海卫一的物质组成与冥王星非常相似，暗示其可能与冥王星一样形成于柯伊伯带内，只是后来在海王星迁移运动的过程中，被其引力场所捕获。

捕获像海卫一那么巨大的卫星是一项了不起的成就。要想将其束缚在轨道上，海卫一的运动速度必须不那么快，这样才不至于逃离海王星的引力。但是如果按照围绕太阳公转的典型速度看的话，原先作为一颗矮行星存在的海卫一，其运行速度应该很快，海王星的引力是无法捕获它的。海卫一如此巨大的质量也让它通过与其他原先就已存在的海王星卫星之间发生碰撞而减速的可能性不存在。因为如果发生这样的碰撞，只会让后者粉身碎骨，却仍无法提供足够的减速率。

一种流行的理论认为，海卫一曾经属于一个双矮行星系统，就有点类似冥王星与冥卫一的关系。在围绕太阳公转的过程中，它们两者还围绕着共同的质量中心相互绕转。因此，与这一双矮行星系统整体公转速度相比，两颗矮行星成员各自相对海王星而言，其运动速度会出现稍快或者稍慢的情况。

　　当海王星逐渐接近这对矮行星的时候，海王星巨大的引力开始战胜这两颗矮行星相互之间的吸引力，并最终将其拆散 [1]。此时运动速度相对海王星较慢的那颗矮行星成员便被后者所捕获，而它的伴侣则被弹射了出去。

　　被捕获的这颗矮行星成员，后来就成为了海卫一。这个巨大的卫星随后在轨道上与之前已经存在的其他较小的卫星发生碰撞，最终奠定了它无可争议的主宰地位：海卫一的质量占到了海王星所有卫星总质量的 99.5%。

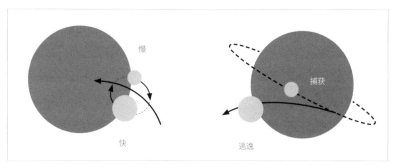

图 23：海王星的卫星海卫一原先可能是一对双矮行星系统中的一个成员。在它们相互围绕共同质量中心转动的过程中，这两颗成员的运动方向周期性地与整体绕日公转方向一致或相反。于是相对于海王星而言，这两颗矮行星的运动速度就会出现稍快或稍慢的情况。当海王星的引力将这对双星系统打散之后，相对运动速度较慢的那颗就被海王星捕获。

---

1. 用更加科学的语言来表达：海王星逐渐增强的引力作用压缩了这一双矮行星系统的洛希半径，直到这两颗矮行星的间距超过了这一半径值。此时，它们两者之间的相互吸引关系被解除，双星系统瓦解。

　　然而，太阳系中大部分卫星的形成都与撞击或捕获无关。相反，它们是从围绕年轻巨行星旋转的尘埃与气体中产生的。这种围绕行星的尘埃气体盘很像是围绕初升的太阳周围存在的、缩小版本的原行星盘。与原行星盘一样，围绕行星存在的尘埃气体盘也是由于这些物质的圆周运动速度平衡掉来自行星的引力作用后形成的。

　　但这两者之间仍然存在不同。围绕行星周围的物质盘会同时感受到来自行星，以及恒星的引力影响。在这样两种不同引力作用的影响下，在物质盘的特定区域，就会产生适合卫星形成的环境。如果太靠近行星，行星的引力作用会撕碎任何形成中的卫星。但如果距离太远，恒星的引力会诱使其轨道失稳。严格的外侧边界便是这颗行星的希尔半径，在这一范围之外，恒星的引力影响将大过行星的引力影响。因此在现实中，卫星一般都运行在1/3的希尔半径范围内，以确保自己能够安全地围绕行星转动；而内侧边界则应该是行星的引力强度超过卫星内部结构强度的位置，在此位置以内，行星引潮力会把卫星撕碎。这与我们此前讨论过的"克托尼亚"式热木星的情况其实非常相似，当它们过于靠近恒星时，其大气层将会损失殆尽。

　　作为产生卫星的主要方式，卫星宜居性的前景取决于行星周围物质盘中可以产生多大的卫星？如果是围绕质量较大的行星，存在的物质盘也会更大，那么围绕其他恒星运行的，质量甚至比木星更大的行星周围就很有希望。那么，究竟有没有可能产生一颗巨大的，达到火星大小，能够维持住自身大气层的超级卫星？

　　正如原行星盘一样，超级卫星的诞生，关键在于其能否获得足够数量的冰物质。如果水能够结冰，那么围绕在那些最大行星周围、用于构建卫星的物质将足够让一颗火星大小的卫星形成。但冰物质的不可或缺性会让我们面临一个问题，那就是运行在温和带内的卫星，其位置是在冰线内侧的。这里的温度太高，在行星周围物质盘中水分难以凝结。因此一个超级卫星应当形成于冰线外侧，后续再通过迁移方式向内侧移动，或者像海卫一那样被捕获。由于捕获的方式非常困难，潜在宜居卫星一般应是被水冰覆盖的世界，随后在向内迁移的过程中冰盖消融。正如我们在本书第十四章讨论的那样，这并不会阻碍生命的诞生，但确实会让这里的环境与地球非常不同。

当然，在冰线外侧形成也不一定就能确保有水冰的供应。遍布火山的木卫一就是一个很好的证明，在行星的影响下，卫星可能会有完全不同的温度环境。

在行星周围的物质盘中。形成中的卫星将感受到来自行星和恒星的两股引力，同时也会接收到两个来源的热量。来自行星表面反射的热量以及行星本身的热辐射会在其周围的物质盘中产生自己的冰线。如果比较靠近行星，位于冰线内侧，那么行星产生的热辐射会让物质盘中温度过高，水冰难以形成，因此在这一区域内形成的卫星往往是干燥的——不管行星本身距离恒星有多远。即是说，一颗潜在宜居卫星的形成区域应当同时位于两条冰线的外侧：距离恒星足够遥远，位于原行星盘内的冰线外侧；距离行星足够遥远，位于行星周围物质盘内的冰线外侧。

而一旦卫星拥有了水，它还必须设法保留住这些水。正如木星的那几颗伽利略卫星，以及土卫二和土卫六所展现的那样，围绕气态巨行星运行的卫星往往对潮汐加热非常敏感。这样一来就在行星周围又额外划出了一条内侧边界线，任何运行在偏心轨道上的卫星都不应跨过这条线——如果它想维持自己表面的湖泊或海洋的话。因为如果一颗卫星跨过了这条线，抵达更加接近行星的位置，那么即便它的公转轨道全部都在恒星的温和带以内，也将由于行星潮汐加热所获得的额外热量而出现失控的升温现象。这条线仿佛就是为卫星们画下的一条额外的温和带边界[1]。

　　围绕行星周围的"温和边界"的具体位置取决于行星和卫星的大小。质量越大的行星和卫星之间产生的潮汐加热能力越强。因此，假定有一个具有轻微偏心率的轨道触发潮汐加热，相比一颗地球大小的卫星而言，一颗火星大小的卫星会运行到更加接近行星的位置上，而不用担心温度会变得像金星那样高。同样，如果一颗行星的质量比木星大，那么它周围可能适合居住的卫星就需要比海王星大小的行星周围的卫星更远。

　　如果卫星运行在一个圆形轨道上，那么它将对变形和潮汐加热免疫。这样的卫星可以安全地跨越行星周围的温和边界，抵达更靠近行星的位置，直到行星发出的热量将其地表的水体全部蒸发殆尽。如果是这种情况，那么相比较小的卫星，一颗较大的卫星每平方米能够辐射出去更多能量，因此更能够保持较低的温度。当然潮汐加热效应会比较明显，但是如果卫星没有被挤压变形，那么较大质量的卫星一般温度会更低一些。

　　对于生命来说，一个额外的热源并非总是坏事。潮汐加热效应可能会让一颗刚好运行在恒星温和带外侧的卫星有能力维持其地表湖泊的存在。如果火星不是一颗行星，而是一颗卫星，那么它可能会是宜居的。这种情况对于那些拥有高偏心率轨道的行星而言尤其如此。当沿着轨道运行期间，某颗行星离开了恒星周围的温和带范围，那么此时行星能够为它的卫星提供额外热量，从而让后者的地表免于封冻。

　　潮汐加热还能够医治困扰小型天体的另外一项顽疾：地质活动

---

1. 这条边界也被称作"宜居边界"（habitable edge）。出于和前文中对"宜居带"相同的理由，我们希望将这个名称改为"温和边界"（temperate edge）。

的停滞。要想维持碳－硅酸盐循环或者产生磁场，卫星需要内部热量供应来启动板块运动，并驱动火山爆发。如果没有这些，一颗卫星或者行星最终将会慢慢进入封冻状态，即便在温和带内也是如此。地球的内部热量来自其诞生时期的撞击历史，以及岩石中放射性元素的放热。而一个更小的星球，其内部的热量储备会更少，因此驱动其地质活动的引擎也将更早熄火。很难知道究竟需要多大的质量，才能确保在太阳系的生命周期内一直维持活跃的地质活动，但有一项估算结果认为这一数值大约是地球质量的 25%。这就给火星大小的卫星出了一道难题，因为其质量仅有地球的 10%。而这正是潮汐加热机制可以一展身手的地方。

作为太阳系中火山活动最为活跃的星球，木卫一的质量却仅有地球质量的 1.5%，这是潮汐加热有多大威力的最好展示。比这更加温和的潮汐加热应该可以让卫星保持地质上的活跃度，同时不至于引发失控的温室效应而导致大气层逃逸。

但即便考虑潮汐加热的因素，一颗较小的卫星要想获得与地球强度相当的磁场，仍然十分困难。那么，行星还能提供进一步的支援吗？木星拥有整个太阳系中最强大的磁场，在其内侧的卫星与太阳风之间建起了一道屏障。如果一颗卫星运行在这颗巨大行星撑起的保护伞之下，它的大气层是否有望免遭被恒星剥蚀殆尽的危险？

看起来，天下并没有免费的午餐。确实，行星磁场会偏转高能粒子的路径，但这些粒子随后就会被困住，形成"辐射带"。地球附近至少有两处这样的辐射带，称为"范·艾伦辐射带"（Van Allen belts），这是以它们的发现者、美国空间科学家詹姆斯·范·艾伦（James Van Allen）的名字命名的。这些甜甜圈形状的高能粒子环包围着整个地球，对任何身在其中的人造航天器构成严重威胁。一颗气态巨行星的磁场强度是地球的数千倍，因此也会产生危险得多的辐射带，它将杀死卫星上存在的任何生命。事实上，任何飞向木星或其内侧几颗卫星的探测器都必须小心，否则就可能无法经受住那里的高能辐射环境。因此一颗卫星的表面对于生命而言是否是安全的，还要取决于行星的磁场方向，以及这颗卫星的运行轨道。

于是，我们宜居卫星的构建首先必须形成于恒星周围和行星周围两条冰线的外侧。而一旦质量足够大，能够拥有大气层了，这颗卫星就必须跟随它的行星开始向内侧迁移，抵达恒星周围的温和带范围内。这颗卫星的地表温度必须足够高，足以让其地表的冰层融化形成湖泊，但又不能太过温暖，导致深水型海洋星球的产生，因为这类世界是不具备宜居条件的。此后，这颗卫星上是否能够维持一个温和的环境就要取决于它的运行轨道了。如果这颗卫星能够成功避开行星的辐射带，而只是接收来自行星温和的加热，那么它将有望长期维持活跃的地质活动。或许恩多星球就是这样诞生的。

在太阳系中，气态巨行星位于寒冷的外侧区域，要想产生一颗地表具备宜居条件的卫星可能性不大。要想验证以上这些理论，我们的目光必须投向系外卫星。

搜寻恩多星球

截至目前，人类尚未发现围绕太阳系外行星运行的卫星。但是，如果雷内·海勒的预测是正确的，我们今天可能已经来到十字路口，突破可能已经近在眼前。那么，搜寻系外卫星的最佳途径究竟是什么？

考虑到在一颗质量大得多，也明亮得多的恒星旁搜寻一颗微小的行星时所面临的挑战，我们不会对搜寻更加微小的卫星的困难程度感到惊讶。人们已经用很多种办法进行了尝试，试图借此找出系外行星周围存在卫星的蛛丝马迹，而其中的一种方法是我们之前提到过的。

与 Kepler-138 发生凌星现象的行星在本书第六章已经做过介绍，在开展系外卫星的搜寻时，对这几颗行星极小的质量进行了测量。这项搜寻工作主要针对的是由于周围卫星的存在，导致行星发生凌星的时间间隔上出现的轻微变化。但在这一案例中，行星 Kepler-138d 的轨道轻微变化是由其近旁的另一颗行星 Kepler-138c 的引力摄动引发的。尽管未能找到系外卫星，但它是一次成功的展示，让我们了解如何去识别卫星产生的影响。

除此之外，还有一种可能性，就是当行星发生凌星时，它的卫星会造成恒星亮度出现额外的下降。如果行星与卫星之间距离足够远，那么这颗卫星自身便会阻挡一部分的恒星光芒，并产生一个单独的亮度下降信号。或者，卫星和行星可能靠得很近，此时两者只会产生一个遮挡信号，但随着卫星逐渐从行星边缘向行星中间移动，被遮挡恒星的亮度下降幅度将逐渐减小。

"HEK"是一个专门致力于探测这种微小光变与凌星现象的项目，这三个字母是"使用开普勒望远镜搜寻系外卫星"的英文缩写。项目的负责人是大卫·基平教授（也就是我们前面提到过的，对 Kepler-138 行星系统进行研究的科学家）。HEK 项目对开普勒空间望远镜通过凌星法所发现的系外行星开展研究，并从中搜寻系外卫星存在的蛛丝马迹。考虑到这台空间望远镜的检测敏感度，一颗质量与火星相近的卫星是难以被发现的，但如果这颗卫星的质量达到火星的两倍，那么它就有可能被检测出来。如此大质量的卫星在环行星物质盘中恐怕是很难形成的，但却可能通过引力捕获的方式获得，就像海王星与海卫一那样。尽管 HEK 项目目前尚未找到任何一颗系外卫星，但对开普勒望远镜数据的仔细分析却意外找到了好几颗隐藏的系外行星，说起来这也算是不错的奖励了。

　　或许有些意外的是，搜寻系外卫星的另外一项可能途径是直接成像。考虑到行星在恒星的巨大亮度面前的暗淡及其导致的成像困难，要想拍摄到更加暗弱的系外卫星似乎是一件不可能完成的任务。但事实上这却并非完全不可能。来自行星的额外加热可能会让卫星保持高温，并在相当长一段时间内显得非常明亮——即便它们距离恒星比较远。新一代的望远镜设备有能力在红外波段识别出这些异常的热信号。

　　卫星，以及我们正在陆续发现的岩石行星，正为我们揭示大量的生命可居之地。那么，假如在这些世界中真的存在生命，我们又该如何得知呢？

第十七章　寻找生命

"在你看来，还要多久我们才会在另一颗行星上发现生命？"

米歇尔·迈耶（Michel Mayor）问了我这个问题。迈耶是飞马座 51b 的发现者，从而开创了我们这本书讨论的这个科学领域。他的这些成就前不久还刚刚为他赢得了备受尊敬的 2015 年度京都基础科学奖。颁奖礼的当天安排了一整天关于系外行星的演讲，最后则是茶歇时间。在此期间，迈耶教授和蔼地听取了我拙劣的自我介绍。而他提出的问题显示，即便是系外行星研究领域的先驱者，当面对地外生命搜寻的话题时，也仍然略显茫然。

随着我们在恒星周围潜在的温和带内找到越来越小的行星，我们想要知道它们与地球之间相似程度的好奇心也随之稳步增长。在这些行星当中，有没有可能有某颗行星不仅仅是宜居的，而且是已经实际存在生命的？我们要做的第一步，是要明确我们想要寻找的究竟是什么样的生命？考虑到微生物可生存的环境非常丰富，可以适应各类环境，因此我们预计地外微生物的常见程度会远超智慧生命。但是我们又该如何去发现那些不会发无线电回应我们的生命呢？

"强烈暗示"

想象我们发现了一颗岩石质地，地球大小的行星，在温和带内围绕一颗恒星运行。这颗行星的距离过于遥远，人类的探测器不可能在我们一辈子的时间内飞抵那里，但我们却可以利用它与恒星发生凌星现象时对其大气层开展研究。那么，我们是如何得知这样一颗行星上有没有产生生命的呢？

一项理想的实验是：我们可以对一颗已知存在生命的星球进行观测，看看可以学到哪些经验。部分出于巧合，"伽利略号"飞船在它飞往木星的途中就获得了开展一次这类观测的机会。这是一艘美国宇航局研制的木星探测器，最初计划是使用"亚特兰蒂斯号"航天飞机的货舱将其送入太空。借助强劲的助推火箭，"伽利略号"探测器就可以被送入一个直接飞往外太阳系的快速轨道。然而 1986 年"挑战者号"航天飞机悲剧性的爆炸事件导致了更加严格的安全规则，在该规则下，航天飞机的助推火箭在发射升空前被禁止加满燃料。1989 年，"伽利略号"终于由"亚特兰蒂斯号"航天飞机发射升空，后者使用的是推力低得多的助推火箭。

为了确保飞船仍然能够抵达木星，伽利略号不得不采用迂回飞行路线，途中先后接近金星与地球附近。这样的接近会让飞船从这两颗行星的引力场中获得额外加速，仿佛行星级别的火箭助推器一样。这类引力弹弓技术在行星际探测中非常常见，可以有效减少探测器所需携带的燃料数量。

"伽利略号"探测器没有浪费这次接近地球的机会：它开启设备，从太空对我们的行星进行探测。如果在短短 1000 公里的距离上我们都没有办法发现地球上充满着生命，那么要想发现距离以光年计的那些遥远世界上的生命迹象恐怕也就不要再抱什么希望了。但我们具体究竟是要搜寻什么呢？

对于一颗行星而言，生命并非简单的添加项。光合作用、呼吸作用和有机体降解过程会改变大气的成分。"伽利略号"探测器要寻找的是某种所有生命形式——从微生物到智慧生命——都会产生，且其产生的数量足够大，从而能够在大气中被探测到，或导致该行星出现全球性的可探测的性质改变。换句话说，"伽利略号"探测器在搜寻"生命印记"（biosignature）。

通过对太阳光在我们行星的大气中被吸收波段的观测，"伽利略号"探测器上的设备能够识别地球大气层中的分子成分。作为生命活动的两类副产品，氧气与甲烷的信号清晰可见。地球大气中还存在水汽，而从地球表面反射的光线显示水可以以固态、气态和液态方式存在于地球上，从而让水循环变得可能。同时"伽利略号"还接收到结构化的无线电信号，表明这里存在智慧生命。但如果没有无线电信号，以上这些数据是否足够证明这颗星球上存在生命？这项研究的相关论文于 1993 年发表在了《自然》杂志上，第一作者是美国天文学家和科普作家卡尔·萨根（Carl Sagan）。萨根和科学界采用的措辞是非常谨慎的，他们宣称"伽利略号"探测到的信号"强烈暗示地球上存在生命"。

基于地球的经验，氧气似乎可以被作为非常理想的生命印记。自从蓝绿藻在大约 25 亿年前出现以来，由于植物、藻类和某些菌类的光合作用，地球大气中已经被注入大量氧气。而这导致了更加复杂的多细胞生命的出现，这类生命的生存需要消耗大量的氧气分子。如果没有生命，性质活泼的氧气早就已经消耗殆尽了——参与富铁水体的氧化反应，或者与火山爆发喷出的气体发生反应，产生二氧化碳和水。正是由于生命活动能够源源不断地向大气中补充氧气，这种气体在整个大气中的含量才能维持在大约 21% 的水平上。

我们对地表生命的搜寻重点集中在温和带内的行星上，因此阳光将是那里主要的能量来源。于是我们可以非常合理地推断那里的生命可能会选择以某种方式利用这种能源，并进化出能够进行光合作用的有机体。尽管存在某些不产生氧气的光合作用类型，但至少在地球上，氧气是光合作用最重要的副产品。基于以上讨论，我们可以相当有把握地认为，一个存在生命的世界，其大气将有很大可能是富氧的。

但这里还存在一个小小的问题，那就是生命活动并非氧气的唯一来源。在大气中，来自恒星的紫外线可以分解水分子，并产生氧气和氢气。就像在大气稀薄的木星冰卫星上所看到的那样，氢气会很快逃逸，并最终留下一个富氧的大气层。这种机制对于那些围绕红矮星运行的行星尤其有效。由于这类恒星较为暗弱，其周围的温和带距离较近，因此那里也就成了检验这一理论的最佳场所。如果这颗行星的地质活动不活跃，无法持续释放出大量能够与氧气发生反应，从而将其从大气中消除的气体，则这颗行星的大气将显示出富氧的"伪生命印记"。

如果氧气的存在无法100%确保存在生命，那么甲烷呢？地球上几乎所有的甲烷都是由生活在动物肠道内、沼泽与湿地中，以及帮助动植物尸体腐烂分解的微生物所产生的。和氧气一样，甲烷同样需要不断得到补充才能维持其在地球大气中的存在。如果得不到及时补充，大气中的甲烷将会与氧气发生反应并产生水和二氧化碳，或者在太阳紫外线照射下分解并重新合成为更加复杂的乙烷。如果现在停止补充，那么地球大气中的甲烷将会在10年内全部消失。如果在一颗行星的大气中探测到甲烷，那么几乎可以肯定它是可以不断得到补充的。

但使用甲烷作为"生命印记"存在一个已知的反例：土卫六。

尽管由于阳光的照射，土卫六大气中的甲烷被不断消耗，但这颗卫星的地下存储有丰富的固态甲烷冰，它们会通过冰火山的爆发将甲烷物质不断释放入大气。经由这一机制，甲烷可以在土卫六的大气中稳定存在数十亿年之久。在地球上同样存在少量非生物成因的甲烷，包括火山喷发以及海底烟囱。因此，不能排除一个不存在生命的"死亡星球"通过地质作用的方式向其大气中释放甲烷气体的可能性。

理论上，生物成因和非生物成因的甲烷成分是可以被区分开来的。1 个甲烷分子是由 1 个碳原子加上 4 个氢原子组成的。地球上的生命喜欢使用碳 12，这是最常见的碳原子种类，其原子核中有 6 个中子。但除此之外还有碳 13，其原子核内多了一个中子，使其拥有更大的质量，因此也需要更多能量才能发生反应。地球上无机物中碳 12 的丰度要比碳 13 高出 89.9 倍，但在生命体中，这一数值则提高到了 95 倍。这样的差异或许并不十分显著，但却是可以被探测出来的。在土卫六上，"惠更斯"着陆器检测了其大气甲烷中两种碳原子的比例关系，测定结果是 82.3，与地球上无机物内的含量值较为接近。如果我们能够区分出系外行星大气中甲烷的两种碳原子的比值关系，我们或许能够更好地识别生命迹象。

一项更好的"生命印记"或许是各类原子的组合方案。当氧气和甲烷同时存在于大气当中，它们会相互反应并产生二氧化碳。而如果两种气体的数量都比较大，那就说明必然存在一个来源在持续对这两种气体进行补充，以避免这种平衡被打破。这样的组合方案难以通过非生命机制来产生"伪生命印记"，但却并非完全不可能。如果有一颗与土卫六情况相似的卫星围绕一颗拥有富氧大气的行星运行，从远处观察可能会被认为是一个星球，其大气层中将同时显示出氧气和甲烷的信号。

观察一个大气层是否受到了生命活动的影响，还有一种方法就是观察其在一年中的变化。随着冬季逐渐结束，春季逐渐开启，地球上的生物圈会出现明显的变化，随着气温升高，植被开始繁盛。这一点可以通过监测大气中的二氧化碳水平被清晰观察到。位于夏威夷的莫纳罗阿天文台自 1958 年至今开展的观测显示，由于全球气候变化，大气二氧化碳水平呈现稳步上升趋势。与此同时，数据也显示在一年当中的不同季节，二氧化碳含量会呈现明显的上下波动。

当春季开始，太阳光照增加，能够进行光合作用的植物长出更多新叶，它们将更多的二氧化碳从空气中清除；而当冬季来临，随着叶片的枯黄，大气中二氧化碳的含量又将出现回升。当然，半个地球逐渐进入春季的同时，另外半个地球正迎来寒冬。因此二氧化碳含量在全球尺度上出现的变化还要求南北半球之间被植被覆盖的陆地面积存在差异。在地球上，北半球拥有更多被植被覆盖的陆地，因此地球大气的二氧化碳含量季节性波动与北半球的季节变化一致。在任何行星表面，植被在全球范围内呈现完美均匀分布的概率是很低的，因此如果我们能够探测到一颗行星在其围绕恒星一周的时间内，其大气中二氧化碳的水平呈现类似的周期性变化，那么除非是由于生命活动的影响，否则是很难对此进行解释的。

"绿凸" 与 "红边"

对于一颗行星而言，大气并非其唯一会受到生命活动影响的方面。另外一项可以作为"生命印记"的特征是行星的颜色——或者说得更加科学一些——行星主要反射的辐射波长。我们看到地球的陆地是绿色的，这是因为陆地上广泛分布的、能够进行光合作用的植物叶片会反射绿色光。之所以如此，是因为植物叶片细胞中的叶绿素对波长为 500nm[1] 左右的光吸收很差，但对波长更长或更短的光则会有相对更好的吸收。而那些波长超过人类肉眼可感知范围的光线，植物的吸收也很差。在红外波段，波长大致从 700~800nm 开始，植物对于这类电磁波基本就是全部反射掉，或者直接透过叶片，完全不予吸收。这是一个界限，被称作"植物红边"（vegetation red edge）。这种反射性导致植物在红外相机中会显得非常明亮，在卫星遥感上也会被用来进行植被覆盖率的普查。

以上这两种现象造成地球光谱中会呈现独特的"绿凸"（green bump）与"红边"(red edge) 效应。如果我们能够接收到从一颗系外行星表面反射回来的光，并且在光谱分析中观察到类似的峰值起伏，那么这或许就是一种生命印记，显示那里存在植物。

但是有一个问题，我们地球上的植物所吸收的光谱波段，与其他系外行星上可能存在的植物一定是一样的吗？要想回答好这个问题，我们恐怕首先必须搞清楚，地球上的植物为什么是绿色的？

乍一看，反射绿色光似乎是植物进化过程中一种奇怪的选择。尽管从地球表面观察，太阳看上去是黄色的，但事实上其大部分能量是在绿色波段辐射出来的，只是在经过地球大气层时由于蓝色光被地球大气层强烈散射才显示出黄色色调。因此，植物选择反射绿色光，其实就等于浪费了来自太阳最大的一块能量。

然而，当我们仔细审视这个问题，或许便能了解植物为何做出这一进化选择。某一特定波长上太阳辐射的能量大小不仅取决于该波长的能量，还与其强度或亮度有关。如果我们将辐射视作由一个个光子组成的整体，那么其能量的大小不仅取决于每个光子能量的大小，还取决于光子的数量。

1.nm，纳米，1 纳米 =0.000 000 001 米。

实际上，相比绿色光，太阳会辐射出更多红光波段的光子，但红光更长的波长意味着每个红光波段的光子所携带的能量会少于绿光的光子。而在另一方面，尽管蓝光光子携带的能量更高，但其数量却要少得多。植物可能已经进化出了相关机制，能够利用红光光子的数量优势，以及蓝光光子的高能量优势。而对于绿色光的光子而言，它既不像红光光子数量那么多，其单个光子的能量也没有蓝光光子那么高，因此植物对其的利用率也就比较低了。

如果植物会倾向于进化出利用数量最多的光子，以及能量最高光子的机制，那么它们的属性将会取决于它所在行星的大气层以及恒星。行星的大气层会对部分波长的光线进行吸收，使其无法抵达地面，而恒星的温度将决定在不同的波段会辐射多少能量。我们可以在地球上看到类似的过滤机制。生活在海洋中，或者埋藏在沙子底下的植物的颜色会和生长在地表的植物颜色有所不同。之所以如此，是因为它们吸收了它所在环境中的特定波长的光线。举个例子，水可以让蓝光透过，但却会吸收红光，这就让吸收红光的植物在一定水深之下难以生存。这样的结果就是很多海藻都呈现出棕色、红色和紫色，这都是它们反射这些颜色光线的结果，因为它们没能进化出对这些光线的利用机制。

与选择最适合光合作用的光子类型相反，对植物红边之外波段光线的拒绝可能是为了防止植物出现过热。如果红外波段，乃至可见光波段的光线都被吸收，能量的过载将可能不可逆转地对蛋白质造成破坏并对植物造成伤害。这就让我们了解了植物将红外线和绿色光拒之门外的原因。那么，如果我们把太阳更换一下，情况会如何？

正如我们之前指出的那样，完全有理由设想一颗能够支持生命存在，且运行在恒星周围温和带内的行星上，生活着利用阳光生存的生命形式。但是，它们的颜色可能不是绿色的。

在一颗温度较低的红矮星周围，大部分能量是以红外线形式释放出来的。在这样比较长的波长条件下，光合作用仍然是有可能发生的，但由于光子的能量较低，可能需要超出两倍数量的光子来满足需求。因此，为了尽可能多地吸收光照，在一颗围绕红矮星运行的行星表面上生活的植物很可能是黑色的，而不是绿色的。另外，由于现在它可以吸收红外线，这类植物的"红边"效应可能并不明显，或者会偏离到另一个不同的波段上去。

而如果一颗行星围绕运行的是一颗亮度比太阳更大的恒星，那么它可能遇到完全相反的问题，因为这颗行星的表面会被大量高能的蓝光光子轰击。在这样一颗行星上生活的植物可能会进化出蓝色的叶片以反射蓝光，保护自己免受灼伤。但不管如何，当我们研究系外行星上的植物时，"邻家的草格外绿"[1]这句话恐怕是不能适用的。

与大气层中的生命印记相似，要想证明行星的颜色与植物叶片有关，方法之一就是观察其季节变化。这种方法可以将植物叶片与岩石矿物产生的"伪印记"信号区分开来。木星的卫星木卫一的表面强烈反射波长在 450nm 左右的蓝色光。任何波长更长的光线都会被反射回来，而任何比这波长更短的光线则会被吸收。这并非有什么植物奇迹般地在这颗火山遍布的星球上生存了下来，而是由于频繁的火山喷发导致覆盖全球的硫黄物质造成的。

能够让我们确信在另一颗行星上存在生命的"印记"不太可能会是单一的指标，而是一种组合特征，能够观察到生命对这颗行星所造成的改变。就像一套复杂的拼图游戏，我们必须首先找到足够

---

1. 英文的"The grass is always greener on the other side"一般译作"邻家的草格外绿，这山望着那山高"，形容人们不满足现状，总觉得别人的条件比自己好。——译注

多数量的碎块，才能最终确定这的确是一颗存在生命的星球。

　　那么，关于多久之后我们才能确信某颗行星确实是宜居的，米歇尔·迈耶对这个问题的答案又是什么呢？"25 年，"他对我说道，"这需要一代人的时间。"

TRAPPIST-1
行星系统

我一直都知道，在本书完稿付梓之后很短的时间内，可能就会有新的系外行星被发现。系外行星是一个崭新且发展迅速的研究领域。而对于写作而言，这也是一个绝妙的话题：那些故事基本都发生在读者生活的同一个时代，其中还包含许多令人惊叹的，足以完全颠覆我们过去所有认知的新发现。它同时也意味着我们所知的新世界列表还在不断增加[1]。

即便有了这样的觉悟，当 2017 年 2 月一项新发现传来时，仍然让我大吃一惊：人们在一个原先认为的三行星系统中，又新发现了 4 颗行星，从而让该系统内的行星总数达到了 7 颗。不仅这一系统内的行星数量达到了可以与我们太阳系相媲美的水平，同时所有这些行星的大小都与地球接近，甚至有 3 颗行星运行的位置位于温和带范围内。这 7 个小小的世界在过去数年间牢牢占据了各大媒体和科学期刊的版面，成为未来开展考察的热门目标。这些行星构成了 TRAPPIST-1 行星系统，它是在我提交最终书稿大约 3 周之后被发现的。

尽管这个发现出现的时机让我气得牙痒痒，但我确实也在试着为这类几乎不可避免的事情做好准备。我从不希望这本书里提到的那些系外行星的故事，最终只能被应用于某些特殊的行星系统。相反，

---

1. 而对于那些没有看过前面而直接跳到这里的读者们，我想说：你平常看侦探小说的时候是不是也经常这样干，错过了所有重要情节？

我希望帮助我的读者建立起对某样新发现进行批判性评估的能力，并且能够理解，在通往太阳系之外行星世界的多样性道路上，该项发现究竟处在什么样的位置之上。因此，我想面向所有已经读完本书其他章节，并一直读到这里的读者们，提出一项挑战。

TRAPPIST-1 系统充斥着我们的新闻媒体，各种标题目不暇接，比如："TRAPPIST-1 的行星上可能存在生命"（《福布斯》杂志），"TRAPPIST-1 系统内的外星世界比想象中的更加宜居吗？"（《万物是如何运作的》[1]），"TRAPPIST-1 系统内存在生命的前景愈发明朗"（Gizmodo 博客）。

但我们究竟可能得知有关这些行星的哪些信息？这些信息是否能够帮助我们判断其宜居性？哪些因素可能会影响这些行星的地表环境，那里的环境又存在哪些不同的可能？

我向你提出的挑战便是：回忆我们此前在本书中提及的那些发现故事，并尝试将其运用到 TRAPPIST-1 系统中，推断以上所提这些问题的答案。在那之后，我们再一起细细审视这个行星系统，而我也将告诉你我的看法。

TRAPPIST-1 是用发现它的望远镜的名字命名的，即 Transiting Planets and Planetesimal Small Telescope（凌星行星与星子小型望远镜）。它包括两台分别安装于智利和摩洛哥境内，口径 60 厘米的望远镜，均由比利时列日大学负责操作[2]。TRAPPIST-1 行星系统是由其中设在南半球智利境内（位于 La Silla）的那台望远镜发现的。

最早在 2016 年发表的初步结果是发现了 3 颗行星，它们围绕一颗红矮星运行，距离地球大约 40 光年，位于水瓶座。然而，后续

1.《万物是如何运作的》：一家知识类网站。

2. 顺便说一句，TRAPPIST 这个缩写恰好也是一种著名的比利时产啤酒的名字。

对最外侧那颗行星的信号进行的分析显示它实际上包含了 4 颗不同的行星。在 2017 年的论文中发表了这些最新进展，除此之外还宣布发现了一颗新的、位于最外侧的第 7 颗行星。

这 7 颗行星都是使用凌星法发现的：即沿着我们视线方向观察时，如果行星从恒星前方经过，就会遮蔽掉一部分恒星的光芒，导致后者亮度出现轻微下降。这种探测方法可以得知目标行星的半径以及围绕恒星运行的周期。结果显示这些行星的大小都与地球接近，半径数据介于 0.7 倍 ~1.1 倍地球半径值之间。然而，它们的公转周期却与地球，或者太阳系中其他行星的情况大相径庭。这 7 颗行星共同组成了一个极为紧凑的系统。在太阳系中最靠内侧的行星是水星，它围绕太阳公转一周的时间是 88 天，而相比之下，TRAPPIST–1 系统内最外侧的那颗行星围绕恒星公转一周的时间不

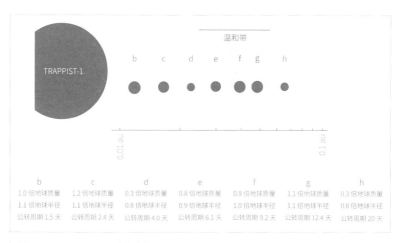

图 24: TRAPPIST-1 系统内的 7 颗行星。这几颗行星距离恒星都非常近，公转周期分别介于 1.5 天 ~20 天。然而，TRAPPIST-1 本身是一颗暗淡的红矮星，因此仍然有 3 颗行星的运行轨道会落在温和带范围内。如果它们自身的情况与地球相似，那么它们的地表有可能存在液态水。

到 20 天，这就意味着其距离恒星仅有 0.06 天文单位。而剩下的那些行星和中央恒星之间的距离还要更近，其中最内侧的那颗行星公转周期仅有 1.5 天，对应到恒星的距离是 0.011 天文单位。

符合直觉的第一反应是：这些行星必然都是被高温岩浆覆盖的世界，就像本书前面提到过的 CoRoT-7b 那样，由于遭受高温炙烤，其地表岩石将会熔化，从而形成一个全球性的熔岩海洋（详见本书第七章）。然而，TRAPPIST-1 系统内的行星并不会遭遇如此厄运，因为恒星 TRAPPIST-1 本身是一颗非常暗弱的恒星。

和我们的近邻比邻星一样，TRAPPIST-1 也是一颗红矮星，其光度不到太阳的千分之一。如果将太阳等比例缩小为篮球那么大，那么 TRAPPIST-1 将会比一个高尔夫球还要更小。这颗恒星微弱的辐射意味着该系统内位于中间位置的 3 颗行星，即 TRAPPIST-1e、TRAPPIST-1f，以及 TRAPPIST-1g 的运行轨道将位于温和带范围内。

正是这一点，让各大媒体联想到了外星人。而我希望也正是从这里开始，你会意识到某些媒体头条可能如何具有误导性。温和带的边界是由一颗与地球相似的行星，其地表是否能够支持液态水的存在来限定的。这里的"相似"意味着这颗行星需要具有和地球相似的地表气压，和地球相似的由氮气、二氧化碳、氧气组成的大气层，同样具备碳-硅循环，因而能够对大气中温室气体的含量进行调节并使其成为一种热调节器（本书第十二章）。然而凌星法能够提供给我们的关于这颗行星的信息，却只有半径而已。这不会告诉我们关于这颗行星的大气性质、化学成分、地质状况，或者是否存在水体之类的任何信息。如果我们无从得知 TRAPPIST-1 系统内的行星地表情况究竟是怎样的，我们没有办法判断这些行星究竟是否与地球"足够相似"，它们在温和带内运行时能否支持液态水在其地表存在。

因此，我们的确可以在温和带内找到所谓的"类地行星"，但反过来，在温和带内运行的行星却并不一定是"类地"的。更何况，关于 TRAPPIST-1 系统还有很多线索表明该系统内的行星很有可能并不具备宜居条件。

与在比邻星周围发现的行星情况相似（见本书第十三章），围绕红矮星运行是一项"极限运动"。这些恒星也许现在确实相当暗淡，但在它们生命的早期，其亮度却远超现在。在短周期轨道上行星可以很快形成，因为这里的尘埃、颗粒物以及石块之间会发生频繁碰撞。因此，TRAPPIST-1 系统内的行星有可能在它们的恒星还非常高温的阶段便已经形成了。这样一颗高温恒星会将这些行星表面任何可能存在的水体或者生命全部一扫而光。即便能够躲过这一浩劫，事情也还没结束：红矮星是非常活跃的，特别容易发生以耀斑等为主要形式的爆发现象，类似的爆发事件可以将行星大气层完全剥蚀殆尽。

TRAPPIST-1 系统内的行星轨道如此紧凑，还有可能出现潮汐锁定现象（见本书第七章）。这样的结果便是一面将永远处于白天，而另一面则是永恒的暗夜。假如这些行星可以拥有一个足够浓厚的大气层，那么或许水体还有保留下来的余地（本书第十四章）。但不管如何，似乎我们在这里看到的是几个非常"不类地"的行星世界。

到这里就结束了吗？如果是在之前我们所讨论的案例中，那么到这里就差不多了：我们可以到这里就停下来，用余光扫一眼这些新闻的标题，并向身边任何愿意听我们讲话的人指出，金星的大小几乎和地球相同，而火星也运行在太阳系的温和带范围内，但它们中的任何一个看起来都不像是一个度假的好选择。

但对于 TRAPPIST-1 而言，它之所以在 2017 年 2 月以后还能够持续成为不管是科学家还是普通爱好者们口中的热门话题，自然有它背后的道理：因为对于这个特定的行星系统，我们还知道其他一些事情——尽管只有一点点。

TRAPPIST-1系统内行星轨道如此紧凑，意味着它们彼此之间可能会产生引力影响，从而导致可以被测量出来的公转周期的改变。这一现象被称作"凌星时变"（TTV），这种现象可以被用来测算在一个多行星系统内发生凌星现象的成员行星的质量，而不需要依赖于视向速度法来进行质量测量（见本书第六章）。行星的质量越大，其所造成的凌星时变效应就会越明显。

我们之前用过这样一个比喻：你牵着一个小孩子或者一条狗在跑圈，然后你会发现你时而会被这个小朋友（或者小狗）拖着向前走，时而你又不得不拖着它们向前走。因此，质量较大的行星邻居对你产生的引力影响就像是你牵着一条大狼狗在跑步，它对你运动速度产生的影响会比你牵着一条吉娃娃跑步时明显得多。

仅仅是TTV这一项，就已经足以让TRAPPIST-1系统不同寻常，因为它提供了第二项重要参数：质量。至此，我们便可以计算出这些行星的平均密度。这也是事情变得有意思的地方：这7颗行星的质量分布在0.3~1.2倍地球质量，看上去似乎和地球的数值相当接近，但它们的平均密度数据却暗示这些行星的组成成分和地球相比有很大不同。

地球主要是由硅酸盐矿物和铁镍金属组成，其平均密度大约是5.5 g/cm^3。相比之下，TRAPPIST-1系统内的行星密度值却要低得多，大致介于3.4~5.6 g/cm^3，最多比地球低了近60%。

和我们前文中所提到过的Gliese-1214b一样（本书第十四章），这样的密度数据介于岩石行星与气态行星之间。为何会如此，有多种可能的解释，比如这是一颗"混合行星"：岩石内核外部包裹一层厚厚的大气层；或者它就是由一类成分不同的岩石物质所组成的；再或者，它内部含有大量的水。一般情况下，我们不会去妄加猜测究竟哪一种可能性是最大的。但又是在这一特定的案例中，TRAPPIST-1 系统再一次给了我们一些提示。

如果你仔细分析这几颗行星的公转周期，你会注意到一种规律。比如从 TRAPPIST-1b 一直到 TRAPPIST-1h，它们的公转时间分别为：

1.5，2.4，4.0，6.1，9.2，12.4，以及 20 天。

乍一看似乎并没有特别明显的规律性，直到我们将它们相除，观察它们的比值关系。TRAPPIST-1b 公转 24 圈的时间，恰好是 TRAPPIST-1c 公转 15 圈的时间，也恰好是 TRAPPIST-1d 公转 9 圈的时间。这种齐整的整数倍关系一直完美延续，直到将 7 颗行星全部囊括在内：

24：15：9：6：4：3：2。

这是轨道共振现象。这种现象在行星和卫星中非常普遍，彼此间构成一种非常稳固的模式（见本书第五章）。当在这样一长串的行星组合中看到这种模式时，这就是一个强烈的信号，表明这些行星曾经发生过轨道迁移。

在行星在原始尘埃盘中的最初诞生阶段，这样的行星轨道迁移过程便已经开始了。距离恒星更近的尘埃物质运动更快，它们的引力作用会牵引行星体向前加速，而更外侧的尘埃物质因为运动稍慢一些，它们的引力作用会对行星施加一种向后的拖拽作用，使其减速。一般情况下，这样的结果会使行星损失速度，并向靠近恒星的方向迁移（I 型迁移，本书第五章）。

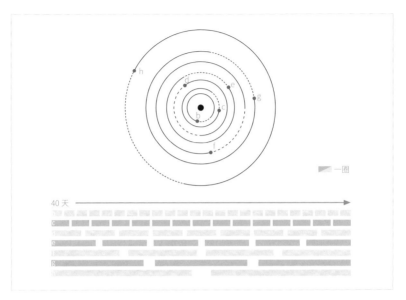

图 25：TRAPPIST-1 系统内各行星的轨道存在共振关系，意思是各颗行星的轨道周期之间存在整数比值关系。位于最内侧的行星 TRAPPIST-1b 的公转 24 圈的时间，恰好相当于 TRAPPIST-1c 公转 15 圈的时间。这一齐整的比例关系一直持续：24 : 15 : 9 : 6 : 4 : 3 : 2。

　　如果这种情况发生在一个多行星系统内，那么随着轨道迁移的进行，它们轨道周期之间的比例关系也会发生变化。而一旦彼此之间的轨道周期达成共振关系，此时的排列便会稳定下来，很难再发生进一步的改变。所有的行星将一同发生迁移，同时继续保持原先的共振周期关系。这种情况此前在 Gliese-876 系统中的 3 颗气态巨行星的案例中曾经观察到（本书第六章）。

　　所有这些都暗示 TRAPPIST-1 系统内的行星并非形成于当前运行的轨道上。考虑到它们高不成低不就的密度数据，完全可以猜想这些行星最初形成于更加远离恒星、冰线外侧的位置。在原行星盘中，冰线的位置意味着这里距离恒星已经足够遥远，以至于这里的温度已经降低到水的凝结点以下（本书第二章）。水冰与岩石共同组成含有大量固态水成分的行星。随着 TRAPPIST-1 系统内的行星逐渐向内侧更加温暖的区域迁移，这些水冰将开始消融，并产生一个个拥有广袤海洋的世界，它们的密度同样会比地球更低。

如果 TRAPPIST-1 系统内的行星果真是"水世界"，没有露出水面的陆地存在，那么这对于这些行星的宜居性意味着什么？既然是从冰线之外迁移而来，这些行星很有可能属于暴露在外的气态巨行星内核（见本书第十四章）。这样一个世界的地质情况会和地球非常不同，当然具体还要取决于它的组成成分到底是什么。

假设那些水体变成了一个海洋，并完全覆盖了一个和地球相似的岩石地表，那么此时的主要问题就是这些水体将会产生什么样的后果。与我们此前讨论过的潜在"水世界"行星 Gliese-1214b（见本书第十四章）所面临的挑战相似，一个深水海洋型星球将导致其洋底承受巨大压力。这将造成洋底水体冰冻，从而将岩石物质与外部的大洋和大气隔绝开来。这样的结果将是碳 - 硅循环被打断，从而让行星失去对自身温度的调节能力（见本书第十四章）。

在这种情况下，恒星周围仍然能够让一个水世界维持温和环境的区域将会收缩为一道狭窄的条带，在这里恒星的光照强度处于适中水平。但是，即便假设一颗行星运行在这样一个范围内，情况也不可能一直如此。在恒星的一生中，其光度会发生变化，相应地，在其周围运行的行星所能接收到的光照强度也会相应出现改变。如果这颗行星不能调节自身的地表温度，那么其地表的温和环境只能维持很短的一段时间，从而压减了生命演化所需的时间。

在过去的一年里，有很多有趣的文章对水世界星球的潜在宜居性进行了有趣的讨论，并使用计算机模型尝试去预测这类行星上的环境将会是何种模样。这类研究中的一部分持有相对乐观的态度，而另一些则得出了相当悲观的结论。

一个深海世界将会失去的，可能还不仅仅是碳－硅循环。如果这个海洋的质量占到行星总质量的 2% 以上，则板块运动可能将难以发生。地球岩石圈被划分为多个运动的板块，它们之间存在相互运动，在板块的张裂带，会有新生的地壳诞生（本书第十二章）。大质量的海洋会压制板块熔融，导致板块运动逐渐趋于停止，形成一个静态的"盖子"。当地表被"封印"之后，气体将不再从岩石圈内部逃逸出来，而这将导致行星无法产生自己的次生大气层，因此其大气层的主要成分将是来自海洋蒸发带来的水汽（本书第四章）。基于它们不高不低的密度数据，TRAPPIST-1b、d、f、g 和 h 的质量中可能有高达 5% 的比重是由水体组成的，因此它们呈现出上述问题的风险是存在的。

而如果这个全球性海洋比较浅，则碳－硅循环机制可以在洋底继续进行，当然相比露出水面的陆地，在洋底进行的这一循环效率会更低一些，但或许足以实现对行星温度的调节。但在碳－硅循环中，水体与岩石之间发生反应时也会释放出一些营养物质，比如磷。地球上所有的生命都需要用到这种物质。举例来说，它构成了我们体内 DNA 的一部分。如果位于洋底，那么由于碳－硅循环的效率下降，将可能对生命体的营养物质供应产生影响。

这种营养物质的减少可能意味着，即便是在一个浅海世界中，我们搜寻生命的努力或许仍将是一无所获。考虑到要能够从地球上观测到生命迹象，那些目标行星上的生命必须有能力在它们星球的大气中留下明显的痕迹才行（本书第十七章）。如果由于营养物质匮乏导致这颗星球上的生命数量被压减到了最低水平，显示它们存在的信号将可能永远都不会被观察到。正如美国行星科学家史蒂文·德什（Steven Desch）所言：“你需要陆地的存在，但不是为了存在生命，而是为了能够探测到生命。”

再有，假如碳－硅循环并非调节行星温度的唯一途径，将会怎样？有一种备选观点认为，在冰冷的两极地区，大量二氧化碳会被困在海冰内，而在热带海区，二氧化碳则通过排气作用直接被释放返回大气层，从而实现一种循环。

要想将这种温室气体封闭在水冰内部，这颗行星必须拥有一个浓密的、以二氧化碳为主要成分的大气层。在碳－硅循环机制缺失的情况下，再加上来自彗星撞击等某些特定元素的输入，这种情况并非完全不可能发生。问题在于这样一个大气层在热量再分配上将会是非常高效的。要想让极区保持低温，同时让赤道地区保持高温，以便让上述的循环机制得以发生，这颗行星必须拥有比较高的自转速度，至少达到地球自转速度的三倍。在这样的快速自转下，热量传导速度将会减慢，并阻碍大气将热量在全球进行再分配。因此，这一循环机制维持行星温度环境的有效性，不仅仅取决于行星接收到的阳光数量，还与它的自转速度有关。考虑这些因素之后得到的平衡点被称作“冰盖区域”（ice-cap zone）。

不幸的是，以上我们讨论的这种可能性对于自转缓慢、已经处于潮汐锁定状态的 TRAPPIST-1 系统内的行星们并没有什么帮助。但它的确说明了拥有与地球相似的地质条件可能并非让该行星具备宜居环境的唯一途径。

TRAPPIST-1 行星系统的迁移过程可能也有助于其挺过红矮星早年最狂暴的时期。取决于时机问题，这些行星或许是在红矮星已经度过其亮度最高的阶段之后迁移到了温和带范围，或者至少抵达得足够晚，因而尽管以氢和氦为主要成分的原始大气层可能被剥蚀殆尽，但其地表却得以免灾。

　　而至于行星能否在红矮星往后的岁月当中幸存，经受住它的那些狂暴行为，如耀斑爆发等，或许就要看行星能否依靠自身磁场来保护自己。地球磁场是由其熔融铁核的转动产生的（本书第十二章）。假设 TRAPPIST-1 系统内行星的物质成分与地球相似，那么它们或许也会产生自己的磁场"护盾"。然而这样的"护盾"能够在距离恒星如此近的位置上保护行星吗？

　　关于这个问题的答案可能已经呼之欲出了。2018 年 10 月 20 日，"贝皮 - 哥伦布"探测器（BepiCplombo）发射升空，飞向水星。这是一项由欧洲空间局和日本宇宙航空研究开发机构（JAXA）联合实施的计划，由两个轨道器组合而成，将围绕这颗距离太阳最近的行星运行。

　　欧空局负责的轨道器叫作"水星行星轨道器"（MPO），它将调查水星的物质组成；而日本负责的轨道器叫作"水星磁层轨道器"（MMO），它将聚焦对水星磁场的调查，尤其关注该磁场与太阳活动之间的互动关系。

　　水星磁场很弱，其强度仅相当于地球磁场强度的 1% 左右。但它却完全暴露于太阳活动的"轰炸"之中，因此水星可以被作为一个极端环境的案例与地球的情况进行对比。

　　但与此同时，水星竟然能够拥有磁场这件事本身就让人感到惊奇。因为水星质量仅相当于地球的 5.5% 左右，对于这样的一个小星球而言，其内部的铁核按道理早就应该冷却并凝固了。人们认为目前火星就属于这样的情况，而火星的质量还要比水星更大。但是在水星上，这种情况似乎并没有发生，其背后的原因迄今都是一个谜团。

　　通过对水星的物质组成和磁场情况开展探测，MPO 和 MMO 将回答一些重要的问题，而如果我们想要推断类似 TRAPPIST-1 系统这类距离恒星很近的行星上的宜居环境，这些问题的答案就非常关键。

不过，话虽如此，我们还需要耐心等待一段时间，因为"贝皮－哥伦布"探测器需要 7 年时间才能抵达水星。之所以要花这么长时间，不是因为水星有多远，而是因为探测器需要设法让自己"刹车"。当探测器朝向太阳飞行时，它会感受到来自太阳愈发强烈的引力作用，这将导致探测器逐渐加速。因此，为了确保两颗轨道器届时能够安全进入环绕水星运行的轨道，"贝皮－哥伦布"探测器必须首先进行减速，之后才能释放两颗轨道器。在去往水星的途中，探测器将先后 8 次从几颗不同的行星近旁飞过，从而借助行星的引力场调整自身的飞行轨迹并实现减速。加到一起，它将飞掠地球 1 次，金星 2 次，水星 6 次，[1] 直到 2025 年时最终进入水星轨道。

当然，要想了解 TRAPPIST-1 系统行星上的环境究竟如何，最好的办法之一就是设法弄清其大气成分。包裹这些岩石行星的大气是这些行星上地质、化学，甚至生物作用的共同产物（参见本书第十七章）。但是我们要如何才能得知那些围绕另一颗恒星运行的小小行星世界的大气成分？

人们采用的主要手段之一是透过不同光学波段去观察行星凌星现象。当行星从恒星前方经过时，会有一小部分恒星的光线穿过行星大气层，最终抵达地球并被我们观察到。行星大气中不同种类的分子会吸收不同波长的光线，造成的结果就是，当透过这种波长的光线进行观测时，行星大气将变得不透明。对于地球上的观测者而言，当采用被行星大气阻挡的波长进行观测时，行星会显得稍大一些，而相比之下，当采用能够透过行星大气的波段进行观测时，行星就会显得稍小一些。此时，只需要记录下哪些波长的光线能够穿过这颗行星的大气层而哪些波长的光线不能，我们便可以判断出

---

1. 原文如此，上文中提到 8 次，此处提到 9 次。——译注

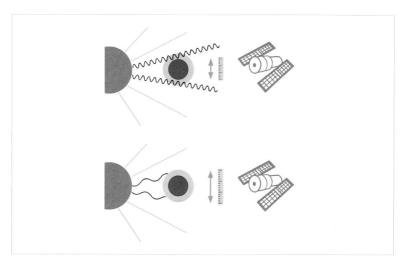

图 26: 透射光谱: 当来自恒星的光线穿过前方一颗行星的大气层时, 其中特定波长的光会被这颗行星大气中的分子所吸收。这就导致使用不同波长的光线进行测量时, 行星大小会出现变化, 这种变化取决于行星大气分子是否会吸收该波长的光线。根据这一原理, 我们可以反推出行星大气中存在哪些种类的分子。

这颗行星大气中存在哪些气体分子。这种方法被称作"透射光谱"（transmission spectroscope）。

　　哈勃空间望远镜已经尝试使用这种技术对 TRAPPIST-1 系统内的行星世界开展观测, 但非常遗憾的是最终未能识别出任何一种气体[1]。这一结果可能暗示那里存在一个更加"类地"的大气层, 其中会以质量较大的气体成分为主。如果是轻质元素, 比如氢占据主导地位, 那么往往会产生一个体积较大的, "蓬松"的大气层, 如此

---

1. 想想看, 当哈勃空间望远镜发射时, 人们还没有发现任何一颗系外行星。能够使用在那样一个年代设计和建造的望远镜, 开展这样一项研究尝试, 真的是一件让人感觉很神奇的事情!

将更便于我们识别出其大气成分。假如 TRAPPIST-1 系统内行星的大气层能够被哈勃望远镜观测到，那么则暗示其可能拥有一个类似海王星的大气层，可能是行星在发生迁移之前逐渐积累而形成的。这样一个世界即便在温和带也可能并不具备宜居条件，因为氢气是一种良好的温室气体，很容易推高行星的地表温度。而如果要想真的对"类地"型大气层开展探测，恐怕还要等待下一代望远镜的登场。

下一代望远镜设备中，首先就是詹姆斯·韦布空间望远镜（JWST），这是一台由 NASA 主导研制的新型空间望远镜，目前计划在 2021 年发射升空。但即便有了这样强大的观测设备，要想探测 TRAPPIST-1 系统那些小小行星周围的大气层细节，仍将是一项艰巨的挑战。但即便如此，不管是 NASA 的詹姆斯·韦布望远镜，还是欧洲空间局计划于 2028 年前后发射，专门用于开展系外行星大气层探测的"ARIEL"探测器，都标志着一个崭新探索时代的开启，我们将揭开这些行星世界的真实面纱。

当我们展望未来的新一代设备时，我们也要对那些"老一辈"观测设备说一声再见。2018 年 10 月 30 日，NASA 宣布专门用于系外行星搜寻的开普勒空间望远镜使命结束。在 9 年半的时间里，开普勒空间望远镜对超过 50 万颗恒星进行了观测，从中发现了超过 2700 颗系外行星，另有差不多相同数量的系外行星候选信号尚需确认（参见本书第十四章）。

开普勒望远镜的成果无疑是丰硕的，但行星搜寻者们却大可不必因为它的退役而感到难过。2018 年 4 月 18 日，NASA 发射了一台新型设备，用于搜寻天空中更多的新世界。这就是"凌星系外行星搜寻卫星"（TESS），该项目的目标是搜寻距离地球 300 光年范围内的系外行星。它将聚焦那些围绕红矮星运行的短周期系外行星，这些行星在被发现以后，后续将成为利用视向速度法进行更深入观测的主要目标，如此便可以同时获取这些行星的质量和半径数据，同时利用 JWST 以及 ARIEL 等新一代设备，开展后续的大气层观测。这是一台用于对我们的"后院"进行调查的设备。

在结束本书撰稿之前，还有一项发现我想提一下。这是一次疑似系外卫星的发现，并且正如我们之前所遇到的所有案例一样，这一发现同样有些诡异。

"使用开普勒望远镜搜寻系外卫星"（HEK）计划利用开普勒空间望远镜开展针对系外行星凌星现象的观测，并从中搜寻这些系外行星周围可能存在卫星的线索。HEK 项目的做法是观察系外行星凌星时产生的恒星亮度下降，从中搜寻有无规模更小的额外亮度下降信号；另外，他们也会观察由于卫星引力摄动导致行星公转周期长短发生的细微改变，也就是所谓"凌星时变"（TTV）现象。

我们在本书第十六章曾经提到过 HEK 项目，请注意，考虑到开普勒望远镜的分辨率水平，只有质量最大的系外卫星才有可能被发现——必须远大于我们太阳系中的任何一颗卫星。这是一项艰巨的任务，但它可能曾经成功过。

2017 年，一篇论文报告，有一颗系外行星在发生凌星现象时，其亮度信号似乎存在异常。这篇论文的作者是大卫·基平，他是 HEK 项目负责人，另外还有他的学生阿列克斯·蒂奇（Alex Teachey）以及一位公民科学家阿兰·施密特（Allan Schmitt）。一年之后，蒂奇和基平又报告了利用哈勃空间望远镜对这颗行星另外一次凌星事件的观测结果。观测显示这颗行星发生凌星的时间比预测早了大约 77.8 分钟，另外在行星从恒星前方经过以后，又观察到一次额外的亮度下降信号。这是迄今观测到的，关于系外卫星可能存在的最强烈证据。

他们观测的目标是 Kepler-1625b，这是一颗类木星行星，到恒星的距离和日地距离相当。这样的轨道距离意味着如果它拥有与地球相似的卫星，那么它将会运行在温和带范围内——现实版的恩多星球。然而观测得到的线索却与地球的情况完全对不上。如果这颗卫星的确存在，那么它的半径将达到地球的 4 倍，这也就意味着它是一颗与海王星类似的星球。为何会是这种情况？要想说清楚确实有些难度。

我们太阳系中的卫星形成主要有三种机制：（1）剧烈撞击产生的碎屑溅射物聚合，比如我们的月球便是这种成因；（2）在围绕行星分布的物质盘中产生，比如大部分气态巨行星周围的卫星；（3）捕获，比如海王星最大的卫星海卫一（见本书第十六章）。但以上这些成因理论都没有办法解释上面提到的那种现象：一颗海王星大小的星球，为何会围绕一颗木星大小的星球运行？

撞击成因非常不可能，因为不太可能撞击溅射出如此巨量的物质来产生这么大的一个卫星；而同样因为这颗卫星太过于巨大，很难想象它能够在围绕一颗年轻行星周围的物质盘中诞生；捕获说倒是有可能，但也非常困难。海卫一的捕获模型指出海卫一必须曾经是一个"双星体"系统中的成员，这就意味着在此之前这里必须存在两个这么大的星球，而这种情况我们目前还从未观察到过。以上情况表明，我们可能需要引入一种全新的卫星形成机制来解释这一发现。这种想法令人兴奋，但与此同时我们仍要时刻保持小心谨慎的态度。

在 2018 年 10 月 1 日举行的一场新闻发布会上，阿列克斯·蒂奇表示："很显然，第一颗系外卫星的发现事关重大，"他说："现在还不是开香槟庆祝的时候。"他的这番话正好应了当年卡尔·萨根的那句至理名言："非同凡响的发现，需要非同凡响的证明"[1]。

正如我们在本书第五章中提到的热木星的发现一样，这颗系外卫星的发现可能意味着我们需要对现有的行星形成理论进行重大的重构。而只有在未来再次观测到类似的案例，我们才会对此有更加深刻的认识。而所有的一切，也将再一次被彻底改写。

---

1. 萨根的那句经典原话是："Extraordinary claims require extraordinary evidence."

术语表
Glossary

天文单位（astronomical units,AU）：一种常用于行星系统内的距离度量单位，1 天文单位就是地球和太阳之间的平均距离，数值上大约为 150 000 000 公里，也就是 0.000 016 光年。

双星（binary stars）：两颗恒星围绕它们的共同质心转动所构成的系统。

碳 - 硅酸盐循环（carbon-silicate cycle）：地球上一种能够调节大气中二氧化碳水平的地质过程。由于二氧化碳是一种温室气体，能够束缚热量，因此这一机制构成了我们这颗行星的热调节器。

质心（centre of mass）：天体系统的质量平衡点，如恒星、行星、卫星等天体之间，这是它们之间引力互相抵消的点。

偏心率（eccentricity）：行星轨道有多么"扁长"的度量参数。当偏心率为 0 时，轨道将呈现为一个正圆。

系外卫星（exomoon）：围绕系外行星运行的卫星。

系外行星（exoplanet）：围绕除了太阳之外其他恒星运行的行星。

气态巨行星（gas giant planet）：类似木星、土星、天王星以及海王星这样拥有固态内核，外部由一层数千公里厚的浓密大气层包裹的行星。

温室效应（greenhouse effect）：行星大气中的某些气体成分吸收并反射红外辐射，导致行星升温的现象。

希尔半径（Hill radius）：是指行星（或者其他天体）周围存在的一个球形区域，在这一区域内该天体的引力相比中央恒星占据主导地位。位于这一区域内的小天体（如原始星子）将会被行星体吸引并被拉向行星。

热木星（hot Jupiter）：近距离围绕恒星运行的气态巨行星。

冰线(ice line)：在距离恒星足够遥远的距离上，由于温度足够低，致使原行星盘中开始有冰物质出现。有时候也会称作"雪线"或者"霜线"。

轨道倾角（inclination Angle）：行星公转轨道平面与同一系统内其他行星运行轨道平面的夹角（或者也可以理解为与恒星自转轴垂直的平面）。

隔离质量（isolation mass）：一颗成长中的行星，在吞噬了其运行轨道周围所有星子之后所达到的质量值。

开普勒空间望远镜（Kepler Space Telescope）：美国宇航局发射的空间望远镜，使用凌星法搜寻系外行星。

古在 - 里多夫机制（Kozai-Lidov Mechanism）：近邻天体（如双星系统内的另一颗成员恒星，或者近旁的另一颗行星）对某颗行星轨道的偏心率或倾角产生影响的能力。

光年（light year）： 光在真空中一年传播的距离，大约相当于 63 240 天文单位，或者 9.5 万亿公里。

迁移（migration）：行星轨道的变化，通常是朝着恒星方向运动。I 型与 II 型迁移指的是在原行星盘中，由于气体拖拽作用而导致的行星轨道变化；星子驱动迁移（Planetesimal-driven migration）指的是小型星子不断被弹射出去，导致行星的轨道发生改变。

星子（planetesimals）： 在行星诞生初期阶段存在的小行星大小的岩石，直径一般在数公里至数百公里。

原行星盘（protoplanetary disc）： 围绕新生恒星周围存在的，主要由尘埃与气体物质组成的盘状结构，行星正是形成于其中。

视向速度法（radial velocity technique）： 通过观测恒星发生的轻微晃动来搜寻系外行星的技术。这一技术能够得到行星的轨道周期（也因此可以计算得到其与恒星的距离），以及对其质量的最小估算值。

红矮星（red dwarf）： 质量比太阳更小，温度也更低的恒星，有时候也被称作 M 型矮星。

共振轨道（resonant orbits）：相邻两颗行星的公转轨道周期（即围绕恒星运行一圈的时间）刚好是整数比例关系；比如说，当其中一颗行星围绕恒星公转两圈时，另一颗行星刚好完成一圈公转，这两颗行星就处于共振轨道；这样的轨道周期关系非常稳定，很难被打破。

流浪行星（rogue planet）： 不围绕任何行星运行的行星。

超级地球（super Earth）： 半径数值相当于地球半径 1.25~4 倍的系外行星，这类行星可能是岩石质地的，也有可能是像海王星那样拥有浓密大气层的。

斯皮策空间望远镜（Spitzer Space Telescope）：美国宇航局发射的一台空间望远镜，主要运行在红外波段。

温和带（temperate zone）：恒星周围的一个区域，在该区域内，行星的地表温度和地球相似，因此可以允许液态水体在其地表存在，更多时候被称作"宜居带"（habitable zone）或者"金发姑娘带"。

类地行星（terrestrial planet）：类似水星、金星、地球和火星这样，主要由岩石物质构成，拥有稀薄大气层的行星。

潮汐加热（tidal heating）：运行在偏心轨道上的行星，由于恒星或者行星对其施加的引力强度不断变化，导致其形状被拉伸或挤压，从而产生热量的现象。

潮汐锁定（tidal locking）：行星或卫星在公转时，总是以同一面朝向其绕转的天体（恒星或行星）的现象。

凌星法（transit technique）：利用系外行星从恒星前方经过时遮挡恒星光芒，从而导致恒星亮度出现轻微下降的现象来进行系外行星探测的一种技术。通过这种技术可以判断系外行星的轨道周期以及半径数值。

凌星时变（transit timing variations，TTV）：系外行星连续两次发生凌星现象间隔的时间差异现象，这种现象可能是由于近邻的其他行星或者可能存在的卫星的引力干扰所导致的。通过这一现象，我们可以推算出那些隐藏行星的质量。

拓展阅读
Extended reading

　　本书对于行星领域的了解建立在许许多多的研究论文的基础之上，而如果要将这些相关论文全部罗列出来，篇幅恐怕会和这本书一样厚。为了避免这种情况，我尝试将与一些核心概念有关的核心原创文献在此罗列，供读者参考。

引言：盲目的行星搜寻者

首次在一颗类太阳恒星周围发现行星，相关论文：51 Pegasi b: M. Mayor & D. Queloz 1995. A Jupiter-mass companion to a solar-type star. *Nature* 378:355–359.

首次通过凌星方法发现的系外行星 HD 209458，与这一发现有关的有两篇论文，均发表在 2000 年 1 月刊的同一期杂志上，但实际出版时间是在 1999 年 12 月，具体如下：1）D. Charbonneau et al. 2000. Detection of planetary transits across a Sun-like star. *The Astrophysical Journal Letters* 529:L45–48；2）G. Henry et al. 2000. A transiting "51 Peg-like" planet. *The Astrophysical Journal Letters* 529:L41–44.

第二章：创纪录的组装工程

关于如何从尘埃开始一直到星子构建一颗行星，相关研究进展的综述文献：

A. Johansen et al. 2014. The multifaceted planetesimal formation process. In *Protostars and Planets* VI (University of Arizona Press, Tuscon, USA, 2014). 这篇综述要配合有关原恒星与行星的相关会议演讲一起学习，有关演讲内容可以在线免费观看，地址在 mpia。

第四章：空气和海洋

弗雷德·惠普尔对于奥皮克工作的评述：F. Whipple 1972. Ernst Öpik's research on comets. *Irish Astronomical Journal Supplement* 10:71–76.

第五章：不可能的行星

关于系外行星的最新发现，西恩·雷蒙德（Sean Raymond）有一个非常棒的个人博客，推荐阅读。关于木星"大转向"模型提出的相关论文：K. Walsh 2011. A low mass for Mars from Jupiter's early gas-driven migration. *Nature* 475:206 - 209.

关于尼斯模型：R. Gomes et al. 2005. Origin of the cataclysmic Late Heavy Bombardment period of terrestrial planets. *Nature* 435:466 - 469.

尼斯模型 II：H. Levison et al. 2011. Late orbital instabilities in the outer planets induced by interaction with a self- gravitating planetesimal disk. *The Astronomical Journal* 142:152 - 162.

密度和聚苯乙烯相当的行星 WASP-17b：D. Anderson et al. 2010. WASP-17b: An ultra-low density planet in a probable retrograde orbit. *The Astrophysical Journal* 709:159 - 167. 这项发现在 Wired 网站上做了报道（还引用了考尔·海利亚的话），标题是：2009: Aack, no breaks! Giant new exoplanet goes the wrong way.

第六章：我们不正常

对于 Kepler-93b 质量的精确测定：C. Dressing et al. 2015. The Mass of Kepler-93b and the composition of terrestrial planets. *The Astrophysical Journal* 800:135 - 141.

通过 TTV 方法针对 Kepler-138d（当时还叫 KOI-314c）质量的测定：D. Kipping et al. 2014. The hunt for exomoons with Kepler (HEK): IV. A search for moons around eight M dwarfs. *The Astrophysical Journal* 784:28 - 41. 查询以下网址，可以看到当时哈佛 - 史密松天体物理中心发布的媒体新闻稿（其中也引述了基平的

话），标题：Newfound planet is Earth-mass but gassy.

提出半径数值超过 1.5 倍地球半径，通常情况下应该是迷你海王星，而不是岩石星球的经验结论：L. Rogers 2015. Most 1.6 Earth-radius planets are not rocky. *The Astrophysical Journal* 801:41 – 53.

关于超级地球是否脱胎于一类不同形状的原行星盘的讨论：1）1. H. Schlichting 2014. Formation of close in super Earths and mini-Neptunes: required disk masses and their implications. *The Astrophysical Journal Letters* 795:L15 – 19; 2）S. Raymond & C. Cossou 2014. No universal minimum-mass extrasolar nebula: evidence against in situ accretion of systems of hot super Earths. *Monthly Notices of the Royal Astronomical Society: Letters* 440:L11 – 15.

热木星的大气流失导致迷你海王星的形成：F. Valsecchi, F. Rasio & J. Steffen 2014. From hot Jupiters to super Earths via Roche lobe overflow. *The Astrophysical Journal Letters* 793:L3 – 8.

热木星的清扫作用导致物质聚集，从而产生超级地球：S. Raymond, A. Mandell & S. Sigurdsson 2006. Exotic Earths: forming habitable worlds with giant planet migration. *Science* 313:1413 – 1416.

NASA 新闻稿中关于 Kepler-11 周围 6 颗行星的发现，其中引述了杰克·利绍尔那句表达他惊叹的话 "NASA's Kepler Spacecraft discovers extraordinary new planetary system"。另外许多媒体都对此事进行了报道，比如英国《卫报》（*Guardian*），其标题是：NASA scientists discover planetary system.

在死亡地带边缘超级地球的形成：S. Chatterjee & J. Tan 2014.

Inside-out planet formation. *The Astrophysical Journal* 780:53 – 64.

关于行星迁移为何会发生方向改变的计算机模型：C. Cossou et al. 2014. Hot super Earths and giant planet cores from different migration histories. *Astronomy & Astrophysics* 569:A56 – 71.

第七章：水、钻石还是岩浆？不为人知的行星菜谱

关于在富碳恒星周围星子形成机制的探讨，可以参考这篇由特伦斯·约翰逊以及乔纳森·鲁尼恩撰写的论文：T. Johnson et al. 2012. Planetesimal compositions in exoplanet systems. *The Astrophysical Journal* 757:192 – 202. 约翰逊的那句"在雪线之外竟然没有雪。"的调侃，以及鲁尼恩对于富碳世界的观点，都可以在美国宇航局喷气推进实验室（JPL）在 2013 年发布的这篇新闻稿中找到，标题是：Carbon Worlds May be Waterless, Finds NASA Study.

关于不同成分条件下岩石行星地质情况发生的可能变化：1）C. Unterborn et al. 2014. The role of carbon in extrasolar planetary geodynamics and habitability. *The Astrophysical Journal* 793:124 – 123；2）J. Bond, D. O'Brien & D. Lauretta 2010. The compositional diversity of extrasolar terrestrial planets. I. In situ simulations. *The Astrophysical Journal* 715:1050 – 1070.

对巨蟹座 55 的碳丰度测定：J. Teske et al. 2013. Carbon and oxygen abundances in cool metal-rich exoplanet hosts: A case study of the C/O ratio of 55 Cancri. *The Astrophysical Journal* 778:132 – 140.

碳／氧比值超过 0.65 的原行星盘中可能可以产生富碳的行星

世界：J. Moriarty, N. Madhusudhan & D. Fischer 2014. Chemistry in an evolving protoplanetary disc: Effects on terrestrial planet composition. *The Astrophysical Journal* 787:81–90.

巨蟹座 55e 是否可能是一个碳行星：N. Madhusudhan, K. Lee & O. Mousis 2012. A possible carbon-rich interior in super Earth 55 Cancri e. *The Astrophysical Journal Letters* 759:L40–44.

剑桥大学在 2015 年发布的，关于巨蟹座 55e 的相关新闻稿（其中引用了尼库·玛胡苏汗的话），标题是：Astronomers find first evidence of changing conditions on a super Earth.

可能富镁的系外行星鲸鱼座 τ 的地质学研究：M. Pagano et al. 2015. The chemical composition of t Ceti and possible effects on terrestrial planets. *The Astrophysical Journal* 803:90–95.

巨蟹座 55e 上的温度变化：1）B.-O. Demory et al. 2016. Variability in the super Earth 55 Cnc e. Monthly Notices of the Royal Astronomical Society 455:2018–2027；2）B.-O. Demory et al. 2016. A map of the large day-night temperature gradient of a super Earth exoplanet. *Nature* 532:207–209.

对于系外行星 CoRoT-7b 的大气研究：L. Schaefer & B. Fegley 2009. Chemistry of silicate atmosphere of evaporating super Earths. *The Astrophysical Journal Letters* 703:L113–117. 可以配合这篇由华盛顿大学圣路易斯分校在 2009 年发布的文章一同阅读，其中还引用了菲格雷的话，文章的标题是：Forecast for discovered exoplanet: clouds with a chance of pebbles.

Gliese 436b 的富氦大气：R. Hu, S. Seager & Y. Yung 2015. Helium atmosphere on warm Neptune- and sub-Neptune-sized exoplanets and applications to GJ 436b. *The Astrophysical Journal*

807:8 – 21. 可以配合这篇 JPL 在 2015 年发布的新闻稿一起阅读（其中还引用了赛格尔的话）：Helium-shrouded planets may be common in our Galaxy.

第八章：死亡恒星周围的世界

关于脉冲星周围发现行星的故事，肯·克劳斯维尔（Ken Croswell）在他的书《搜寻行星：另一个太阳系的历史性发现》（*Planet Quest: the Epic Discovery of Alien Solar Systems*）（Free Press, New York, USA, 1997）中有很好的叙述；而关于脉冲星本身的生动描述，推荐读一读杰奥夫·迈克纳马拉（Geoff McNamara）的书《天空中的钟表：脉冲星的故事》（*Clocks in the Sky: the Story of Pulsars*）(Praxis Publishing Ltd, Chichester, UK, 2008).

关于第一颗毫秒脉冲星发现的论文：D. Backer et al. 1982. A millisecond pulsar. *Nature* 300:615 – 618；关于沃尔兹森与法瑞尔的发现，宾州新闻网在 1997 年有过一篇文章对此进行了报道，作者是查尔斯·杜博依斯（Charles DuBois），可以在线阅读，标题是：Planets from the Very Start.

亚历山大·沃尔兹森关于脉冲星周围行星发现的第一手记录，请参阅他的论文：A. Wolszczan 2012. Discovery of pulsar planets. *New Astronomy Reviews* 56:2 – 8.

关于"黑寡妇脉冲星"PSR J1311-3430 的闪烁脉冲信号：H. Pletsch et al. 2012. Binary millisecond pulsar discovery via Gamma-ray pulsations. *Science* 338:1314 – 1317.

围绕脉冲星 PSR J1719-1438 运行，可能已经变成钻石世界的那颗恒星的故事：M. Bailes et al. 2011. Transformation of a star into a planet in a millisecond pulsar binary. *Science* 333:1717 –

1720.

第九章：双日世界

沃克关于他与发现仙王座 γ 周围行星的机会失之交臂的第一手资料：G. Walker 2012. The first high-precision radial velocity search for extra-solar planets. *New Astronomy Reviews* 56:9 – 15.

仙王座 γ 周围的行星被最终确认的消息，见：A. Hatzes et al. 2003. A planetary companion to γ Cephei A. *The Astrophysical Journal* 599:1383 – 1394.

在“金牛 – 御夫复合体”中开展年轻恒星周围吸积盘情况进行的普查观测：R. Harris et al. 2012. A resolved census of millimeter emission from Taurus multiple star systems. *The Astrophysical Journal* 751:115 – 134.

两颗成员星之间不同间距情况下，对系统内行星的影响进行的讨论：J. Wang et al. 2014. Influence of stellar multiplicity on planet formation. II. Planets are less common in multiple-star systems with separations smaller than 1500au. *The Astrophysical Journal* 791:111 – 126.

关于双星系统内恒星如何影响行星形成过程的研究评述：Thébault & Haghighipour 2014. Planet formation in binaries. In *Planetary Exploration and Science:Recent Advances and Applications* (Springer Geophysics, Heidelberg, Germany, 2015).

关于仙王座 γ 周围的原行星盘内是否拥有足够的质量来形成一颗气态巨行星的模型研究：H. Jang- Condell, M. Mugrauer & T. Schmidt 2008. Disk truncation and planet formation in g Cephei. *The Astrophysical Journal Letters* 683:L191 – 194.

半人马座 αB 周围探测到行星：X. Dumusque et al. 2012. An Earth-mass planet orbiting a Centauri B. *Nature* 491:207 - 211.

对数据的进一步分析对上述研究提出了质疑：A. Hatzes 2013. The radial velocity detection of Earth-mass planets in the presence of activity noise: The case of a Centauri Bb. *The Astrophysical Journal* 770:133 - 148.

塔图因世界（Kepler-16b）的发现：L. Doyle et al. 2011. Kepler-16: A transiting circumbinary planet. *Science* 333:1602 - 1606.

一颗脉冲星，一颗白矮星以及一颗气态巨行星如何能够共存并组成一个系统（PSR 1620-26）？ 相关理论在该系统被观测到大约 10 年之后首次提出：S. Sigurdsson et al. 2003. A young white dwarf companion to pulsar B1620-26: Evidence for early planet formation. *Science* 301:193 - 196.

双星系统内两颗成员恒星之间存在相互掩食现象（如巨蛇座 NN），如果观测到其掩食过程存在变化，是否意味着其周围存在行星？ 关于这个问题的讨论参见这里：J. Horner et al. 2012. A detailed investigation of the proposed NN Serpentis planetary system. *Monthly Notices of the Royal Astronomical Society* 425:749 - 756.

存在于一个三恒星系统内的行星（HD 131399Ab）：K. Wagner et al. 2016. Direct imaging discovery of a Jovian exoplanet within a triple-star system. *Science* 353:673 - 678.

关于这颗行星，菲尔·普莱特 2016 年时在 *Slate* 上有过一篇文章介绍，标题是：An alien planet orbits in a triple-star system... and we have photos.

第十章：行星犯罪现场

迈克·布朗的博客是了解外太阳系研究进展的好地方：mikebrownsplanets.

关于矮行星塞德娜的发现：M. Brown, C. Trujillo & D. Rabinowitz 2004. Discovery of a candidate Inner Oort Cloud planetoid. *The Astrophysical Journal* 671:645–649.

海王星的早期轨道改变可能造成了遥远矮行星被弹射出去：R. Dawson & R. Murray-Clay 2012. Neptune's wild days: Constraints from the eccentricity distribution of the classical Kuiper Belt *The Astrophysical Journal* 750:43–71.

利用脉冲星信号测定太阳系的质量中心：N. Zakamska & S. Tremain 2005. Constraints on the acceleration of the solar system from high-precision timing. *The Astrophysical Journal* 130:1939–1950.

大质量高偏心率行星可以在气体盘作用下被拖拽进入圆轨道运行：B. Bromley & S. Kenyon 2014, The fate of scattered planets. *The Astrophysical Journal* 796:141–149.

拥有"银河系中最狂暴的飓风"的系外行星 HD 80606b：G. Laughlin et al. 2009. Rapid heating of the atmosphere of an extrasolar planet. *Nature* 457:562–564. 与之相关的 NASA 新闻稿（其中还引用了劳林的话），标题为：Spitzer watches wild weather on a star-skimming planet.

以仙女座 υ A 周围一颗行星被弹射出去的理论，来解释该系统内另外两颗行星所表现出来的受到强烈扰动的轨道特征：E. Ford, V. Lystad & F. Rasio 2005. Planet–planet scattering in the υ Andromedae system. *Nature* 434:873–876.

较小的行星轨道偏心率较小：V. Van Eylen & S. Albrecht 2015. *The Astrophysical Journal* 808:126‒145.

第十一章：流浪行星

西恩·雷蒙德在《万古》（*Aeon*）杂志上写过一篇极好的文章：Life in the dark.

太阳系内曾经存在过其他的气态巨行星吗？ D. Nesvorny & A. Morbidelli 2012. Statistical study of the early Solar System's instability with four, five and six giant planets. *The Astronomical Journal* 144:117‒136.

一颗极其遥远的行星 HD 106906b，以及它周围碎屑盘的发现：V. Bailey et al. 2014. HD 106906 b:A planetary-mass companion outside a massive debris disk. *The Astrophysical Journal Letters* 740:L4‒9.

后续观测发现这个碎屑盘中存在不对称结构的相关情况：P. Kalas et al. 2015. Direct imaging of an asymmetric debris disk in the HD 106906 planetary system. *The Astrophysical Journal* 814:32‒43.

对于小型高密度云团的观测，这些云团最终可能塌缩形成行星大小的天体 [这也是所谓"小球状体"（globulettes）一词的由来]：G. Gahm et al. 2013. Mass and motion of globulettes in the Rosette Nebula. *Astronomy & Astrophysics* 555:A57‒73.

关于流浪地球能够保存其热量的潜力，已经在多项研究中加以讨论，包括：1) D. Stevenson 1999. Life-sustaining planets in interstellar space? *Nature* 400:32; 2) G. Laughlin & F.Adams 2000. The frozen Earth: binary scattering events and the fate of the Solar

System. *Icarus* 145:614 – 627; 3) D.Abbot & E. Switzer 2011.The steppenwolf: a proposal for a habitable planet in interstellar space. *The Astrophysical Journal Letters* 735:L27 – 30; 4) J. Debes & S. Sigurdsson 2007. The survival rate of ejected terrestrial planets with moons. *The Astrophysical Journal Letters* 668:L167 – 170.

第十二章：宜居带定义

温和带的边界（也被称作宜居带或者金发姑娘带）：J. Kasting, D. Whitmire & R. Reynolds 1993. Habitable zones around main sequence stars. *Icarus* 101:108 – 128.

金星区域（The Venus Zone）：S. Kane, R. Kopparapu & S. Domagal-Goldman 2014. On the frequency of potential Venus analogs from Kepler data. *The Astrophysical Journal Letters* 794:L5 – 9.

第十三章：寻找另一个地球

首个采用凌星法发现，且运行在温和带内的系外行星 Kepler-22b：W. Borucki et al. 2012. Kepler-22b: A 2.4 Earth-radius planet in the habitable zone of a Sun-like star. *The Astrophysical Journal* 745:120 – 135.

NASA 在 2011 年配发的新闻稿（其中还引用了博鲁基的话）：NASA's Kepler mission confirms its first planet in the habitable zone of a Sun-like star.

Gliese-581c 的发现（当时宣传说是"迄今最像地球的系外行星"）：S. Udry et al. 2007. The HARPS search for southern extra-solar planets XI. Super Earths (5 and 8 $M_\oplus$) in a 3-planet system. *Astronomy & Astrophysics Letters* 469:L43‒L47.

对 Gliese 581d 和 g 两颗行星存在真实性的质疑：P. Robertson et al. 2014. Stellar activity masquerading as planets in the habitable zone of the M dwarf Gliese 581. *Science* 345:440‒444.

地球大小的系外行星 Kepler-186f：E. Quintana et al. 2014. An Earth-sized planet in the habitable zone of a cool star. *Science* 344:277‒280.

娜塔莉·巴塔拉关于他们尝试寻找一颗大小和轨道特征都与地球相似的系外行星的工作，可以在一部 2014 年的 NOVA 纪录片中找到：Kepler 186f‒Life after Earth.

地球大小行星出现的概率大小：1）F. Fressin et al. 2013. The false positive rate of Kepler and the occurrence of planets. *The Astrophysical Journal* 766:81‒100；2）C. Dressing & D. Charbonneau 2013. The occurrence rate of small planets around small stars. *The Astrophysical Journal* 767:95‒114.

距离地球最近的系外行星的发现：G. Anglada-Escudé et al. 2016. A terrestrial planet candidate in a temperate orbit around Proxima Centauri. *Nature* 536:437‒440.

第十四章：异星世界

哈勃空间望远镜观测系外行星 Gliese-1214b 大气层的尝试：L. Kreidberg et al. 2014. Clouds in the atmosphere of the super Earth exoplanet GJ1214b. *Nature* 505:69‒72.

水体有无可能被储存在地幔层，从而避免水世界的产生？N. Cowan & D.Abbott 2014.Water cycling between ocean and mantle:

super Earths need not be water worlds. *The Astrophysical Journal* 781:27‑33.

海洋无法调节行星温度：D. Kitzmann et al. 2015. The unstable CO2 feedback cycle on ocean planets. *Monthly Notices of the Royal Astronomical Society* 452:3752‑3758.

气态巨行星的核部有可能存在生命吗？R. Luger et al. 2015. Habitable evaporated cores: Transforming mini‑Neptunes into super Earths in the habitable zones of M dwarfs. *Astrobiology* 15:57‑88.

西恩·雷蒙德曾经为《鹦鹉螺》杂志写过一篇非常好的文章：Forget 'Earth‑Like'‑we'll first find aliens on eyeball planets.

"眼球"行星维持大气层存在的能力：M. Joshi, R. Haberle & R. Reynolds 1997. Simulations of the atmospheres of synchronously rotating terrestrial planets orbiting M dwarfs: Conditions for atmospheric collapse and the implications for habitability. *Icarus* 129:450‑465.

"眼球"行星上的气候与水体：R. Pierrehumbert 2011. A palette of climates for Gliese 581g. *The Astrophysical Journal Letters* 726:L8‑12.

大气运动可能打破潮汐锁定：J. Leconte et al. 2015. Asynchronous rotation of Earth‑mass planets in the habitable zone of lower‑mass stars. *Science* 347:632‑635.

双星系统内温和带的形状和稳定轨道：S. Kane & N. Hinkel 2013. On the habitable zones of circumbinary planetary systems. *The Astrophysical Journal* 762:7‑14.

本书图22中温和带边界的示意图是根据T. Müller & N.

Haghighipour 2014 中提及的相关网站上进行的计算绘制的。Calculating the habitable zone of multiple star systems with a new interactive website. *The Astrophysical Journal* 782:26 – 43.

在双星系统中，一颗成员恒星对围绕另一颗恒星运行的行星轨道的影响：S. Eggl et al. 2012. An analytics method to determine habitable zones for S-type planetary orbits in binary star systems. *The Astrophysical Journal* 752:74 – 84.

运行在高偏心轨道上的类地行星，其地表维持液态水存在的可能性：1）D. Williams & D. Pollard 2002. Earth-like worlds on eccentric orbits: excursions beyond the habitable zone. *International Journal of Astrobiology* 1:61 – 69；2）S. Kane & D. Gelino 2012. The habitable zone and extreme planetary orbits. *Astrobiology* 12:940 – 945.

超级宜居世界：1）勒内·海勒（René Heller）在 2015 年发表在《科学美国人》杂志上的文章：Scientific American 312:20 – 27. Better than Earth；2）R. Heller & J. Armstrong 2013. Superhabitable worlds. *Astrobiology* 14:50 – 66.

第十五章：超越宜居带

木卫二上存在板块运动的迹象：S. Kattenhorn & L. Prockter 2014. Evidence for subduction in the ice shell of Europa. *Nature Geoscience* 7:762 – 767.

第十六章：卫星工厂

外太阳系卫星以及卫星形成理论研究综述：R. Heller et al. 2014. Formation, habitability and detection of extrasolar moons.

Astrobiology 14:798‒835.

海卫一的形成——一个被破坏的双星系统：C. Agnor & D. Hamilton 2006. Neptune's capture of its moon Triton in a binary-planet gravitational encounter. *Nature* 441:192‒194.

第十七章：寻找生命

搜寻地球上的生命迹象：C. Sagan et al. 1993.A search for life on Earth from the Galileo spacecraft. *Nature* 365:715‒721. 惠更斯探测器对土卫六大气中碳 12 和碳 13 比值的测量：H. Riemann at al. 2005.The abundances of constituents of Titan's atmosphere from the GCMS instrument on the Huygens probe. *Nature* 438:779‒784.

南希·江（Nancy Kiang）2008 年发表在《科学美国人》杂志上有一篇很好的文章：298:48‒55. The colour of plants on other worlds.

最后，如果你对于文章里出现的少许等式不感到反感的话，我推荐你去读一读卡乐博·沙夫（Caleb Scharf）的书《系外行星与天体生物学》（*Extrasolar Planets and Astrobiology*）(University Science Books, Sausalito, CA, USA, 2009).

致谢

Thanks

首先，我想向所有被迫营业，听我讲一大堆行星知识的人们道个歉，你们原本可能只是在早餐的时候让我帮忙递一下烤面包片（我坚持认为烤面包片和碳行星之间的确存在相似之处！）对于你们，其实我想说的是，如果没有你们"毫无人性"的鼓励，这些其实都不会发生。所以，你们只能去怪你们自己啦！

如果没有布鲁姆斯伯里出版公司（Bloomsbury）的吉姆·马丁（Jim Martin）以及安娜·迈克戴尔米德（Anna MacDiarmid），这本书是不可能出版的。感谢你们，当我在学习怎么样才能拼凑出篇幅超过几千字的文章时，一直对我保持着耐心。

我对我的专业读者们深怀感激——勒内·海勒、迪米特里·维拉斯（Dimitri Veras）、莫得凯－马克·迈克·罗（Mordecai-Mark Mac Low）、让提·霍纳（Jonti Horner）、索拉夫·查特杰（Sourav Chatterjee）、橘省吾、卡乐博·沙夫、西恩·雷蒙德、乔安娜·特斯克（Johanna Teske）以及埃里克·福特（Eric Ford），感谢你们牺牲自己的业余时间通读我的手稿。如果没有你们的积极反馈，我可能会把这本书塞在床垫下面不敢拿出来。我尤其想感谢史蒂芬·凯恩，他从这个项目开始的第一天就一直支持我——从最开始讨论写作计划，到最后一分钟我急吼吼地请教。

我一直非常幸运，因为我成长的道路上总会遇到优秀的导师，如果没有他们，我根本就不可能写书。尽管我的拼写极度糟糕，但我中学时的英语老师帕特·哈岑格（Pat Huntzinger）仍然鼓励我，告诉我我可以写作，甚至通读了我尝试成为一位小说家的"早期作品"（人固有一死，但我相信读我那时候写的东西可能比去巨蟹座55e星上度假还要悲惨）。我的硕士论文导师格雷格·布莱恩（Greg Bryan）在过去的十年间一直持续给我鼓励，我的本科导师詹姆斯·瓦兹利（James Wadsley）也是一样。麦克马斯特大学起源研究所的拉尔夫·普德里兹（Ralph Pudritz）将我对行星的兴趣转化为无法抑制的渴求，只有在我就这个话题写完一整卷之后，这种渴求才稍稍得到满足。

我还想感谢凯利·罗伊·科穆拉（Kelly Roy Komura），他在我孕育我的"书宝宝"期间竟然创造出了一个真正的人类宝宝，但却从来不会因为我的"宝宝"不用换尿布而觉得我很容易。另外还有我所有的朋友们，他们从未怀疑过我最终会写完这本书，并以线上或者线下的各种方式给予我支持（其中有一位建议我在某场婚礼的中间给大家讲一讲行星知识——你们知道我说的是谁）。

最重要的是，我想感谢我的父母，他们是我最好的朋友。每一次，当我把自己的日子过得一团糟，感觉世界末日到来的时候，我的父亲总能帮我理出头绪；而我的母亲则为我树立了榜样：她也在撰写自己的博士论文，当我还在学校时她还做过我的第一任编辑（绝对是一个吃力不讨好的活！）。我爱你们。

图书在版编目 (CIP) 数据

寻找第二个地球：系外星球和行星工厂 / （英）伊丽莎白·塔斯克（Elizabeth Tasker）著；严晨风译 . —重庆：重庆大学出版社，2023.7

书名原文：The Planet Factory: Exoplanets and the Search for a Second Earth

ISBN 978-7-5689-3869-3

Ⅰ . ①寻… Ⅱ . ①伊… ②严… Ⅲ . ①行星 – 普及读物 Ⅳ . ① P185–49

中国国家版本馆 CIP 数据核字（2023）第 070483 号

寻找第二个地球：系外星球和行星工厂

XUNZHAO DI ER GE DIQIU: XIWAI XINGQIU HE XINGXING GONGCHANG

[英] 伊丽莎白·塔斯克　著

严晨风　译

责任编辑：李佳熙

责任校对：刘志刚

责任印制：张　策

书籍设计：何海林

重庆大学出版社出版发行

出版人：饶帮华

社址：（401331）重庆市沙坪坝区大学城西路 21 号

网址：http://www.cqup.com.cn

印刷：重庆愚人科技有限公司

开本：880mm×1230mm　1/32　印张：11.875　字数：312 千　插页：32 开 8 页
2023 年 7 月第 1 版　　2023 年 7 月第 1 次印刷
ISBN 978–7–5689–3869–3　定价：68.00 元

版贸核渝字（2019）第 106 号

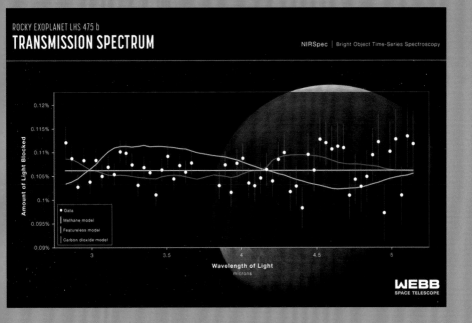

詹姆斯·韦布望远镜确认了其升空以来的首颗太阳系外行星 LHS 475b,这是一颗大小与地球近似的岩石行星,距离地球大约 41 光年,位于南极座,围绕一颗红矮星运行,公转周期仅为 2 天左右;

图为詹姆斯·韦布望远镜近红外光谱仪(NIRSpec)获取的该行星透射光谱,现有的数据显示,这颗行星要么没有大气层,要么拥有一个几乎完全由二氧化碳组成的稀薄大气。

© NASA、ESA、CSA

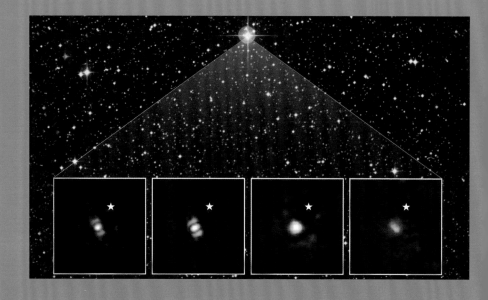

这是詹姆斯·韦布望远镜升空后拍摄的第一张系外行星直接成像照片。

图片所展示的是系外行星 HIP 65426b 在四个不同波段下的观测影像；紫色代表的是 3 微米波段，蓝色是 4.44 微米波段，黄色是 11.4 微米波段，红色则是 15.5 微米波段；图像中的行星看上去并不是一个完美的圆形，这是望远镜光学镜面的细微影响所致。

这张图像展示的是人类首次直接拍摄到的系外行星影像（画面左下角的红色星体），它正围绕一颗褐矮星2M1207（画面正中央）公转。

这也是首次在一颗褐矮星的周围发现行星。

发现系外行星最多的探测设备：开普勒望远镜，
2009 年升空，2018 年正式退役。在工作期间，
它使用凌星法，一共对超过 53 万颗恒星进行
了观察，并从中发现了 2600 多颗新的系外行星。

© NASA

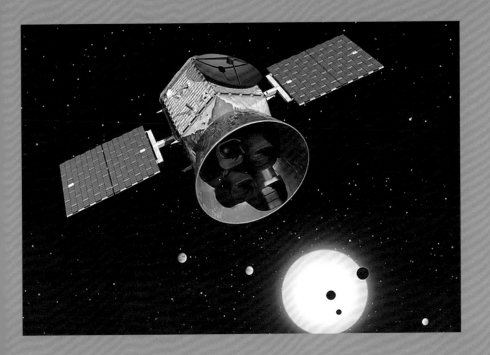

在开普勒望远镜退役之后，美国宇航局于 2018 年 4 月 18 日发射了凌日系外行星勘测卫星（Transiting Exoplanet Survey Satellite，简称 TESS），作为其继任者。

TESS 同样使用凌星法原理，但其观测区域将比它的前辈开普勒望远镜大 400 倍以上。

© NASA

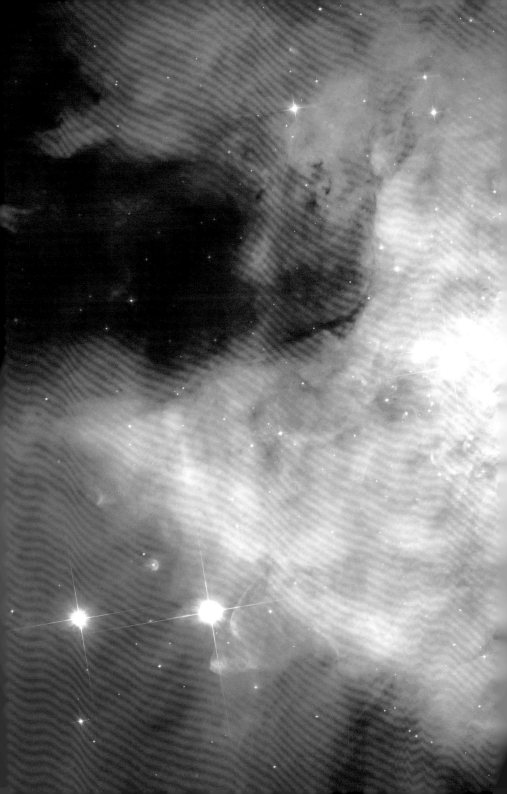

哈勃发现的逃逸恒星为多恒星系统的分裂提供了线索：

NASA 的哈勃太空望远镜通过捕获第三颗逃逸恒星，帮助天文学家找到了天体之谜的最后一块。15 世纪，当英国王室为争夺英格兰王位而发动玫瑰战争时，一群星星也在进行着自己有争议的小冲突——一场发生在遥远的猎户座星云的星球大战。这些恒星在引力角力中相互争斗，最终导致星系分裂，至少有三颗恒星被抛向不同的方向。数百年来，这些快速移动且任性的恒星一直未被注意到，直到在过去的几十年里，其中两颗恒星在红外和无线电观测中被发现，这些观测可以穿透猎户座星云厚厚的尘埃。

哈勃发现的活跃恒星形成的温床:

哈勃太空望远镜拍摄的图像显示了我们附近最活跃的星系之一——NGC 1569
的内部,这是一个距离我们大约 1100 万光年的小星系,位于鹿豹座。这个星
系目前是活跃恒星形成的温床。NGC 1569 是一个星暴星系,顾名思义,这意
味着它在接缝处爆发了恒星,目前产生恒星的速度远远高于在大多数其他星系
中观察到的速度。近 1 亿年以来,NGC 1569 产生恒星的速度比银河系快 100
多倍!这张图片中可以看到三个超级星团——两个明亮星团中的一个实际上是
两个大质量星团的叠加。这些明亮的蓝色星团每个都包含超过 100 万颗恒星,
它们位于由多颗超新星雕刻出来的巨大气体腔中。

一颗死星的诡异光芒：

在这张 NASA 哈勃太空望远镜拍摄的蟹状星云照片中，一颗很久以前爆炸的超新星发出了怪异的光芒。但是不要被骗了，这个看起来很恐怖的物体还有"脉搏"。在它的中心是这颗恒星的"泄密心脏"，还在有节奏地跳动着。这颗"心脏"是一颗死亡已久的中子星被压碎的核心，这颗中子星以超新星的形式爆炸，它心跳的证据是快速旋转的中子星发出的像灯塔一样的能量脉冲。

哈勃观测到一颗恒星正在"膨胀"成巨大的气泡：

气泡星云横跨 7 光年，大约是太阳到其最近的恒星邻居半人马座阿尔法星的 1.5 倍，位于仙后座，距离地球 7100 光年。形成这个星云的沸腾恒星的质量是太阳的 45 倍。恒星上的气体变得如此之热，以至于以超过每小时 400 万英里的速度作为"恒星风"逃逸到太空。这种外流席卷了它前面的寒冷星际气体，形成了气泡的外缘，就像扫雪机在向前移动时在它前面堆积雪一样。当气泡外壳的表面向外膨胀时，它猛烈地撞击到气泡一侧的冷气体密集区域。这种不对称使得这颗恒星明显偏离气泡的中心。图中的蓝色代表氧气，绿色代表氢气，红色代表氮气。

© NASA

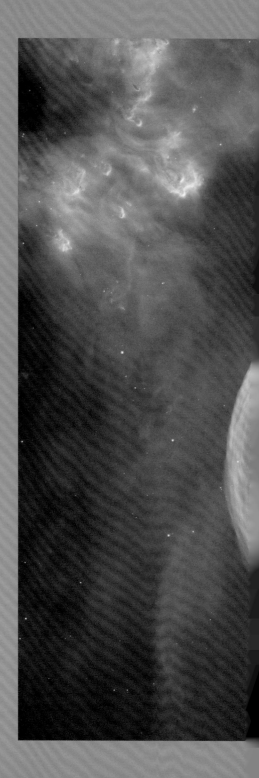

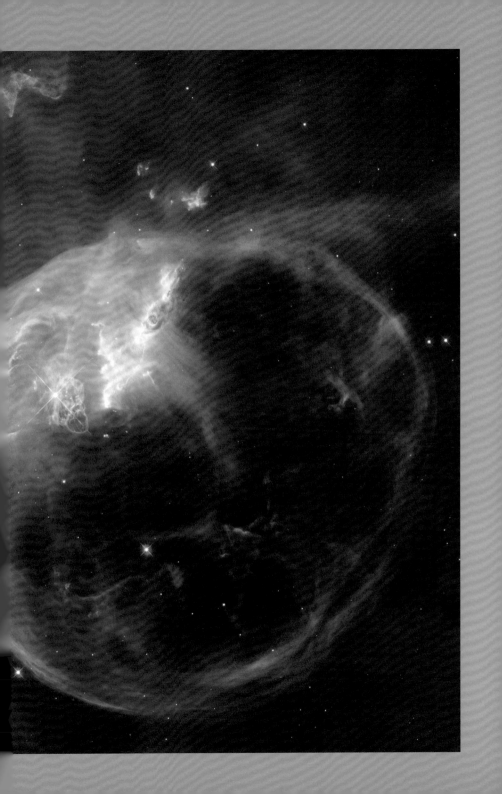

新生恒星"原力觉醒":

这把"天剑"并不在遥远的星系中,而是在我们的银河系中。它位于 1350 光年外被称为猎户座 B 分子云团的新恒星的湍流诞生地内。在图像的中心,部分被黑暗如绝地武士般的尘埃遮蔽,新生的恒星向太空发射了双喷流,这是对宇宙的一种出生公告。

壮观的星盘:

哈勃太空望远镜在这张螺旋星系 NGC 2841 的照片中
揭示了这个由恒星和尘埃带组成的宏伟圆盘。一个明
亮的星光点标志着星系的中心。向外旋转的是尘埃带,
在白色中年恒星群的映衬下形成剪影。年轻得多的蓝
色恒星沿着旋臂运动。值得注意的是,图中没有显示
新星诞生的粉红色发射星云。很可能是来自炽热的、
超热的、年轻的蓝色恒星的辐射和超音速风清除了剩
余的气体(发出粉红色的光),从而在它们诞生的地区
停止了进一步的恒星形成。NGC 2841 目前的恒星形
成率相对较低,而其他的螺旋星系则闪耀着发射星云。

© NASA

研究恒星形成的实验室:

矮星系 NGC 4214 充满了年轻的恒星和气体云。该星系位于猎犬座,距离
地球约 1000 万光年,距离近再加上恒星之间的各种进化阶段,使其成为
研究恒星形成和演化触发因素的理想实验室。

© NASA

天鹅座 X 中正在酝酿的恒星：

图中显示了恒星诞生的气泡大锅。大质量恒
星在尘埃和气体中吹出气泡或空洞——这是
一个引发恒星死亡和诞生的剧烈过程。

© NASA

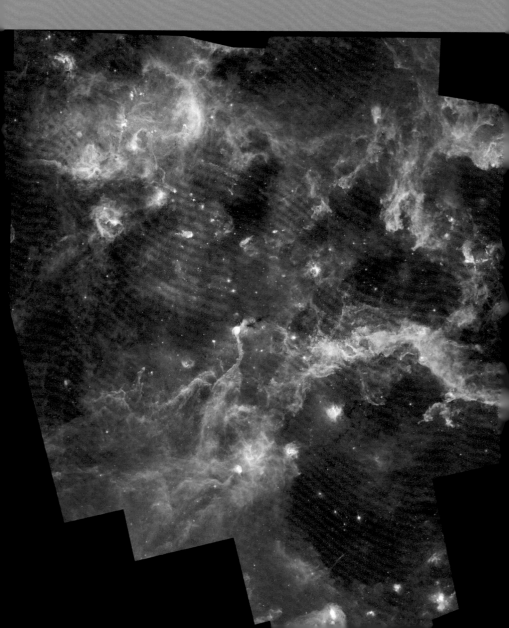

哈勃捕捉到星云和婴儿恒星：

这是有史以来发布的最大的恒星形成区域之一（突出了 N11），它是我们邻近星系大麦哲伦云中复杂的气体云和星团网络的一部分。这个高能恒星形成的区域是附近宇宙中最活跃的区域之一。大麦哲伦星云包含许多明亮的发光气体气泡。其中最大、最壮观的一个被命名为 LHA 120-N 11，非正式地称为 N11。近距离看，滚滚的粉红色发光气体云使 N11 看起来像游乐场里的棉花糖。从更远的地方看，它独特的整体形状使一些观察者给它起了个绰号，叫豆状星云。在星云中可见的戏剧性和色彩特征是恒星形成的迹象。N11 是一个被充分研究的区域，延伸超过 1000 光年。它是大麦哲伦星云中第二大的恒星形成区，并产生了一些已知的最大质量的恒星。正是恒星形成的过程赋予了 N11 独特的外观。连续的三代恒星，每一代都比上一代离星云中心更远，形成了气体和尘埃的外壳。这些外壳在新生恒星充满活力的诞生和早期生命的动荡中被吹走，形成了这幅图像中如此突出的环状形状。

© NASA

螺旋星系:

虽然宇宙中充满了螺旋形星系,但没有两个看起来完全一样。
这个位于螺旋星系上的面,被称为 NGC 3982,因其丰富的
恒星诞生以及蜿蜒的臂而引人注目。臂上排列着粉红色的恒
星形成区域,这些区域由发光的氢、新生的蓝色星团和模糊
的尘埃带组成,为未来几代恒星提供了原材料。明亮的核心
是年龄较大的恒星群体的家园,这些恒星向中心越来越密集。
NGC 3982 位于大约 6800 万光年外的大熊座。该星系跨度约
为 30000 光年,是我们银河系的三分之一大。